FAUNE

DU

CALCAIRE D'ERBRAY

(Loire Inférieure)

PAR

Charles BARROIS.

CONTRIBUTION

A L'ÉTUDE DU TERRAIN DÉVONIEN

DE L'OUEST DE LA FRANCE

LILLE,
IMPRIMERIE L. DANEL.

1889.

FAUNE

DU

CALCAIRE D'ERBRAY

FAUNE

DU

CALCAIRE D'ERBRAY

(Loire Inférieure).

PAR

Charles BARROIS.

CONTRIBUTION

A L'ÉTUDE DU TERRAIN DÉVONIEN

DE L'OUEST DE LA FRANCE.

LILLE,
IMPRIMERIE L. DANEL.
—
1889.

Extrait des *Mémoires de la Société géologique du Nord*
Tome III.

AVRIL 1889.

Ce mémoire a été présenté à la Société dans les séances des 6 avril 1887
et 6 janvier 1888.

FAUNE

DU

CALCAIRE D'ERBRAY

(Loire Inférieure).

INTRODUCTION.

Nous nous sommes proposé, dans ce mémoire, de décrire la faune qui habitait l'Ouest, à une époque lointaine, peu étudiée encore, et dont le seul gisement signalé jusqu'ici, en France, se trouve à Erbray.

Erbray est un petit bourg de la Loire-Inférieure , dont le nom est connu en géologie, comme celui d'une localité classique. Ce gisement fut découvert par F. Cailliaud, Directeur du musée de Nantes, qui annonça en 1861 (1) que les calcaires exploités dans cette commune, comme pierre à chaux, contenaient une faune encore ignorée en France, et comparable à la *faune troisième silurienne de Bohème*. M. Bureau

---

(1) F. Cailliaud : Sur l'existence de la faune troisième silurienne dans le N. E. du D^t de la Loire-Inférieure, *Bull. soc. géol. de France*, T. XVIII. 1861, p. 330 ; et *Ann soc. Académique de Nantes*, T. XXXII. 1861, p. 253-263.

insista à la même époque (1) sur l'existence à Erbray, de fossiles de l'étage silurien supérieur, mélangés avec des fossiles de l'étage dévonien inférieur. Les fossiles découverts par Cailliaud avaient été soumis à l'examen de de Verneuil et de Barrande, et c'est sans doute en raison de l'autorité de ces grands noms, que l'on admit l'existence de la *faune troisième silurienne* à Erbray.

De nos jours, en effet, tous les Traités et Manuels de Géologie systématique, tant étrangers que nationaux, ont cité le calcaire d'Erbray, comme fournissant un type français, de la *faune troisième silurienne (F)*. Nous ne croyons pas devoir les énumérer ici (2).

Aucune coupe géologique n'a encore montré en Europe, la superposition du Dévonien inférieur sur le Silurien supérieur, du *Coblenzien* sur le *Bohémien (F G H)* : on doit donc se demander, si ces étages se sont réellement succédé dans le temps, ou si au contraire ils sont contemporains ? C'est là une question capitale qui se pose devant nous, et que nous devrons aborder dans ce mémoire.

Pour nous, le *calcaire d'Erbray*, constitue une lentille, un récif, formé à l'époque du grès dévonien de Plougastel en Bretagne (*Etage Gédinnien*), dans un bassin où la sédimentation s'opérait lentement, loin de tout apport de matières grossières, clastiques. Ce calcaire correspond à un épisode spécial de l'époque dévonienne la plus inférieure, où grâce à des conditions physiques particulières, la faune revêtit des *caractères propres*. Ce qui caractérise essentiellement la faune d'Erbray, c'est son individualité, beaucoup plus que ses relations avec les faunes voisines, ou équivalentes.

Les fossiles d'Erbray que nous décrivons ici, ont tous été rencontrés dans les carrières, ouvertes à l'est de ce bourg, entre le hameau de la Ferronnière et celui de la Rousselière. Le calcaire exploité dans ces carrières forme une bande

---

(1) Bureau : Observations sur le terrain dévonien de la Basse-Loire, *Bull. soc. géol. de France*, 2ᵉ série, T. XVIII. 1861, p. 337.

(2) de Lapparent : *Traité de géologie* 1885, p. 764.

unique, localisée au bord nord d'un bassin synclinal, et qui fait défaut sur le bord méridional du bassin : il ne constituait donc pas une nappe continue, mais bien une formation locale, lenticulaire, dans la série des sédiments paléozoïques du bassin d'Erbray.

Cette formation étant comprise sur le terrain, entre des couches dépourvues de fossiles, on doit attacher une importance capitale aux considérations paléontologiques, et fixer son âge, par l'étude directe des éléments de cette faune elle-même. Dans ce but, nous avons fait une collection des fossiles d'Erbray, nous rendant tantôt seul aux carrières, ou en compagnie de nos amis, MM. Davy et Lebesconte. La difficulté de trouver de bons fossiles dans ce calcaire marbre, compact, spathique, nous aurait empêché de mener ce travail à bonne fin, sans le concours dévoué de MM. Davy et Lebesconte. Ils ont bien voulu nous communiquer leurs trouvailles, résultat de longues et patientes recherches ; ils nous ont fait profiter sur le terrain, de leurs observations et de leurs impressions : ils ont été pour nous des collaborateurs, auxquels nous sommes heureux de reporter tout le mérite que pourra présenter cette étude.

Nous sommes encore redevables à M. Davy, d'avoir pu étudier et décrire la collection de fossiles d'Erbray, de la Ville de Chateaubriant, réunie dans le joli Musée de cette ville, par les soins éclairés de M. l'Abbé Gondé.

Nous nous faisons enfin un devoir de témoigner notre gratitude à M. L. Bureau, Directeur du musée de Nantes, qui nous a facilité avec la plus grande obligeance, l'examen de la collection Cailliaud, conservée dans cet établissement.

Grâce à tous ces concours, notre monographie n'est plus une œuvre personnelle, elle a pu devenir une révision générale de la faune d'Erbray, dont nous nous sommes efforcé de donner un tableau fidèle.

Nous croyons avoir vu toutes les collections faites jusqu'à ce jour à Erbray, à l'exception d'une seule toutefois, celle de MM. de Tromelin et Lebesconte. M. Lebesconte ne possède plus les types qui ont servi de base, à ce mémoire, fait en collaboration (4), et où est cité un certain nombre d'espèces que je n'ai pu retrouver, mais dont la détermination demande confirmation, d'après la déclaration même des auteurs.

---

(4) de Tromelin et Lebesconte : Observations sur les terrains primaires du Nord du Dt d'Ille et Vilaine et de quelques autres parties du massif breton, *Bull. soc. géol. de France*, 3ᵉ série, T. IV. 1876, p. 606.

CHAPITRE PREMIER.

STRATIGRAPHIE.

L'étude stratigraphique de la région d'Erbray est rendue extrêmement obscure, et par suite difficile, par la rareté et l'insuffisance des affleurements. La contrée est peu accidentée, le sol presque plat, mollement ondulé ; son altitude moyenne est de 70 m. au-dessus du niveau de la mer, et les plus profondes dénivellations ne dépassent pas 25 m. : les crêtes de grès atteignent 75 m. à 80 m., et les vallées schisteuses varient de 55 m. à 65 m. Ces vallées grâce à la proximité des exploitations calcaires, qui ont permis d'amender les terres, sont ou cultivées, ou couvertes de prairies.

A tant de conditions défavorables pour l'étude des roches anciennes, il faut enfin ajouter le revêtement de formations miocènes et pliocènes, qui voilent parfois complètement le sous-sol, comme au S. d'Erbray, où elles rendent impossible l'étude stratigraphique.

La carte géologique de la Loire-Inférieure, due à Cailliaud (1), représente d'une façon très réelle l'aspect de la région d'Erbray : entre les 2 bandes siluriennes parallèles de St-Julien de Vouvantes et d'Auverné (*M- Schiste ardoisier, de Cailliaud*), s'étend la vallée d'Erbray, où des pointements isolés de roches paléozoïques, grès ou calcaires, émergent au milieu d'un manteau d'argiles, sables et gra-

____

(1) F. Cailliaud : Carte géologique de la Loire-Inférieure, au 1/200.000 , Nantes, 1861.

viers (*C- Miocène supérieur, de Cailliaud*). On peut se
demander, s'il sera jamais possible de raccorder entre eux,
d'une façon précise, ces témoins épars, ainsi disséminés ?

Des tranchées nouvelles, des carrières, viendront, il faut
l'espérer, compléter nos notions ; ainsi Cailliaud vit nombre
de carrières que nous n'avons pu observer : les anciennes
carrières du Pont-Maillet, de la Fresnaie, de la Vallée, de
la Mogonnais, des Landes, sont aujourd'hui des étangs,
ou des champs cultivés, également stériles pour le géologue.
Les carrières d'Erbray, qui s'étendent de la Ferronnière à la
Rousselière, sont actuellement les seules du pays, dont
l'étude soit encore abordable.

La coupe suivante, menée transversalement au massif,
montrera d'une façon schématique, comment nous interprétons le bassin d'Erbray.

Coupe schématique transversale du bassin d'Erbray.

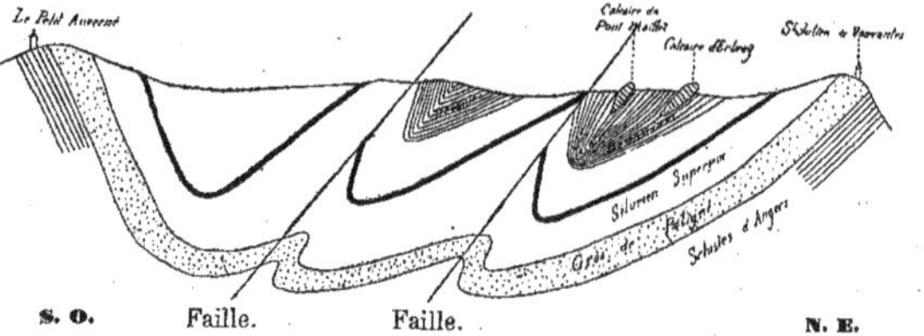

Le trait noir, plein, représente le lit de phtanites du Silurien supérieur.

Le gisement des calcaires doit être étudié dans ses relations avec les couches encaissantes : nous décrirons successivement pour cette raison, les formations qui constituent
ce bassin, en commençant par les plus anciennes, nous
attachant d'abord au bord nord, pour passer ensuite à la
description du bord sud. Nous nous bornerons à indiquer
l'ordre de succession des couches, et leurs caractères essentiels, laissant à dessein de côté, les questions topographi-
ques et tout ce qui se rapporte au tracé des limites géolo-

giques : notre collègue M. L. Bureau ayant entrepris la Carte détaillée de ces régions, pour le Service de la Carte géologique de France.

Terrain Silurien.

Schistes pourprés.

Le terrain silurien du massif d'Erbray débute, comme dans le reste de la Bretagne, par l'étage des *schistes pourprés*. Il est notamment bien exposé aux environs de Chateaubriant (Le Breuil, etc.), il comprend des lits de schistes verts, compacts, en dalles, avec *Lingula Lesueuri*, Rou., *Fucoïdes Rouaulti*, Lebesc. (1) (Le Margat), ainsi que des lits de poudingue à galets roulés de quarz (Le Jarier aux moines, la Confordière).

M. Hébert (2) a fait remarquer récemment que cet étage appartenait probablement au Terrain cambrien anglais.

Grès armoricain.

Le *grès armoricain* recouvre régulièrement l'étage précédent, formant une bande continue de Sion à St-Aubin-des-châteaux, Châteaubriant, et le N. de St-Julien de Vouvantes. Les environs de Chateaubriant (carrière des princes, etc.), peuvent être cités parmi les points de l'ouest de la France, où cet étage est le mieux caractérisé, et le plus riche en débris fossiles. Nulle part, mieux que dans le musée de Chateaubriant, et dans les collections de MM. Davy et Lebesconte, on ne peut voir la variété et l'abondance de ces formes problématiques, connues de tous, sous le nom de *Scolithus*, *Bilobites*, *Vexillum*, etc. Cette bande a fourni de plus un certain nombre de crustacés et de coquilles, notamment aux environs de Sion, parmi lesquels on peut citer :

---

(1) Lebesconte : Oeuvres posthumes de Rouault, Rennes, 1883, Oberthur, p. 49, pl. 20, fig. 23-27.

(2) Hébert, Bull. soc. géol. de France, 3ᵉ série, T. XIV, p. 769. 1886.

Ogygia armoricana, Lebesc.	Lyrodesma armoricana, Trom. Lebesc.
Homalonotus Heberti, Lebesc.	Palaearca secunda, Salter.
» Barroisi, Lebesc.	Modiolopsis Cailliaudi, Trom. Lebesc.
Myocaris lutraria, Salt.	Orthonota Lebescontei, Trom.

Deux espèces de lamellibranches, encore indéterminées, de Sion, se retrouvent dans le grès armoricain de la Potinais, au N. de la Chapelle-Glain, où M. Davy a pu réunir une intéressante collection.

Le silurien inférieur, ou cambrien, offre un faciès distinct du précédent, sur le bord sud du bassin d'Erbray : il est représenté par des couches généralement schisteuses, avec lits gréseux intercalés, sans fossiles. Les lits de grès sont grossiers, cristallins, à gros grains de quarz de plusieurs millimètres, et passant à une arkose feuilletée, caractéristique.

Schistes d'Angers.

Cet étage de schistes sombres, noirâtres, succède immédiatement au précédent, et forme le repère stratigraphique le plus fixe de la région. Ces schistes forment une bande continue au nord du bassin, de Sion, à la Hunaudiere, la Daviais, les Ridais, l'Ecotais, la Touche, le Pont-Mahias, St-Julien de Vouvantes, et la Paissière au N. de la Chapelle-Glain. Cette bande contient des gisements fossilifères classiques, (Sion, La Hunaudière), où ont été cités déjà, par MM. de Tromelin et Lebesconte, les espèces suivantes :

Calymene Tristani, Brongt.	Ogygia Desmareti, Brongt.
» Aragoi, Rou.	» glabrata, Salt.
» pulchra, Barr.	Illœnus advena, Barr.
» Salteri, Rou.	» hispanicus, Vern.
Dalmanites macrophtalma, Brong.	» Salteri, Barr.
» Phillipsi, Barr.	Placoparia Tourneminei, Rou.
» socialis Barr. var. armoricana, T. L.	» Zippei, Boeck.
Asaphus cianus, Vern.	Chirurus Guillieri, Trom. Leb.
» Guettardi, Brongt.	Primitia simplex, R. Jones.
» Delessei, Duf.	Lituites intermedius, Vern.
» nobilis, Barr.	Orthoceras Hisingeri, Rou.
	» Chalmasi, Trom. Leb.

— 9 —

Endoceras Dalimieri, Barr.
   » Guerangeri, Trom.
Conularia nobilis, Barr.
Bellerophon bilobatus, Sow.
   » Duriensis, Sharpe.
Redonia Deshayesiana, Rou.
   » Duvaliana, Rou.
Clidophorus Caravantesi ? Vern.
Arca ? Naranjoana, Vern.
Ctenodonta Ciae, Sharpe.
   » Costae, Sharpe.
   » Ezquerrae, Sharpe.
   » Morreni, Rou.
Modiolopsis elegantulus, Sharpe.
Orthonota britannica, Rou.

Obolus Bowlesi, Vern.
   » ? filosus, Vern.
Orthis Berthoisi, Rou.
   » Duriensis, Sharpe
   » lusitanica, Sharpe.
   » Sardoa, Menegh.
   » calligramma, Vern.
   » Miniensis, Sh.
   » noctilio, Sh.
   » Ribeiroi, Sh.
   » testudinaria, Vern.
Didymograpsus Murchisoni ? Beck.
Graptolithus Hisingeri ? Carr.
   » Sedgwickii ? Port.

Ce grand étage des *schistes ardoisiers* présente trois divisions paléontologiques et lithologiques dans la région de Sion-La Hunaudière : ces assises reconnues et décrites par MM. de Tromelin et Lebesconte appartiennent toutes trois à la *faune seconde* silurienne ; nous n'avons pas à les étudier dans ce mémoire.

La bande méridionale des *schistes d'Angers*, diffère de la précédente, en ce qu'elle est infiniment plus ardoisière. Les fossiles, moins nombreux et moins bien conservés, appartiennent cependant aux mêmes espèces , comme nous avons pu nous en convaincre à Moisdon, Auverné, etc. Cette bande s'étend de Derval, la Landuais, la Harlais, N. d'Issé, Moisdon, les Grands-Ponts, où est leur plus bel affleurement, Auverné, Lezé à la Chauvière, etc.

Coupé des Grands-Ponts.
Échelle des longueurs 1/40000.

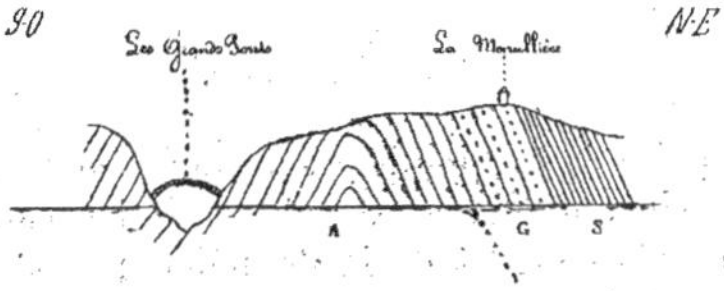

A. Schistes d'Angers.
G. Grès de Poligné.
S. Schistes gris-verdâtre.

Grès de Poligné

Un étage de grès sans fossiles recouvre directement la formation précédente. Il forme une bande continue au N. du bassin, depuis Erbray jusqu'à Saint-Julien de Vouvantes, Saint-Nicolas, La Croix-Mesnard. On l'exploite à la Sauvagère, à l'Ouest d'Erbray, au moulin du Peray et sous l'église même de Saint-Julien. La roche est un quarzite de couleur claire, gris-brunâtre, rosé, alternant avec des lits minces de schistes gris-bleuâtre et des psammites gris en plaquettes : dans toute cette région, elle incline uniformément vers le Sud de 10° à 45°.

Cet étage des *grès de Poligné* réapparaît au S. du bassin, constituant une seconde crète, parallèle à la première, dont elle rappelle d'ailleurs tous les caractères. On la suit depuis les Roches en Moisdon, vers la Touche, le moulin de la Garenne, le moulin du Breil, la maison Rouesne, la Ménullière ; elle passe au N. du Petit-Auverné, par la Cautrais, Lezé, la Branchère, la Chauvinais, la Martrais.

Coupe de la crête méridionale de grès.
Échelle des longueurs 1/40000.

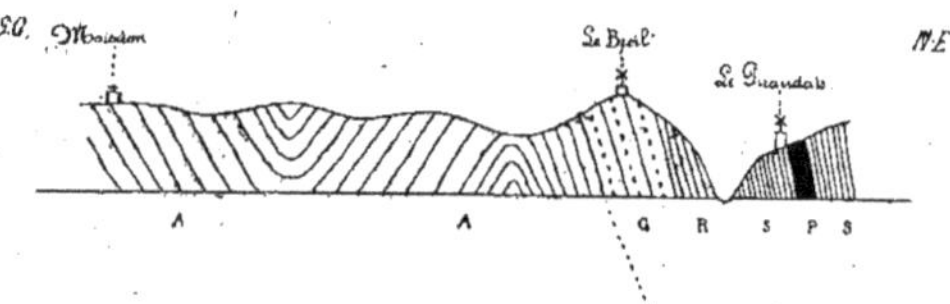

A. Schistes d'Angers.
G. Grès de Poligné.
R. Schistes rouges.
S. Schistes bleu-noirâtre.
P. Phtanites à graptolites.

Ce grès présente une teinte plus blanche que sur le bord nord du bassin : il incline N = 60° dans les carrières du moulin de la Garenne et de la Branchère ; il est renversé inclinant au Sud dans les carrières du moulin du Breil et de la maison Rouesne.

L'épaisseur de cette bande de grès est de 20 à 25 mètres ;
elle constitue un repère commode sur le terrain, en limi-
tant, d'une facon précise, l'étendue du bassin silurien
supérieur (*faune* 3me), compris à son intérieur. La largeur
maxima de ce bassin d'Erbray, ainsi mesurée, ne dépasse pas 4 kilomètres.

Schistes à graptolites.

Les *grès de Poligné*, qui limitent ainsi au N. et au S. le
bassin d'Erbray, sont recouverts par des schistes à graptolites, que leur faune permet de rattacher à la *faune troisième silurienne (E)*.

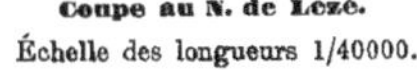

Échelle des longueurs 1/40000.

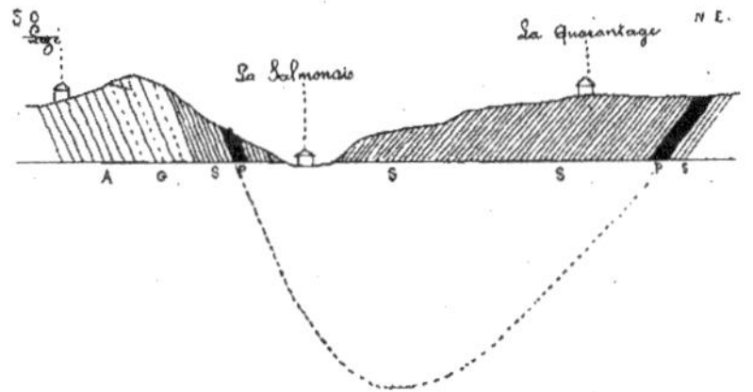

A. Schistes d'Angers.
G. Grès de Poligné.
P. Phtanites.
S. Schistes vert et rose, ou grisâtre.

Cet étage est essentiellement composé de schistes argileux, fins, fissiles, généralement très altérés dans la région,
et comprenant des lits intercalés de phtanites, de schistes
ampéliteux et de nodules argilo-siliceux, dans lesquels sont
cantonnés les fossiles.

Les schistes de cet étage, ne remplissent pas uniformément le bassin d'Erbray, de façon à présenter leurs strates
les plus anciennes sur ses bords, et les plus récentes vers
son centre. Ils sont, au contraire, plissés et faillés, et les
mêmes couches réapparaissent plusieurs fois à l'intérieur

du bassin. La coupe (p. 6) montre d'une façon schématique, comment nous avons été amenés à interpréter l'allure
générale de ce faisceau. Elle montre à l'intérieur du bassin,
l'existence de trois plis synclinaux subordonnés.

Ces trois petites bandes synclinales sont séparées natu-
rellement par des voûtes anticlinales ; celles-ci paraissent
brisées, et montrent à leur sommet des schistes avec phtanites siluriens. Tandis que les deux plis synclinaux les
plus septentrionaux, renferment en leur centre des formations dévoniennes , ces formations font défaut dans le pli
synclinal méridional.

Nous allons signaler rapidement les points où nous
avons observé les *schistes à graptolites*, en suivant successivement leurs diverses bandes d'affleurement de O. à E..
et en débutant par les plus septentrionales. La rareté et la
discontinuité des affleurements constituent une très grande
difficulté dans l'étude stratigraphique de la région ; il n'y
a aucune coupe continue, et nos notions restent, malgré
nos efforts, plus ou moins hypothétiques.

1re *bande* : A Saint-Julien de Vouvantes, à l'ouest du
bourg, et au sud du grès, un puits a fourni à M. Davy, des
schistes ampéliteux, identiques à ceux qui lui ont fourni
des graptolites au N. du Val de Caratel. Nous avons, en
outre, ramassé des sphéroïdes à Orthocères, en compagnie
de MM. Davy et Lebesconte, à la tuilerie de la Fresnaie,
ainsi que dans les champs du château de la Chalonge, et
près le cimetière de Saint-Julien. Nous avons reconnu
les phtanites en divers points, à 1 kil. Nord de la Chapelle-
Glain , ainsi qu'à la Fresnaie, et notamment à la Croix-
Mesnard.

2e *bande* : Cette bande comprend les gisements de phtanite de la Mogonnais, le Boulay, le Chatellier, la Joussais
et divers autres affleurements entre Duron et la Chapelle-
Glain.

3e *bande* : On rencontre les phtanites à la Passardière, la
Foucaudais , au N. de la Quarantage, où ils sont exploités, à Auzillé, N. de la Rouaudais, N. de la Jutais.

4ᵉ *bande* : Elle nous a fourni des échantillons de phtanite avec graptolites à la Roudonnais et surtout dans les chemins creux de la Piraudais, dans la carrière de la Saudiais (N. 10⁰ E. = 90⁰). On les suit à la Cautrais, N. de Lezé, S. la Salmonais (N. 10⁰ E. = 60⁰) et de la Gautrais à la Martrais. Les meilleurs graptolites de la région, se trouvent à la Piraudais et dans le gisement de la Delinais, découvert par M. Davy, dans la Forêt-Pavé.

MM. de Tromelin et Lebesconte ont généralisé la proposition de de Verneuil (1) d'établir deux divisions dans cette série : l'inférieure, des *schistes ampéliteux*, caractérisée par *Graptolithus colonus* ; la supérieure, des *calcaires ampéliteux*, caractérisée par *Graptolithus priodon*. Ils admettent, toutefois, que ces deux divisions constituent un même étage (p. 10), qu'ils rattachent à la phase initiale de la faune troisième silurienne (E).

La zône inférieure a fourni :

Graptolithus colonus, Barr.	Graptolithus spiralis, Gein.
» Becki, Barr.	Diplograpsus folium, His.
» Nilssoni, Barr.	

La zône supérieure contient, comme fossiles principaux .

Ceratiocaris sp.	Athyris compressa, Sow.
Bolbozoe anomala, Barr.	Graptolithus Bohemicus, Barr.
» Bohemica, Barr.	» Becki, Barr.
Orthoceras styloïdeum, Barr.	» priodon, Barr.
Cardiola interrupta, Sow.	

Nous ne possédons pas de documents suffisants pour entreprendre encore la révision des formes graptolitiques signalées dans la Loire-Inférieure. La distinction des zônes de graptolites, si bien reconnue en Suède par Linnarsson, en Angleterre et en Ecosse, par M. Lapworth, présente dans l'Ouest de la France des difficultés considérables, que nous ne sommes pas encore parvenus à surmonter. Provisoire-

---

(1) De Verneuil, Bull. Soc. géol. de France, 2ᵉ sér., T, VII, 1850, p. 772.

ment, nous les laisserons dans un même étage, caractérisé lithologiquement par la prédominance de schistes fissiles, avec lits de phtanite, de schiste ampéliteux, et de nodules siliceux.

Schistes rouges.

Une assise de schistes rouges pourprés, alternant avec schistes et grauwackes vert-clair, remplit le plus méridional des trois bassins synclinaux d'Erbray : elle est recouverte et cachée dans les bassins septentrionaux, par des dépôts dévoniens plus récents.

On les observe dans le synclinal méridional, au Tertre, la Planche, Chêne-au-Coq, Houssais, Guidelais, Plousière, N. Lezé, Salmonais, Auzillé, Bourlière, le chemin de la Gatinelais à la Rouaudais qui en donne une des meilleures coupes, la Jutais, la Joie. Ils alternent parfois avec les sédiments de l'assise précédente.

Coupe des Schistes rouges de la Jutais.

Échelle des longueurs 1/40000.

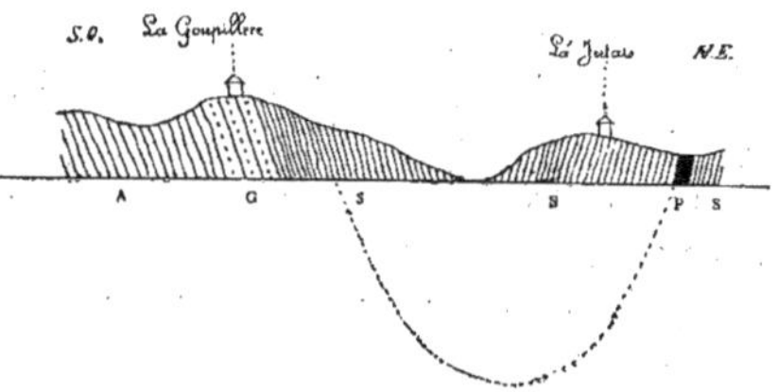

A. Schistes d'Angers.
G. Grès de Poligné.
S. Schistes vert et rouge.
P. Phtanites.

On en reconnaît encore en quelques points isolés des autres sous-bassins, à la Mogonnais, Croix-Colliot, S. de Saint-Julien de Vouvantes. M. Lebesconte a trouvé, dans ces schistes pourprés, quelques obscures traces de fossiles, des anneaux de trilobites, une empreinte un peu plus complète nous paraît appartenir au genre *Proetus*.

Terrain Dévonien.

Le terrain dévonien ne remplit pas uniformément le bassin silurien d'Erbray, limité au N. et au S. comme nous l'avons indiqué, par une crête des grès de Poligné. Les contours du bassin dévonien ne sont pas exactement parallèles à ceux du bassin silurien, et ces formations recouvrent ainsi transgressivement les couches siluriennes précédemment décrites.

Le terrain dévonien atteint son développement le plus complet au N. du bassin silurien d'Erbray, remplissant les deux plis synclinaux septentrionaux précédemment distingués et manquant dans le pli synclinal méridional. Cette bande dévonienne n'est pas non plus symétrique, aucune des couches calcaires observées au N. ne se retrouvant au S. Cette irrégularité peut indifféremment être attribuée à une superposition transgressive des couches, à l'insuffisance des affleurements, ou, plus probablement, au mode de formation spécial, lenticulaire, des amas calcaires.

Le terrain dévonien d'Erbray est essentiellement formé par une accumulation de schistes argileux vert-olive, brunâtre ou bleuâtre, plus ou moins fins et fissiles, et comprenant des lits gréseux, bleuâtres, psammitiques ou grauwackeux, épais de quelques centimètres seulement, et se débitant en plaquettes. La vallée du Don donne la meilleure section de cette série, de Saint-Julien de Vouvantes, jusque vers son confluent, à la Foucaudais. Ils affleurent encore sur la route, au S. de Saint-Julien, autour de la Chapelle-Glain, S. d'Erbray, la Roullière, la Champelière, dans le ruisseau au S. de Duron, N. Salmonais, S. Quarantage : une carrière à E. de Beuchet, au pont de la Pile, mérite une mention spéciale, un mince banc de grau-

wacke calcareuse, intercalé dans les schistes, nous ayant
fourni quelques fossiles de faciès dévonien : *Encrine, Chonetes, Orthis*. Citons encore l'affleurement de grès argileux
brunâtre, grauwackeux, fossilifère (*Orthis, Encrines*), visible
au S. des Fontaines, vers le château de la Chalonge, et que
l'on peut suivre à l'Est, vers Saint-Nicolas et la Croix-
Mesnard.

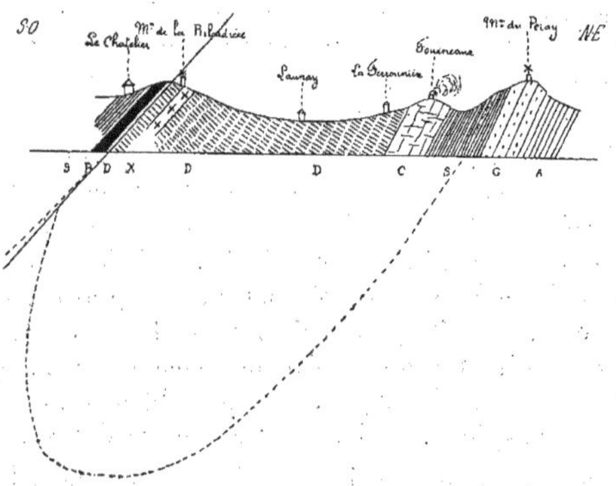

Coupe du bassin dévonien de la Ferronnière.

Échelle des longueurs 1/40000.

A. Schistes d'Angers.
G. Grès de Poligné.
S. Schistes.
P. Phtanites.
C. Calcaire d'Erbray.
D. Schistes et grauwackes.
X. Grauwacke grossière.

Nous évaluons de 800 m. à 1000 mètres, l'épaisseur maxima
de cette série schisteuse, qui nous paraît constituer essentiellement le terrain dévonien de la région. Elle diffère
ainsi principalement de celle des autres bassins de la Bretagne, par l'absence presque totale des sédiments arénacés,
des grés : ce fait est d'autant plus frappant que le petit

bassin de Pierric, situé à l'Ouest sur son prolongement, et qui, vraisemblablement, devait communiquer avec lui à l'époque de la sédimentation, ne renferme que des grès. Ces grès de Pierric ont fourni à M. Lebesconte (1), qui les a découverts, la faune de Gahard (Taunusien).

La proximité de ces 2 bassins, alignés dans un même pli synclinal, permet-elle de conclure que les schistes d'Erbray constituent un faciès argileux, contemporain des grès de Pierric? Doit-on penser au contraire que l'étage des grès de Pierric fait défaut dans le bassin d'Erbray?

Nos observations témoignent en faveur de la première hypothèse, comme on le verra dans la suite de ce mémoire.

Les schistes dévoniens d'Erbray ne nous ont présenté ni dans leurs caractères lithologiques, ni dans leur faune, de points de repère constants, permettant de les diviser en assises distinctes, successives. Les lits calcaires que l'on y trouve intercalés à divers niveaux, permettent seuls de fixer l'âge des couches; ils forment des masses isolées, alignées suivant le flanc nord du bassin synclinal d'Erbray, sans que nous puissions préciser s'ils sont réellement limités à cette partie, ou si ils sont masqués par une faille sur le revers méridional?

La discontinuité de ces affleurements calcaires, et surtout leur localisation, car ils ne reparaissent symétriquement en aucun cas, aux deux bords opposés d'un pli synclinal, viennent limiter considérablement les indications que l'on était en droit d'attendre de l'étude stratigraphique détaillée. Les résultats fournis par l'examen stratigraphique nous paraissent ici fatalement entachés d'incertitude, et il faudra attacher une importance prépondérante aux conclusions paléontologiques. Nous prêterons pour ces raisons, une attention toute particulière aux divers gisements calcaires de la région, en les passant successivement en revue.

Calcaire d'Erbray.

Nous désignerons sous ce nom, les seuls calcaires exploi-

***

(1) Lebesconte : Bull. soc. géol. de France, T. IV. p. 610.

tés à l'est d'Erbray, dans les carrières de la Ferronnière, de la Rousselière, et de la Pelouinais, indiquées d'ailleurs sur le plan ci-dessous, que nous devons à M. Davy.

Plan des carrières où est exploité le calcaire d'Erbray.

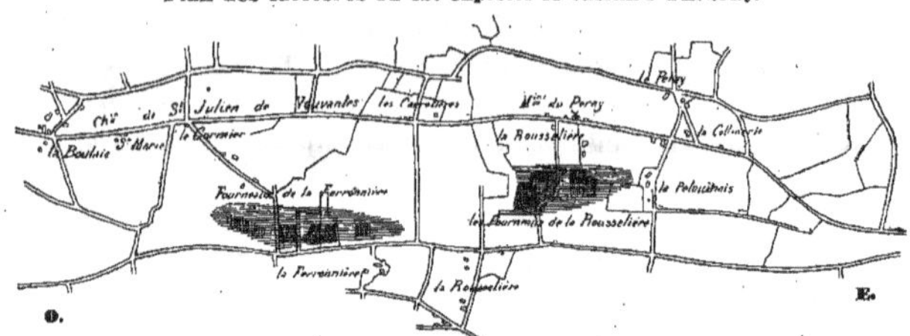

Les hachures verticales indiquent les exploitations, et les hachures horizontales les affleurements, du calcaire d'Erbray.

Les calcaires d'Erbray sont généralement massifs, sub-cristallins, et de couleurs pâles ; les calcaires encrinitiques dominent, mais n'existent pas seuls, dans certains cas les Brachiopodes, les Bryozoaires, les Coralliaires deviennent prépondérants, souvent la roche est une véritable brèche coquillère. Il est remarquable que les débris d'un groupe d'animaux prédominent toujours sur les autres, dans certains lits.

Les carrières de la Ferronnière, au nombre de quatre, montrent une succession de couches calcaires, différentes par leurs caractères lithologiques, comme par leur faune. Les bancs calcaires relevés, inclinent vers le sud ; les strates les plus anciennes sont exploitées par conséquent, au nord de ces carrières, et les strates les plus récentes les recouvrent au sud. Les masses inférieures sont formées par des calcaires blancs, cristallins, massifs, avec encrines et polypiers cimentés par des cristaux de calcite transparente : elles sont clivées en divers sens, et il est impossible d'en relever le pendage avec certitude. Les bancs supérieurs sont formés de calcaire bleu, plus argileux, comprenant même des lits schisteux noirâtres : il est facile de prendre leur inclinaison et d'observer leur passage graduel et concordant aux calcaires inférieurs.

La plus occidentale des carrières de la Ferronnière est ouverte dans le calcaire blanc ; la seconde carrière, c'est-à-dire celle qui suit la précédente vers l'est, montre déjà des calcaires bleus dans sa portion méridionale ; mais c'est la troisième carrière, la plus importante d'ailleurs, qui fournit la coupe la plus complète. Nous y avons observé du Nord au Sud :

Calcaire blanc, cristallin, encrinitique, à stratification confuse, riche en fossiles... 20 ^{m}.

Calcaire blanc, bleu-clair, compact, à polypiers dominants, et passant insensiblement de part et d'autre, aux couches encaissantes. 20 ^{m}.

Calcaire bleu à veines spathiques blanches, et lits alternants, argilo-schisteux, noir-bleuâtre (S. $=$ 75°). .... 60 ^{m}.

Cette carrière nous montre la succession de 3 zônes calcaires principales : l'inférieure formée de calcaire blanc, la moyenne formée d'un calcaire blanc-bleuâtre, ou gris, compact ou subcristallin, la supérieure formée de calcaire bleu argileux. La difficulté de limiter sur le terrain, les deux zônes inférieures, de calcaires massifs, blanchâtres, nous engage à les réunir dans nos descriptions : les faunes de ces 2 zônes ne nous paraissent pas d'ailleurs bien différentes.

La quatrième carrière de la Ferronnière, est ouverte dans les calcaires bleus, du sommet de la coupe précédente, qui alternent avec des schistes calcareux (S. O. $=$ 60°), avec *Cryphacus, Spirifor Dochoni, S. Davousti, S. Trigeri, Streptorhynchus devonicus.*

Des carrières de la Ferronnière, à celles de la Rousselière, on n'observe aucun affleurement, et on n'a pu encore reconnaître la continuité des bancs calcaires entre ces exploitations. La grande carrière de la Rousselière montre encore les deux calcaires, distingués à la Ferronnière, l'un blanc, massif, l'autre bleu, stratifié ; mais on ne peut plus constater ici, leur superposition : le calcaire bleu affleure à l'ouest de la carrière, le calcaire blanc à l'est, une faille dirigée N. 10° E., les sépare.

La carrière de la Pelouinais, qui nous offre la terminaison orientale de cette bande calcaire, nous montre la même coupe que la carrière précédente, mais disposée inversement : le calcaire blanc forme le mur ouest de la carrière, et le calcaire bleu, le mur est. Une faille parallèle à la précédente, sépare encore les couches : cette faille vient compenser la déviation opérée par la première.

Le plan suivant, que nous devons également à M. Davy, montrera la disposition des carrières de la Rousselière et de la Pelouinais, ainsi que la façon dont nous les interprétons. D'après ces données, c'est au N. O. de la carrière de la Rousselière qu'il conviendrait de chercher la continuation des calcaires blancs, tandis qu'on devrait les retrouver au N. E. de la carrière de la Pelouinais.

Plan des carrières de la Rousselière, montrant le tracé présumé des failles.

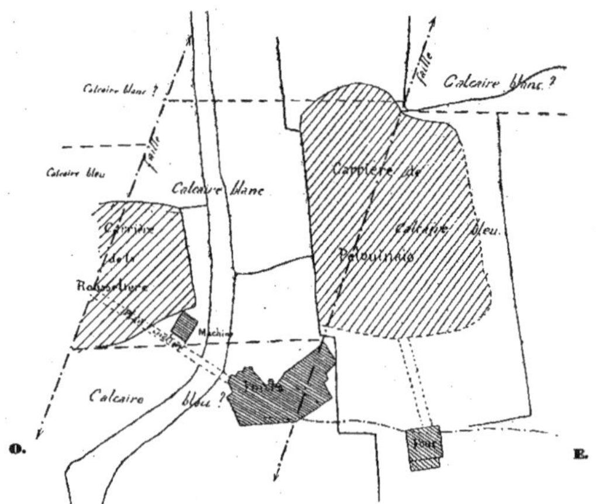

En résumé, les carrières d'Erbray montrent la superposition, obscurcie par des failles transverses, de deux calcaires distincts : l'inférieur blanc, gris-rosacé, massif, sans stratification visible, épais d'environ 60^{m} ; le supérieur bleufoncé à veines spathiques blanches, plus argileux, bien stratifié (incl. S.), alternant avec des lits schisteux minces, et atteignant également environ 60^{m} d'épaisseur.

Le calcaire blanc massif est homogène, non stratifié, formé principalement d'encrines et de brachiopodes dans sa partie inférieure la plus blanche ; il est essentiellement corallien au-dessus, grisâtre, et traversé par de nombreux filonnets de calcite secondaire. Ce calcaire grisâtre est plus pur, plus recristallisé, plus recherché pour la fabrication de la chaux dans les carrières de la Rousselière, que dans celles de la Ferronnière : la pénétration facile des eaux superficielles, par les failles, plus nombreuses de ce côté, n'est peut-être pas étrangère à cette différence.

Calcaire du Pont-Maillet.

Cette carrière est située au S.-E. de St-Julien de Vouvantes, sur la rive droite du ruisseau de Vouvantes et sur la lettre *r* du mot *Four* de la carte d'Etat-Major. Cette carrière abandonnée depuis de longues années, a été comblée, et son emplacement rendu à la culture. On y trouve encore des blocs de schistes calcareux fossilifères, mais il est impossible de voir les relations stratigraphiques de ce gisement avec ceux que nous venons de décrire ; il n'y a aucune relation entre leurs faunes, et il constituait certes une lentille indépendante de la précédente, dans la grande masse des schistes dévoniens de ce bassin.

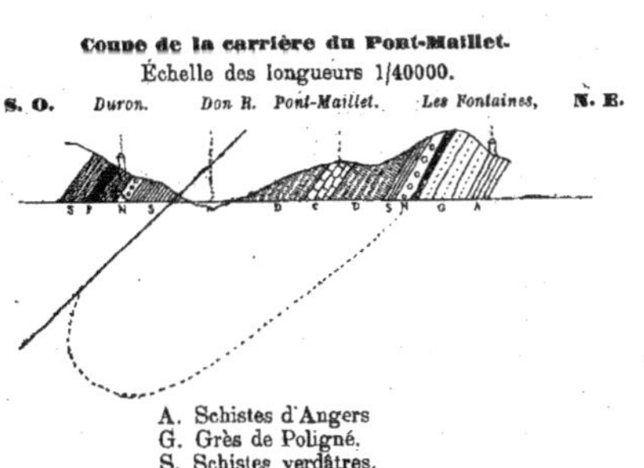

A. Schistes d'Angers
G. Grès de Poligné.
S. Schistes verdâtres.
N. Sphéroïdes.
P. Phtanites.
C. Calcaire de Pont-Maillet.
D. Schiste et grauwacke.

Cette carrière de Pont-Maillet fut signalée par Cailliaud, qui la décrivit sous ce nom, en insistant sur les caractères plus franchement dévoniens de cette faune, comparée à celle d'Erbray. MM. de Tromelin et Lebesconte désignèrent cette carrière sous ce même nom, que nous lui conserverons, et conclûrent de l'étude de la faune, que ces couches de Pont-Maillet, distinctes de celles d'Erbray, se rapportaient exactement à la faune de Néhou.

Nous avons reconnu au Pont-Maillet, les espèces suivantes :

Pleurodyctium problematicum,	Cyrtina heteroclyta,
Combophyllum Marianum,	Merista plebeia,
Cyathophyllum sp.	Murchisonia sp.
Zaphrentis sp.	Bellerophon sp.
Strophomena tæniolata,	Nucula cornuta ?
Orthis striatula,	Proetus lœvigatus,
» Eifeliensis,	Cyphaspis ceratophthalma,
» canaliculata,	Bronteus sp.
Pentamerus globosus,	Phacops occitanicus,
Stenoschisma microrhyncha,	Cryphaeus laciniatus,
Atrypa aspera,	» stellifer.
» reticularis,	

L'examen de cette faune, que nous étudierons plus loin en détail, montre qu'elle appartient réellement au Dévonien moyen ; elle est donc supérieure aux couches coblenziennes de Néhou. Nous l'assimilons aux *schistes de Porsguen,* dans la Rade de Brest : il est remarquable, que dès 1844, Bertrand Geslin (1) eut été frappé des relations lithologiques que présentent ces couches.

Calcaires de Saint-Julien de Vouvantes.

Aux environs immédiats du bourg de St-Julien de Vouvantes, se trouvent plusieurs carrières de calcaire, malheureusement abandonnées sans exception, depuis de longues années. L'une d'elles a fourni à M. Davy, une coupe obs-

____

(1) Bertrand Geslin : Bull. soc. géol. de France, 2ᵉ sér., T. I, p. 269, 1844.

curcie par les éboulements , que nous reproduirons cependant ici , bien que M. Davy ne la considère que comme approximative. Cette carrière est située à O. de St-Julien, au point désigné sur la carte d'État-Major, comme le Four à chaux de La Vallée.

Coupe de la carrière de La Vallée.

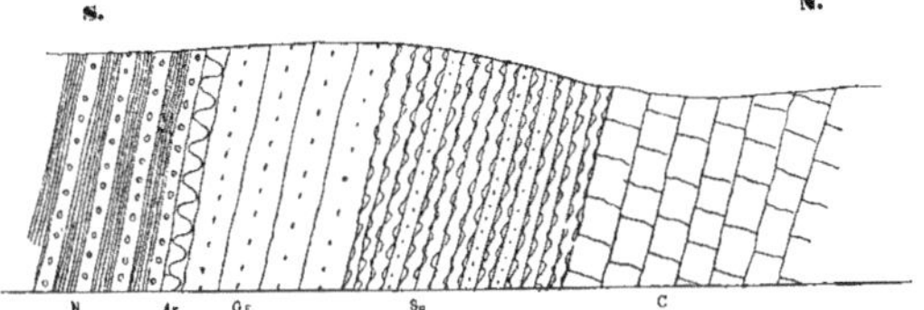

N   Schistes à nodules, à Dechenella .... (au moins) 10 ^{m}.
Ar. Argile schisteuse .... (peu épaisse).
Gr. Grauwacke grossière..................................... 3 ^{m}.
Sg. Schistes argileux, très plissés, à petits lits intercalés de grès .. 4 ^{m}.
C. Calcaire compact, gris-bleu, à Tentaculites,.......... (au plus) 60 ^{m}.

Cette carrière montre une série de couches, que nous devrons rapporter provisoirement au Dévonien supérieur : la coupe est actuellement trop éboulée, et les fossiles trouvés trop peu nombreux, pour qu'on puisse encore en établir l'âge avec précision.

Le calcaire inférieur (C) est un calcaire massif, très compact, bleu clair ou gris de fer, remarquable par l'abondance des Ptéropodes qu'il renferme. L'espèce la plus abondante me paraît se rapporter au *Tentaculites tenuicinctus* A. Rœmer (1), du dévonien supérieur allemand , mais elle présente d'autre part de telles analogies avec le *Tentaculites longulus*, Barr. (2) que nous hésitons à l'en distinguer

(1) F. A. Rœmer : Harz. Beitr. 1. p. 28, pl. 4, fig. 19. — Petite espèce droite, svelte, atteignant généralement 1/2 cent. de longueur, ornée d'anneaux tranverses, au nombre de 4 sur une longueur correspondant au diamètre de la coquille, et à peu près de même largeur que les rainures intercalées. Surface lisse, dépourvue de stries.

(2) Barrande : Syst. Sil. de Bohême, Ptéropodes, p. 133 , pl. 14, fig. 30-31.

et que nous ne pouvons la considérer comme caractérisant l'âge du calcaire de La Vallée.

Ce calcaire à *Tentaculites cf. tenuicinctus* a été exploité en un autre point à l'ouest de St-Julien de Vouvantes, au S.-O. de la Fresnaie ; mais cette carrière est actuellement une mare d'eau, dont l'étude est impraticable.

Coupe du calcaire de la Fresnaie.

Échelle des longueurs 1/40000.

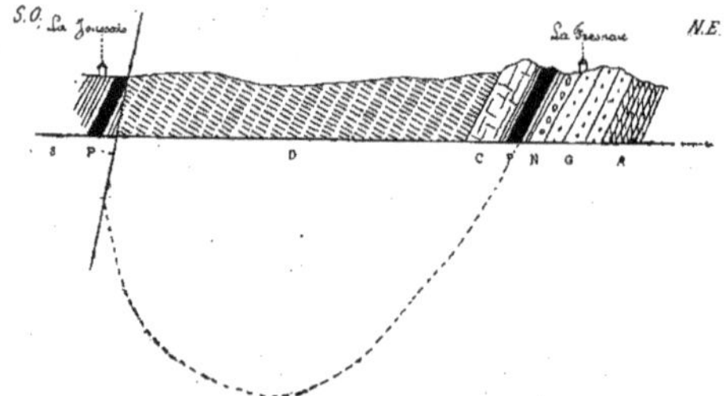

A. Schistes d'Angers.
G. Grès de Poligné.
N. Sphéroïdes à graptolites.
P. Phtanites.
C. Calcaire de la Fresnaie.
D. Schistes et grauwackes bleuâtres.

On constate parmi les déblais de cette carrière, que les *Tentaculites* étaient extrêmement abondants dans le calcaire, rappelant par leur accumulation, certains calcaires à *Tentaculites*, bien connus, du Dévonien allemand et américain : ils ne contiennent ni crinoïdes, ni mollusques côtiers, mais seulement des *Tentaculites*, associés à des petites coquilles tubuleuses, lisses, rappelant assez les caractères du genre *Bactrites*, notamment l'une des formes figurées par Rœmer (1). Les fragments de calcaire que nous avons reconnus près de l'ancienne exploitation de la Mogonnais,

____

(1) F. A. Rœmer : Harz. Beitr. I, pl. 4, fig. 13.

au S.-O. d'Erbray, nous ont présenté les caractères lithologiques de ces calcaires à *Tentaculites*.

Mais revenons à la coupe détaillée de la carrière de la Vallée. Les *grauwackes* (*Gr*) qui recouvrent le calcaire à *Tentaculites* d'après M. Davy, nous avaient paru surmonter les *schistes à nodules* (N), et représenter ainsi la couche la plus élevée de cette série, et probablement du bassin dévonien tout entier. Ces grauwackes sont des roches très grossières, passant parfois à un conglomérat à grains mal roulés, subanguleux, de quelques millimètres de diamètre, où l'on reconnaît du quarz, des fragments de schiste, de grès, et d'une substance blanchâtre kaolineuse, résultant probablement de l'altération de grains calcaires. Ces grauwackes grossières ne sont pas limitées aux environs immédiats de St-Julien de Vouvantes, nous les avons reconnues près le moulin de la Rilardière, à la Champelière où elles atteignent une épaisseur de 40^m dans la tranchée du chemin, à Duron, au N. du bourg de la Chapelle-Glain.

Coupe des grauwackes grossières de La Champelière.
Échelle des longueurs 1/40000.

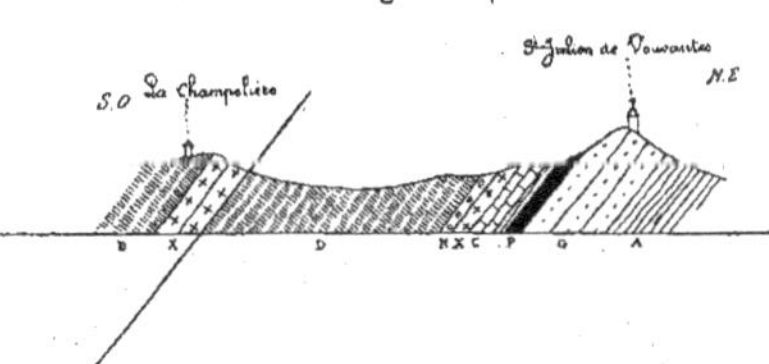

A. Schistes d'Angers.
G. Grès de Poligné.
P. Schistes ampélitiques
C. Calcaire de La Vallée.
X. Grauwacke grossière.
N. Schistes à nodules.
D. Schistes et grauwackes.

A 1500 mètres au N.-O. de ce même bourg, une tranchée fraîchement ouverte dans ces grauwackes grossières, nous a fourni des traces indéterminables, mais certaines, de débris végétaux. Ces débris présentent la forme de frondes dichotomes, voisines de celle des *Psilophyton* du Famennien des Ardennes.

Les *schistes à nodules* (N), visibles dans la carrière de La Vallée, ont procuré à M. Davy des vestiges d'une faunule, nouvelle pour cette région. Nous avons reconnu les formes suivantes, parmi les fossiles, malheureusement peu nombreux et trop mal conservés, de M. Davy :

Dechenella cf. Romanovski, Tschern, (1).
Entomis cf. fragilis, A. Rœmer, (2).
Posidonomya venusta, Münster, (3).
Cardiola sp. (4).

(1) Un fragment de tête, unique, est caractérisé par une glabelle large à la base, s'amincissant rapidement en avant, et profondément lobée sur les côtés. L'éloignement relatif des yeux, de la glabelle, la rapproche de *Dechenella verticalis*, Burm. (Kayser, Zeits. d. deuts. geol. Ges., Bd. 32, 1880, p. 706, pl. 27, fig. 6-7), plutôt que de *Dechenella Verneuili* Barr., dont la glabelle est d'ailleurs aussi plus profondément lobée ; elle se rattache intimement à *Dechenella Romanovski* par le sillon inférieur de la glabelle, qui n'est pas plus étendu que sur les figures 4 et 5 de M. Tschernyschew (Tschernyschew, Fauna d. Ober-Devon d. Urals, St-Pétersbourg, 1887, p. 167, pl. 1, fig. 4-8).

(2) Cette espèce, dont M. Davy a trouvé quatre échantillons, rappelle beaucoup la *Cypridina serrato-striata*, Sandb., si caractéristique du dévonien supérieur du Rhin. Elle présente exactement la même taille (fig. 2 de Sandberger), ainsi que les caractères et les stries longitudinales des figures 2 d, 2 i, du même auteur ; elle s'en distingue, toutefois, parcequ'aucun de nos échantillons ne présente le sillon transverse qui donne à cette espèce la disposition réniforme des figures 2 e, 2 f, (Sandberger, Verst. d. Rhein. Schichtensyst. in Nassau, p. 4, pl. 1, fig. 2). Elle se distingue par le même caractère de *Entomis migrans*, Barr., du silurien E de Bohême, ainsi que par ses stries plus fines (Barrande, Syst, sil. Bohême, Crustacés, p. 514, pl. 24, fig. 10-14). L'absence de ce sillon la rapproche donc du *Cypridina fragilis* (A. Rœmer, Harz. Beitr. 1, p. 19, pl. 3, fig. 31), où Rœmer ne l'a pas non plus observé. Toutefois, l'espèce de La Vallée n'est pas uniformément bombée, présentant, au contraire, sur les côtés de chaque valve une légère carène longitudinale, qui permet de la considérer comme une espèce nouvelle Les diverses espèces des *schistes à Cypridines* de Thüringe, *E. globulus, gyrata, tœniata*, décrites par Richter, s'éloignent beaucoup plus de notre espèce que la *Cypridina serratostriata* Sandb. (Richter, 1856, Denkschr. Akad. Wien, vol. XI, pl. 2, p. 35).

(3) Münster, in F. Rœmer, Lethaea paleoz. pl. 35, fig. 17. Un unique échantillon, trouvé par M. Davy, rappelle bien cette forme caractéristique, mais de meilleurs documents pourraient, certes, la rattacher à d'autres espèces du genre (*Posidonomya Pargai*, de Vern., *P. manipularis*. Richter, *P. elongata*, Rœm.) ?

(4) Fragments indéterminables. voisins par leur taille et leur forme générale de la *Cardiola retrostriata*, v. Buch, du dévonien supérieur; ils s'en distinguent par le moindre nombre de leurs côtes, rayonnantes, dépourvues de stries arquées concentriques. Par le petit nombre de ses côtes, elle se rapproche davantage de *Cardiola digitata* (Rœmer, Harz. Beitr. 1, p.14, pl.3, fig. 7), des Schistes de Wissenbach, et de *Cardiola Nehdensis* Kayser, du dévonien supérieur (Zeits. d. deuts. geol. ges. Bd. 25, 1873, p. 638, pl. 21, f. 2.)

Nucula cornuta, Sandb. (1).

Retzia sp. (2).

La faune de ces *schistes à nodules* empêche de les confondre avec les *schistes à sphéroïdes avec graptolites,* du Silurien supérieur. Le genre *Dechenella,* en effet, n'est connu
en Europe, que dans le terrain dévonien moyen et supérieur.
De plus, la présence d'un *Entomis,* voisin de *Entomis serratostriata,* et d'une *Posidonomya,* si voisine de *P. venusta,*
considérés en Allemagne, comme les fossiles les plus caractéristiques du dévonien supérieur, ne nous laissent que
bien peu de doute sur l'âge de ces couches.

On retrouve des nodules, peut-être du même âge, dans
le ravin au N. de Duron, mais ils ne nous ont pas fourni de
fossiles.

Il nous reste à citer une dernière carrière de calcaire, la
carrière de la Lande, au S. de la Chalonge, ouverte dans
un calcaire bleu foncé encrinitique, à veines de calcite.
Nous n'avons pu étudier cette carrière abandonnée, entièrement remplie d'eau ; les caractères de la roche rappellent
principalement ceux de la carrière du Pont-Maillet.

CONCLUSIONS.

En résumé, l'étude stratigraphique des environs d'Erbray,
nous a montré que le terrain silurien constituait dans cette
région un étroit bassin allongé O. à E., à l'intérieur duquel
les schistes du Silurien supérieur étaient ridés en trois plis
synclinaux subordonnés. Le terrain dévonien est limité
aux deux synclinaux septentrionaux, recouvrant transgressivement les formations antérieures.

---

(1) Sandberger. Verst. d. Rheinisch. Nassau, 1856, p. 278, pl. 29, f. 9.

(2) Fragments d'une *Retzia* de petite taille, indéterminable, rappelant par la plupart
de ses caractères, la *Terebratula pumilio* (Rœm) du Dévonien supérieur (Harz. Beitr. 3.
p. 149, pl. 22, fig. 12) ; elle rappelle aussi *Bifida lepida,* Gold (d'Archiac et de Verneuil, Trans. geol. soc. London, 2ᵉ sér., vol. VI, pl. XXXV, fig. 2), dont il est facile
cependant de la distinguer.

Le *terrain silurien* nous a offert la succession des couches suivantes, de haut en bas :

> Schistes rouges
> Schistes à graptolites
> Grès de Poligné
> Schistes d'Angers
> Grès armoricain
> Schistes pourprés

Le *terrain dévonien* est essentiellement formé par une accumulation de schistes argileux, épaisse de 800 mètres à 1,000 mètres, comprenant à divers niveaux, des bancs gréseux minces intercalés et des lentilles calcaires d'épaisseur variable. Ces lentilles calcaires sont seules fossilifères, seules donc elles peuvent fournir des indications sur l'âge de cette série dévonienne; comme, d'autre part, elles ne sont pas disposées en bancs continus, mais en amas glandulaires, discontinus, on ne peut établir stratigraphiquement leur ordre de succession, et l'on devra se baser uniquement pour le reconnaître, sur leur examen paléontologique. L'étude paléontologique que nous allons aborder en détail, nous a amené à admettre la succession suivante, de haut en bas :

Dévonien supérieur ?
- Grauwacke grossière à végétaux.
- Schistes à nodules à Dechenella de La Vallée.
- Calcaire à Tentaculites de la Fresnaie.

Dévonien moyen......
- Calcaire à Cryphaeus laciniatus du Pont-Maillet.

Dévonien inférieur...
- Calcaire bleu d'Erbray à Spirifer Davousti.
- Calcaire blanc d'Erbray à Capulus.

CHAPITRE DEUXIÈME

PALÉONTOLOGIE.

Description des espèces du calcaire d'Erbray.

Dans ce travail, nous avons cherché à limiter les espèces de la façon la plus minutieuse, nous éloignant ainsi de la méthode suivie dans nos études antérieures, où nous attribuions aux types spécifiques une variabilité plus étendue. Nous avons donc distingué sous des noms spécifiques nouveaux, des formes peu distinctes les unes des autres, parmi les *Athyris* et *Platyceras*, par exemple, et qui, probablement, seront réunies plus tard ? Aussi voulons nous, en débutant, nous excuser de grossir ainsi le nombre des espèces nouvelles, mais la faune d'Erbray est nouvelle dans son ensemble, aucune comparaison ne s'impose ici à notre esprit, avec les faunes des provinces voisines, et nous devons en appeler à l'avenir pour les relations définitives d'âge. De plus les fossiles d'Erblay sont rares, nous avons eu entre les mains, tout ce qui a été trouvé dans ce gisement, et nous avons tenu à enregistrer tous ces documents, pour ceux qui n'auront pas le même avantage.

Notre mémoire poursuivant principalement un but géologique, nous n'avons pas cru devoir donner les synonymies complètes des espèces indiquées, comme il convient de le faire, dans les monographies paléontologiques, où se trouvent des révisions de genres et d'espèces. Donnant à chaque espèce, le nom de l'auteur qui l'a dabord décrite, nous l'avons accompagnée d'un très petit nombre d'indications bibliographiques, essentielles, choisies de façon à citer les figures et les descriptions qui se rapprochent le plus des types d'Erbray.

HYDRAIRES.

STROMATOPORIDES.

On peut rapporter à la famille des Stromatoporides certains fossiles du Musée de Châteaubriant, de la collection Lebesconte et de la mienne; ce sont des masses conglomérées, mamelonnées, de 3 à 5 centimètres de diamètre, montrant une structure trabéculaire : je n'en entreprendrai pas ici l'étude, faute de documents suffisants. Ces fossiles sont rares dans le calcaire d'Erbray.

ANTHOZOA.

ZOANTHARIA TABULATA.

Genus HELIOLITES, Dana.

Heliolites interstincta, Linn. sp.

(Pl. 3 fig. 6.)

Heliolites interstincta, Milne-Edwards et Haime, Pol. paléoz. p. 214.
— — , Brit. foss. Corals, p. 249. pl. 57. fig. 5.

. Polypier en masse irrégulièrement arrondie, convexe à la partie supérieure, atteignant une très grande taille : un fragment du musée de Châteaubriant mesure 0,12 sur 0,20, les polypiérites atteignant 0,10 de longueur. Les calices sont . sensiblement égaux, leur diamètre est de 2 millimètres dans les points où ils ne sont pas déformés, et sont distants entre eux d'une fois ou seulement des 2/3 de leur diamètre ; 12 cloisons très minces, ne dépassant pas le milieu du calice. Polygones du cœnenchyme égaux et réguliers, larges de 1/3 de millimètre, et au nombre d'environ 6 entre les divers calices.

Dans une section verticale, murailles très distinctes , planchers assez serrés, horizontaux, présentant en leur partie médiane une petite saillie conique à aspect de columelle. Entre les calices, le tissu du cœnenchyme se montre formé de lames verticales coupées à angle droit par des lignes horizontales de même épaisseur : celles-ci ne se continuent jamais avec les planchers intra-muraux, et sont deux fois plus serrés qu'eux ; ces petits diaphragmes se continuent généralement d'un tube à l'autre, dans l'espace compris entre deux calices consécutifs, mais cette disposition présente de nombreuses exceptions.

Rapports et différences : Cette espèce se distingue du *H. Murchisoni*, M. Edw. et H. (1) par ses calices plus larges, moins écartés, à polygones du cœnenchyme plus grands ; du *H. megastoma* Mac Coy (2), par les bords des calices plus distincts du cœnenchyme, et ses planchers non horizontaux ; du *H. porosus* Gold (3) par ses calices moins écartés, et les polygones du cœnenchyme plus fins. Milne-Edwards et Haime citent d'ailleurs le *H. interstincta* dans le Dévonien de Néhou ; MM. Nicholson et Etheridge (4) indiquent, d'autre part, des pseudo-columelles sur les planchers de *H. interstincta* d'Angleterre.

Genus **FAVOSITES**, (Lam. 1816).

Polypier massif, globuleux ou rameux, sans cœnenchyme ; à face inférieure revêtue par un épithèque à stries concentriques. Polypiérites allongés, prismatiques, serrés les uns contre les autres, et assez faciles à isoler les uns des autres ; ils sont dirigés normalement à la surface du polypier, et divisés en étages par de nombreux planchers, horizontaux, entiers. Murailles soudées entre elles, sur toute leur épaisseur, et percées de pores fins. Cloisons nulles, représentées parfois par des files d'épines verticales.

Dans un récent mémoire, sur les Tabulés dévoniens du N. de l'Espagne (5), j'avais adopté le genre *Pachypora*

---

(1) Milne-Edwards et Haime : Polyp. paléoz., p. 215.
(2) Mac Coy in Milne Edwards et Haime, Polyp. paléoz, p. 216.
(3) Goldfuss, Petref. Germaniæ, I, p. 64, pl. 21.
(4) A. Nicholson et R. Etheridge, Silur. fossils of the Girvan district, p. 254-259.
(5) Mém. terr. anciens des Asturies, Lille 1882, p. 213.

Lindst (1), et lui avais rapporté un certain nombre de Favositides de cette région. Ce genre *Pachypora* étendu par par M. A. Nicholson (2), et M. F. Rœmer (3), devait comprendre en effet les *Favosites* à cormus rameux, dendroïde, à murailles épaisses, à planchers peu développés, incomplets, peu nombreux ; à pores muraux peu nombreux, grands, disposés sans ordre : le caractère distinctif capital, résidait dans l'épaisseur des murailles, notamment autour de l'ouverture du polypiérite, qui devient ainsi ronde, et non plus polygonale comme chez les *Favosites*.

La faune de Favositides d'Erbray, est surtout composée de polypiers massifs, globuleux, non rameux, et à murailles très minces ; elle diffère nettement ainsi par son faciès général, de celle des récifs de l'époque eifélienne de France, où abondaient les formes rameuses, à murailles épaisses (*Pachypora*).

Favosites basaltica, Gold.

(Pl. 3. fig. 2).

Favosites basaltica, Goldfuss, Petref. Germ. p. 78. pl, 26. fig. 4 c. 4 d.
Favosites basaltica, M. Edw. et H., Pol. paléoz. p. 236.

Polypier massif, convexe, atteignant une grande taille, et dont je ne possède que des fragments assez nombreux, identiques par leur aspect général aux *Favosites Gothlandica* (4) et *F. basaltica* (5) bien figurés par Goldfuss.

Polypiérites intimement soudés par leurs murailles, formant dans leur ensemble un cormus à disposition radiée. Polypiérites prismatiques, hexagonaux, irréguliers, anguleux, inégaux, à diamètre moyen de 2 mm., entre lesquels s'en intercalent de plus petits, vers leurs angles. Murailles minces ; les grains spiniformes qui représentent les cloisons sont bien marqués quoique très fins, nombreux et assez

---

(1) G. Lindström. Ofversgit af K. Vetensk. Akad. Forhandl, 1873.
(2) A. Nicholson : Tabulate Corals 1879, p. 77.
(3) F. Rœmer : Lethæa paleoz, 1883, p. 434.
(4) Goldfuss, Pet. Germaniæ, pl. 26, fig. 3a.
(5) Goldfuss, Pet. Germinæ, pl. 26, 4c.

régulièrement sériés. Certains pans de muraille, pas tous, montrent des pores : ils sont assez grands, ronds, unisériés, toujours très peu nombreux, espacés d'environ 1 mm. Planchers horizontaux, parfois concaves, complets, régulièrement superposés, au nombre de 2-3 sur la longueur correspondante au diamètre du polypiérite.

Rapports et différences : Aucun caractère ne me permet de distinguer cette espèce du *F. basaltica* Gold., à part le diamètre moindre de ses calices ; il s'éloigne d'avantage du *F. punctatus* Bouiller (1), à pores bisériés, auquel il conviendrait, ce me semble, de réunir à titre de synonymes le *F. Goldfussi* d'Orb. (2), le *F. aspera* d'Orb.

Favosites polymorpha, Gold. sp.
(Pl. 3. fig. 3.)

Favosites polymorpha, Goldfuss, Pet. Germaniæ, pl. 27. fig. 2 b. c. d. et 3 b. c.
—   Milne Edwards et Haime, Pol. paléoz. p 237.

Polypier en masse gibbeuse, identique par sa forme générale aux fig. 2*b*, 3*b*, de la pl. 27 de Goldfuss. Calices assez inégaux, de 1 à 1/2 mm. de diamètre, plus petits que dans l'espèce précédente. Murailles très fines, peu épaisses, ne montrant pas de cloisons spiniformes ; la minceur des murailles permet de voir les cloisons par transparence, et les polypiérites paraissent ainsi striés horizontalement en dehors. Ces polypiérites prismatiques, sont variqueux ; leurs renflements correspondant approximativement aux pores ; pores petits, arrondis, superficiels, disposés en une seule rangée au milieu de chaque pan de muraille, ils sont distants entre eux de 1 mm., et sont séparés par 4 à 6 planchers.

Rapports et différences : Cette espèce se distingue de la précédente par ses calices plus petits, ses murailles plus minces, ses planchers plus serrés, plus nombreux entre 2 pores consécutifs.

---

(1) Bouiller : Annales Linnéennes, 1826.
    A. Nicholson, Annals and mag. of nat. hist. 1881. vol. VII, p. 19, pl. 1. fig. 3.
(2) D'Orbigny 1850, in Milne-Edw. et Haime, Pol. paléoz, p. 235. pl. 20, fig. 3.

Elle se distingue du *F. cristata* (1) par la minceur de ses murailles, et le grand nombre de ses planchers. Il y aurait lieu de comparer à ces échantillons, le mauvais polypier de Wieda, figuré par M. Kayser (2) sous le nom de *Emmonsia ?* cf. *hemisphaerica*, bien que nos préparations montrent des planchers plus réguliers.

Genus BEAUMONTIA, M. Edw. et H.

Beaumontia Guerangeri, M. Edw. et H.
(Pl. 3. fig. 5.)

Beaumontia Guerangeri, M. Edw. et H., Pol. paléoz. p. 277. pl. 17. f. 1. 1 a.
— *Venelorum*, A. Rœmer, Harz, Beitræge III. p. 2. pl. 1. f. 2. 1855.
— *antiqua*, Giebel, Sil. Fauna d. Unterharzes, 1858, p.61, pl. 6, f. 1.
Favosites Forbesi var., Nicholson? , Annals and Mag. of Nat. hist., Ser. V. Vol. VII, p. 21, 1881.
Beaumontia Guerangeri, Kayser, Alt. Fauna des Harzes, p. 224, pl. 32, fig. 9.

Polypier en masse convexe, sub-sphérique, à calices inégaux, rappelant par l'aspect général, le *Favosites Forbesi* de Goldfuss (3). Polypiérites irrégulièrement prismatiques, ou subarrondis, les plus grands de 2 1/2 mm., de diamètre, sont toujours entourés par de plus petits, de diamètre très variable. Pores invisibles, autant qu'on peut en juger par les seules coupes minces. Septa invisibles sur mes sections; les stries costales longitudinales observées à la surface des murailles de certains échantillons sont cependant un indice de leur existence. Murailles épaisses, recouvertes d'une épithèque finement plissée en travers. Planchers horizontaux, ou flexueux, moins régulièrement parallèles, que dans les espèces précédentes.

Rapports et différences : Cette espèce se distingue du *F. basaltica*, par le moindre volume de son polypier, généralement globuleux, de 3 à 4 cent., de diamètre ; par ses polypiérites très inégaux entre eux, et par leurs murailles non perforées, plus épaisses. Elle se rapproche aussi du *F. Forbesi* M. Edw. et H. (in Nicholson), et il ne serait guère possible de la séparer de la variété de la Baconnière,

---

(1) Blum. in F. Rœmer : Lethaea paleoz. p. 436.
(2) Kayser : Alt. Fauna des Harzes, p. 215, pl. 32, fig. 1.
(3) Goldfuss, Pet. Germaniæ, pl. 26. fig. 4a, 4b.

décrite par M. Nicholson (1), si celle-ci ne présentait des pores dans ses murailles.

Genus CHÆTETES, Fischer.

Chætetes Roemeri, Kayser.
(Pl. 3. fig. 4.)

Chætetes fibrosus,   Gold ? A. Rœmer, Harz,Beitræge III, 1855, p. 3, pl. 2, f. 2.
Chætetes Bowerbanki, (non M. Edw. et Haime) Giebel, Sil. Fauna d.Unterharzes
          1858, p. 60, pl. 6, f. 12.

Polypier en masse convexe, mamelonnée ; polypiérites rayonnants, droits ou courbes, assez réguliers. Calices un peu inégaux, de 1/3 à 1/4 de mm. de largeur, subpolygonaux. Murailles minces, présentant sur leurs faces de petites stries transversales superficielles. Planchers horizontaux, peu serrés.

Rapports et différences : Cette espèce est citée dans les listes antérieures sous le nom de *F. fibrosa* Gold (2), dont la distinguent ses murailles non perforées. Elle se distingue du *Ch. Goldfussi* (3) du Dévonien, par la forme non rameuse du polypier. Il ne me paraît pas possible de la distinguer des *Monticulipora Winteri* Nich (4), notamment des variétés voisines du *F. fibrogossus* de Quenstedt (5).

Genus ALVEOLITES, Lamk.

Alveolites subæqualis, Lamk.
(Pl. 4. fig. 1.)

Alveolites subæqualis, M. Edwards et Haime, Pol. paléoz. p. 256, pl. 17, fig. 4.

Polypier rameux, grossièrement mamelonné, à branches larges de 1/2 à 1 1/2 cent. — Polypiérites rayonnants, courbés, se multipliant par intercalations. Calices obliques, subtriangulaires, égaux dans une même tranche horizon-

(1) A. Nicholson : Annals and Magaz, 1881. Série V. Vol. VII, p. 21.
(2) In de Tromelin et Lebesconte, Bull. soc. géol. de France, T. IV, 1876, p. 28.
(3) Milne-Edwards et Haime, Pol. paléoz, p. 269
(4) A. Nicholson, Annals and mag. of nat. hist., 1881. Vol. VII, p. 22.
(5) Quenstedt, Petref. Deutsch. p. 15, pl. 143, fig. 25-29.

tale, inégaux suivant la longueur du polypier; les plus grands ont 2/3 à 1 mm. de largeur, leur hauteur égale les 2/3 de leur étendue en travers. Ils présentent en dedans une saillie impaire très nette. Murailles simples, bien développées, plus épaisses que chez les *Favosites*, percées d'un petit nombre de pores, assez grands. Planchers, rarement conservés, très espacés, légèrement convexes.

Rapports et différences : Les bons échantillons (très rares) de cette espèce, ne me présentent aucune différence avec les *Alveolites subæqualis* de Néhou. Le musée de Chateaubriant possède un grand nombre d'échantillons de cette espèce, roulés, paraissant remaniés, ils ressemblent alors étonnamment à des *Pachypora*, au *P. cristata* (1), par exemple.

Genus STRIATOPORA, Hall.

Striatopora minima, nov. sp.
(Pl. 4. fig. 2.)

Polypier rameux, à branches cylindriques, de 4 à 5 mm. de diamètre. Calices profonds, obliques, à bords épais, cupuliformes, à cadre polygonal; ils montrent à leur intérieur des stries radiaires, septiformes. Polypiérites prismatiques, hexagonaux, irréguliers, les plus grands atteignant 1 mm. de diamètre, soudés intimement. Murailles assez minces, s'épaisissant notablement autour du calice. Structure interne inconnue.

Rapports et différences : Cette espèce représentée par un seul échantillon que nous n'avons pu tailler, est identique par tous ses caractères extérieurs aux *Striatopores* des États-Unis ; par ses stries septiformes peu développées, elle se rapproche principalement du *Striatopora rugosa* Hall (2), décrit aussi par M. Rominger (3), mais elle s'en distingue, comme des autres formes américaines, par les dimensions plus petites de ses polypiérites.

---

(1) F. Rœmer : Lethæa paleoz. p. 436, fig. 104.
(2) James Hall, Geol. Report Iowa, vol. 1, part. 2, p. 479, pl. I, fig. 6.
(3) Rominger, Geol. Report Michigan. 1876, p. 59, pl. 24, fig. 2.

Genus CŒNITES, d'Eichwald.

Cœnites sparsus, nov. sp.

(Pl. 4. fig. 3.)

Polypier subdendroïde, à branches de 5 à 8 mm., formant à la surface un cœnenchyme abondant, compacte. Polypiérites obliques, à calice étroit, réniforme, de 1/2 sur 1/4 mm., séparés par des intervalles un peu plus petits que leur diamètre. La section réniforme du calice est due au grand développement de la dent impaire; cette dent n'est pas placée symétriquement dans les divers polypiérites, étant d'un côté ou de l'autre de la loge. Murailles épaisses.

Rapports et différences : Cette espèce est très différente des *Cœnites* de l'Eifel, à branches coalescentes hérissées; elle se distingue des formes siluriennes figurées par Milne-Edwards et Haime (1), par la disposition plus irrégulière des calices.

ZOANTHARIA RUGOSA.

Genus ACERVULARIA, Schweigger in M. Edw. et Haime.

Ce genre *Acervularia* a été discuté et successivement modifié par tous les auteurs qui se sont occupés de ces coralliaires : d'abord proposé par Schweigger (2) en 1820, il fut nettement défini par Milne-Edwards et Haime, qui le caractérisent par les deux murailles espacées de ses polypiérites, par l'appareil septo-costal bien développé entre les deux murailles, mais beaucoup moins développé dans l'aire centrale.

M. Schlüter (3) reconnut en 1880, qu'un certain nombre d'*Acervularia* du Dévonien rhénan (*A. Goldfussi, A. Troscheli*)

---

(1) Milne Edwards et Haime : Brit. paleoz. Corals, pl. 65, fig. 3-5.
(2) Schweigger, Handb. der Naturg. p. 418.
(3) Schlüter. Zeits. d. deuts. geol. Ges. 1881. p. 75, pl. VIII.

ne présentaient pas de muraille interne, mais que cette apparence était due à un renflement spécial des cloisons suivant une zône circulaire ; il fit passer ces espèces dans le genre *Heliophyllum*, M. Edw. et H., et maintint dans le genre *Acervularia* les types siluriens de Gotland, ainsi que le *Acervularia pentagona* du Dévonien.

L'étude des polypiers dévoniens des Asturies, me montra que le *A. pentagona*, en coupes suffisamment minces, n'a pas plus que les autres espèces de *Acervularia*, de muraille interne propre ; je fis de plus ressortir les différences qui séparent ces fossiles des vrais *Heliophyllum* américains, et conservai au genre *Acervularia* l'extension qui lui avait été donnée par Milne-Edwards et Haime, en en modifiant légèrement la diagnose, conformément aux observations de M. Schlüter (1).

Ces faits reconnus par M. F. Frech (2), l'engagèrent cependant à formuler une conclusion différente : les *Acervularia* dévoniens parmi lesquels il laisse le *A. pentagona*, diffèrent aussi pour lui des *Heliophyllum*, mais on devrait les rattacher aux *Phillipsastrea*, (d'Orb. emend. Kunth). Il sépare les *Acervularia* dévoniens, des types génériques de Gotland, parce que comme l'avait indiqué d'ailleurs M. Schlüter, le polypiérite des *Acervularia* dévoniens présente des planchers en dedans de la muraille interne, et en dehors des traverses vésiculeuses, obliques, bien distinctes, tandis que le polypiérite des *Acervularia* siluriens présente en dehors de sa muraille interne des traverses horizontales, obliques, plus grandes, moins différentes des planchers centraux. M. Frech rattache enfin ces *Acervularia* dévoniens au genre *Phillipsastrea* (= *Smithia*), distingué jusqu'ici par l'absence de murailles extérieures distinctes, et par ses rayons septo-costaux plus ou moins confluents : il les rattache à ce genre, parce qu'il ne reconnaît pas à ces caractères une valeur générique, ayant observé tous les passages

---

(1) Schlüter, l. c. p., 205.
(2) F. Frech : Zeits. d. deuts. geol. Ges. 1885, p. 46, pl. I- XI.

entre les formes avec et sans muraille externe, à septa confluents ou alternes.

Ces intéressantes recherches de M. Frech ne me paraissent pas décisives, attendu que ses planches permettent
elles-même de distinguer les *Phillipsastrea*, des *Acervularia*,
loin de convaincre du passage de ces formes. Bien plus, les
sections minces d'*Acervularia* de Gotland (*Acervularia
ananas*, type, que je dois à l'obligeance de M. Lindström),
montrent que la muraille interne est également formée ici,
par un épaisissement des cloisons suivant une zône circulaire, et que les *Acervularia* siluriens ne se distinguent
ainsi des *Acervularia* dévoniens, que par les caractères de
leurs traverses endothécales moins fines, moins différentes
des planchers. Nous avons vu que M. Frech réunit les *Acervularia* dévoniens aux *Phillipsastrea*, parce qu'il admet les
passages entre les formes avec et sans thèque, à septa alternes
ou confluents ; je réunis les *Acervularia* dévoniens aux siluriens, parce que la grandeur des mailles formées par des
traverses, semblablement disposées, ne me paraît qu'un
caractère spécifique, tant il varie dans la plupart des genres
paléozoïques.

L'*Acervularia mixta* Lindström (1), du Silurien de Sibé-
rie, présente les traverses endothécales, de plusieurs de nos
espèces dévoniennes. Autant il me semble difficile de distinguer certains *Acervularia* siluriens de divers *Acervularia*
dévoniens (*Acervularia Davidsoni*, etc.), autant il me semble toujours possible de distinguer les *Phillipsastrea*
M. Edw. et H. (= *Smithia* M. Edw. et H.) (2), des *Acervularia*, par l'absence de leur muraille externe, leurs cloisons confluentes, leur muraille interne plus nette, et leur
tendance à une fausse columelle.

Le genre *Acervularia*, M. Edw. et H., me paraît donc
une division très naturelle, voisine mais indépendante des
Heliophyllum et des *Phillipsastrea* ; je lui conserve les

---

(1) Lindström, Bihang till K. Vet. Handl. Bd. 6, N° 18, p. 22, pl. I, fig. 6, 7.
(2) Kunth : Zeits. d. deuts. geol. Ges. Bd. 22, 1870, p. 30, pl. I.

limites assignées par Milne-Edwards et Haime, en en modifiant un peu la diagnose, suivant la remarque de M. Schlüter, en ce qui concerne la muraille interne, formée par un epaisissement annulaire des cloisons et des dissépiments.

Ce genre fut voisin des *Cyathophyllum*, à l'époque silurienne; son évolution le rapprocha des *Phillipsastrea*, à l'époque dévonienne supérieure.

Acervularia Namnetensis, nov. sp.

(Pl. 1. fig. 1.)

Polypier composé, astréiforme, en masses irrégulières, de volume variable, assez grand. Surface du cormus inégale, mamelonnée, ondulée, où sont enfoncés des calices, dont la partie la plus saillante correspond à la muraille externe. Les centres des calices sont généralement distants de 5 mm., distance variable de 4 à 8 mm.; distribution des calices irrégulièrement alterne, de plus petits alternant avec de plus grands, sans qu'il y ait entre eux de grande différence.

Polypiérites serrés les uns contre les autres, prismatiques, et intimement soudés par leurs côtés; tous sont entourés d'une épithèque bien développée. Les lignes d'union des polypiérites sont polygonales, droites, formant des arêtes assez saillantes. Fossettes calicinales assez profondes (2 mm.), circulaires, limitées vers leur milieu par un bourrelet circulaire peu saillant (muraille interne); ce bourrelet est particulièrement visible sur les échantillons altérés, dont les parties externes à ce bourrelet, et généralement saillantes, sont usées : on peut alors constater que le nombre des cloisons devient moitié moindre en dedans de ce bourrelet. En général 28 à 32 cloisons dans les grands calices, dont la moitié seulement se prolongent alternativement dans la partie centrale du calice. L'aire comprise entre les 2 murailles est oblique, s'abaissant légèrement vers le centre.

Les coupes transversales montrent 28 à 32 cloisons rayonnantes, minces, à peine renflées en leur milieu, leur
épaisseur ne dépassant jamais celle de la muraille externe
correspondante; cette partie renflée correspond à la muraille interne, dont on ne constate pas ici l'existence indépendante. Le bourrelet calicinal décrit comme muraille
interne, est déterminé en réalité par une rangée de dissépiments plus régulière, à concavité tournée vers le centre
du polypiérite; en dehors de cette rangée de dissépiments,
il y a souvent 1-2 rangées de traverses, identiques, serrées, puis au delà elles s'espacent, et deviennent plus irrégulières, concaves ou convexes, alternes ou confluentes en
lignes ondulées, à travers les différentes loges. Je conser-
verai le nom de muraille interne à cette rangée régulière
de dissépiments, expression qui peut encore être justifiée
au point de vue morphologique, parce que le calice
acquiert beaucoup plus vite son diamètre moyen normal,
que l'aire comprise entre les 2 murailles : nos polypiers
présentent un grand nombre de calices égaux, et au contraire des aires septo-costales très inégales, qui paraissent
avoir rempli postérieurement les vides laissés entre les
calices. En dedans de la muraille interne 14 à 16 cloisons,
minces, ondulées, parfois soudées entre elles, alternant
avec un nombre égal de dents, ou cloisons rudimentaires;
entre les cloisons principales, on observe les tranches des
planchers, ainsi que des dissépiments très irréguliers, de
même épaisseur que les cloisons, et plus développés que
chez tous les autres *Acervularia*, qui me sont connus. Les
polypiérites voisins sont séparés par des murailles épithécales rectilignes, non brisées en zig-zag; les septa-costaux
de 2 individus voisins ne sont pas constamment alternes
comme chez *Acervularia pentagona*, mais alternent dans
les coins des individus prismatiques, et sont confluents suivant les faces de ces individus.

Les coupes longitudinales diffèrent, suivant qu'elles
passent par le centre ou le bord d'un calice; les premières

montrent des planchers assez serrés, horizontaux, ondulés, les autres montrent la section des cloisons sous forme de lignes droites, non dentées, entre lesquelles les dissépiments figurent des mailles rectangulaires vues de face, vésiculeuses quand elles sont coupées obliquement.

Dimensions : Largeur maxima des polygones 10 mm., minima 3 mm.; largeur des calices proprement dits 4 mm.; profondeur 2 mm.

Rapports et différences : Cette espèce se rapproche des formes siluriennes (*Acervularia luxurians, A. Baltica*), plutôt que des formes dévoniennes (*Acervularia pentagona, A. limitata*), par le diamètre du calice interne plus grand, relativement à celui du calice externe. Il se distingue spécifiquement de ces formes siluriennes par ses calices plus étroits, plus profonds, et par le nombre moyen de ses cloisons. Parmi les formes dévoniennes, *Acervularia intercellulosa* M. Edw. et H. (1), est une des plus voisines, par le grand diamètre de ses calices internes, mais elle a des cloisons plus épaisses; les nombreuses formes du Dévonien supérieur, *Acervularia pentagona, A. limitata, A. Rœmeri, A. Troscheli,* se distinguent généralement par une différenciation plus avancée entre les cloisons très minces, et les septa-costaux très épais, à bords granulés.

L'Acervularia Davidsoni M. Edw. et H. (2) plus voisin que les précédents, se distingue pas ses murailles épithécales en zig-zag, moins droites, et par le nombre plus grand de ses rayons cloisonnaires.

Cette espèce est citée dans la liste publiée par Cailliaud sous le nom de *Acervularia voisin de ananas* (Michelin).

Etymologie : Namnètes, population gauloise de la Loire.

Acervularia Venetensis, nov. sp.

(Pl. 1. fig. 2.)

Polypier composé, en masses irrégulières, de volume

---

(1) Milne-Edwards et Haime : Brit. paleoz. Corals, p. 237, pl. 53, fig. 2.
(2) Milne-Edwards et Haime : Polyp. paléoz. p. 418, pl. 9, fig. 4.

variable. Les centres des calices sont généralement distants
de 12 mm., mais entre ces calices il y en a de plus petits ;
il y a toujours une très grande différence dans le diamètre
des petits polypiérites qui alternent avec les grands.

Polypiérites de 4 à 14 mm. de diamètre, serrés les uns
contre les autres, prismatiques, soudés par leurs côtés : le
marteau les isole assez facilement. Tous sont entourés
d'une épithèque bien développée, montrant de petites côtes
superficielles correspondant aux septa-costaux ; ces côtes
sont reproduites en creux sur l'épithèque du polypiérite
voisin, d'où résulte parfois une striation longitudinale assez
complexe. Généralement les côtes sont marquées sur certaines faces des polypiérites, et les stries sur les autres
faces. En outre de ces côtes longitudinales, l'épithèque
porte des rides transverses d'accroisement, serrées, très
fines. Les polypiérites sont gros et courts, variqueux,
remarquablement larges par rapport à leur longueur, qui
varie de 2 à 2 1/2 fois leur diamètre. Fossettes calicinales
assez profondes, circulaires ; l'aire comprise entre les deux
murailles est horizontale ou convexe.

Les coupes transversales montrent 34 à 40 cloisons rayonnantes minces, très légèrement renflées en leur milieu et
granulées sur leurs côtés. La moitié seulement de ces cloisons se prolongent vers le centre du polypier, en dedans de
la muraille interne ; les cloisons qui se prolongent ainsi sont
brusquement beaucoup plus minces que les septa-costaux,
elles n'arrivent pas jusqu'au centre. La muraille interne,
correspondant au bourrelet calicinal est bien marquée par
une rangée de dissépiments, réguliers, plus épais que les
autres, formant une couronne continue : le calice interne
est vaste, son diamètre est égal à la moitié du diamètre
total. En dehors de la muraille interne, 3-5 rangées de traverses irrégulières, plus minces ; en dedans, dissépiments
irréguliers, peu nombreux. Les septa-costaux des individus
voisins sont généralement alternes, mais ils sont minces
au bord, et ne correspondent pas à des sinuosités sensibles
de la muraille externe.

Les coupes longitudinales montrent au centre du calice des planchers horizontaux, ondulés, parfois coalescents, distants de près de 1 mm., et sur les côtés entre les septa-costaux des dissépiments en mailles rectangulaires, ou vésiculeuses allongées, suivant l'orientation de la section.

Rapports et différences : Cette espèce appartient comme la précédente, au groupe des *Acervularia* à large calice interne, et à septa-costaux peu épais. Elle s'en distingue par ses calices plus irréguliers, atteignant une plus grande largeur, par la forme trapue, raccourcie des polypiérites, par l'épaisseur des murailles externes permettant de séparer les individus voisins ; elle s'en distingue encore par l'épaisseur des dissépiments qui constituent la muraille interne, par la minceur des cloisons centrales, l'épaisseur relative des septa-costaux granulés, le renflement calicinal de l'aire septa-costale, et enfin l'écartement plus grand des planchers.

Etymologie : Vénètes, population gauloise de la Loire.

Genus BRIANTIA, nov. gen.

Polypier simple ; cloisons bien développées, alternativement inégales, les plus grandes s'étendant jusqu'au centre du calice où elles sont courbées, entrelacées avec les traverses vésiculaires, les plus petites s'arrêtant au milieu des précédentes, et permettant ainsi de distinguer dans le calice, une aire interne et une aire externe concentriques. Aire externe transformée en une masse calcaire homogène, par l'élargissement et la soudure complète des cloisons entre elles. Planchers minces, limités à l'aire interne, où se trouvent en outre de nombreuses traverses vésiculaires. Une seule muraille extérieure épaisse (thèque).

Le genre ainsi défini est très voisin de *Cyathophyllum*, dont il se distingue par l'élargissement et la soudure des cloisons dans l'aire externe, dépourvue de traverses vésiculaires. Il rappelle les *Acervularia* Schw., par son cercle de dissépiments simulant une muraille interne ; il a également des rapports avec *Spongophyllum* M. Edw. et H. 1851, par l'épaississement de son aire externe, par ses planchers, par ses cloisons minces perdues dans le tissu vésiculaire. Les *Briantia* sont ainsi des *Spongophyllum* simples, non composés, à zône externe très développée ; il y aurait lieu de réunir ces genres, si on venait à reconnaître que la muraille des *Spongophyllum* est formée de la confluence des septa.

Etymologie : Chateau-*Briant,* chef-lieu de l'arrondissement d'Erbray, et où se trouve réunie la plus belle collection des fossiles d'Erbray.

Briantia repleta, nov. sp.

(Pl. 2. fig. 1)

Polypier simple, turbiné, à gros bourrelets d'accroissement arrondis ; épithèque forte, irrégulièrement chagrinée, ne montrant ni côtes, ni stries. Calice inconnu.

Les sections transversales présentent des cloisons minces, alternativement plus grandes et plus petites, au nombre de 60 ; elles sont très inégales, 30 plus petites ne se prolongent pas au delà de la moitié de la longueur du rayon, 30 plus grandes se prolongent jusqu'au centre du polypiérite. On ne peut, toutefois, les suivre jusqu'en ce point, par suite de l'abondance et du développement des dissépiments, réticulés, au milieu desquels les cloisons se confondent et se perdent. Ces dissépiments, ainsi enchevêtrés au centre du calice, se distinguent facilement des cloisons en s'éloignant du centre ; ils sont au nombre de 4-6 entre les cloisons de 1er ordre, et y présentent le même aspect que chez les *Cyathophyllum.* Quand on s'éloigne plus encore du centre, et qu'on pénètre dans l'aire où les cloisons de 2e ordre alternent avec les cloisons de 1er ordre, les dissépiments font complètement défaut. Cette aire circulaire très large, forme une bande blanche homogène, sur les sections polies opaques; on pourrait alors la rapporter en entier à la thèque, ou plutôt à une formation spéciale de traverses, très serrée, comme chez les *Calcéoles*, si les sections transparentes ne lui assignaient une structure différente. Cette structure ne se révèle, toutefois, que sur des sections extrêmement minces et d'une préparation, par conséquent, assez délicate; ces sections montrent que cette aire est constituée uniquement par les cloisons, qui s'élargissent au point de se toucher, et se soudent entre elles, sans laisser de place aux tissus vésiculeux : les cloisons anastomosées transforment ainsi l'aire externe du polypiérite en une masse calcaire homogène. Les sections transversales menées plus loin du calice, près de la base du polypiérite, montrent de même 60 cloisons, dont 30 plus grandes allant jusqu'au centre et 30 petites s'arrêtant vers leur milieu; la soudure des cloisons dans l'aire externe (pl. 2, fig. 1) n'est cependant pas aussi avancée que dans les sections plus élevées, et on reconnaît, en quelques points des sections, même opaques, les cloisons composantes : on n'observe entre elles ni traverses vésiculaires, ni stéréoplasme.

Les sections longitudinales montrent par suite, nécessairement, sur leurs côtés, des bandes calcaires homogènes, correspondant à cette aire externe; en dedans de ces bandes, on voit des traverses vésiculaires, des tranches de cloisons, et des planchers fins, irrégulièrement renflés, assez serrés, s'étendant d'un bord à l'autre de l'aire interne du polypiérite.

Rapports et différences : Ce genre est certainement représenté dans le Dévonien des régions rhénanes, et *Briantia repleta* est voisin de *Cyathophyllum Goldfussi*, M. Edw. et H. (1). C'est à la perspicacité de M. Schlüter que l'on doit de connaître les caractères véritables de cette espèce ; ils ne diffèrent guère de ceux que nous venons d'énumérer, et ont déterminé M. Schlüter (2) à la rapporter au genre *Plasmo-*

---

(1) Milne-Edwards et Haime, Pol. paléoz., p, 363, pl. 2, fig. 3.
(2) Cl. Schlüter, Sitz-ber. der niederrhein. Gesells. für natur. u. Heilk., in Bonn, 1885. p. 10.

phyllum, Dyb. (1) ; M. Frech (2), considérant ce genre de Dybowsky, comme insuffisamment caractérisé, rapporte ces formes au genre *Actinocystis,* Linds (3) : nos *Briantia* diffèrent en tous cas nettement des *Actinocystis* et des *Plasmophyllum* par l'existence de planchers.

Parmi les espèces de *Cyathophyllum* décrites par M. Frech, il en est deux, *Cyathophyllum macrocystis* (4) et *C. bathycalix* (5), qui rappellent plusieurs des caractères des *Briantia*; l'*Heliophyllum spongiosum* de M. Schulz (6) présente également des cloisons renflées dans leur partie distale. L'observation de M. Frech (7) que divers polypiers, *Cyathophyllum ceratites, Hallia callosa,* se remplissent parfois de stéréoplasme (sclérenchyme), permettra, si elle se confirme, de faire rentrer *Briantia* parmi les *Cyathophyllum.*

Genus CYATHOPHYLLUM, Goldfuss.

Ce genre, tel qu'il est défini par Milne-Edwards et Haime, est représenté à Erbray par un assez grand nombre d'espèces ; la plupart de mes échantillons sont en trop mauvais état pour permettre une détermination précise, et je me bornerai à la description des espèces les mieux caractérisées.

Cyathophyllum Cailliaudi, nov. sp.

(Pl. 2. fig. 2.)

Polypier simple, turbiné, allongé, légèrement courbé, à

(1) Dybowsky, Monog. der Zoanth. sclerod. Rugosa, Archiv. d. naturk. Liv. Ehst. u. Kurlands, T. V, Dorpat, 1873, p 84.

(2) F. Frech : Cyathophylliden d. d. Devon, Pal. Abh. v. Dames u Kayser, Bd. 3. Berlin, 1886, p. 106.

(3) G. Lindström : Ofversigt. Vet. Ak. Fhandl., N° 3, p. 21, 1882.

(4) F. Frech. Cyathophylliden d. deuts. Mitteldevon, Pal. Abh., Bd. 3, p. 79, pl. 2, fig. 11-12, Berlin, 1886.

(5) F. Frech : Cyathophylliden d. d. Mitteldevon, Pal. Abh, Dames u. Kayser, Bd. 3, p. 67, pl. VII, fi. 8-11, Berlin, 1886.

(6) E. Schulz : Jahrb. d. geol. Landesanst. u. Berg. Akad, 1882, p. 81, pl. 21, fig. 8.

(7) F. Frech : Cyathophylliden d. d. Mitteldevon, Pal. Abh. Bd 3, p. 84. 1886

bourrelets d'accroissement bien marqués ; épithèque forte, permettant de voir les côtes dans les parties rentrantes, entre les bourrelets ; ceux-ci, plus saillants du côté de la grande courbure. Calice à bords épais, dont la profondeur égale la moitié de la largeur, et environ le quart de la longueur totale du polypiérite. Cloisons bien développées, minces, droites, à apparence radiaire, et s'étendant jusque près du centre du calice, au nombre de 38 principales, où elles sont légèrement courbées ; entre ces cloisons et alternant avec elles, s'en trouve intercalé un nombre égal de 38 autres, plus courtes du tiers. Toutes ces cloisons, au nombre de 76, sont égales entre elles, dans les deux tiers extérieurs du polypiérite ; il y a entre elles de nombreuses traverses vésiculaires, plus ou moins irrégulières, qui sont plus serrées les unes contre les autres, dans la zône annulaire où s'arrètent les cloisons de 2e ordre. Les traverses deviennent très rares en dedans de cette zône. Un exemplaire de grande taille m'a montré jusqu'à 86 cloisons. Planchers occupant seulement le centre de la chambre viscérale, à parties extérieures remplies de nombreuses traverses vésiculaires.

Dimensions : Longueur 70 mm. ; largeur du calice 40 mm. ; profondeur du calice 18 mm.

Rapports et différences : Cette espèce, voisine du *Cyathophyllum turbinatum* Gold (1), par sa taille et la plupart de ses caractères, s'en distingue par sa forme plus courbée et son calice plus profond, à bords plus épais. Le *Cyathophyllum robustum* Hall (2) du Hamilton group est bien voisin ; il est peut-être un peu plus recourbé et a des cloisons plus nombreuses. Le *Cyathophyllum dianthus* décrit

---

(1) Goldfuss, Pet. Germ., p. 50, pl. 16, fig. 8 c. d. f. g. h.

(2) James Hall. Paleont. of New-York ; Illust. of devon. fossils, Albany, 1876, pl. 22, fig. 1-9.

par M. Frech (1), est peu distinct par ses caractères
internes ; mais s'il est difficile de distinguer les sections
de ces espèces, il n'y a pas de ressemblance entre nos
échantillons et les types figurés par Goldfuss (2).

Cyathophyllum Pictonense, nov. sp.

(Pl. 2. fig. 4.)

Polypier simple, cylindro-conique, courbé et légèrement tordu, à bourrelets d'accroissement bien marqués
mais très peu nombreux ; épithèque peu épaisse, montrant
des côtes minces tranchantes, séparées par des sillons
arrondis. Calice à bords épais dont la profondeur égale la
largeur, et environ le tiers de la longueur totale. Cloisons
bien développées, minces, droites, radiaires, s'étendant
jusqu'au centre du calice, au nombre d'environ 60 ; toutes
les cloisons (62) paraissent arriver jusqu'au centre, dans
les parties voisines du calice ; plus près de la base, leur
nombre est moindre (52), 26 plus grandes alternant avec
26 plus petites ; ces dernières sections permettent de
reconnaître la cloison principale. Dans les sections transversales, rapprochées de la base, les traverses vésiculaires
sont irrégulières, plus serrées à la périphérie qu'au centre ;
en approchant du calice, ces traverses deviennent plus
régulièrement espacées et au nombre de 7 à 8 par loge.
Les sections verticales montrent des planchers très médiocrement développés et peu distincts au milieu de la
chambre du polypiérite, tandis que toutes les parties latérales sont occupées par des vésicules assez régulières et
très abondantes.

Dimensions : Longueur 50 mm. ; largeur 20 mm.

Rapports et différences : Cette espèce se rapproche par sa
forme et son ornementation de *Cyathophyllum Lindströmi,*

---

(1) F. Frech, Cyathoph. d. d. Mitteldevon, Pal. Abh. Kayser u. Dames, Bd. 8,
Berlin, 1886, p. 68, pl. 1, fig. 1-6.

(2) Goldfuss, Pet. Germ., pl. 16, g. 1 b. c. d.

Frech (1), mais s'en distingue également par ses planchers moins développés, peu espacés ; elle est également distincte de cette espèce, ainsi que du *Cyathophyllum Rœmeri* M. Edw. et H. (2), parce que ses côtes correspondent toujours à une loge, c'est-à-dire à l'intervalle de deux cloisons. Les coupes longitudinales la rapprochent du *Cyathophyllum helianthoïdes* Gold (3), dont la sépare sa forme générale. Le *Cyathophyllum vermiculare* Gold (4), également très voisin, n'a pas les côtes tranchantes, et, au contraire , des bourrelets d'accroissement nombreux, serrés ; ses cloisons présentent en outre, dans le calice, des traverses héliophylliennes (5), que je n'ai pas observé.

Etymologie : Pictones, population gauloise de la Loire.

Cyathophyllum ceratites, Gold.

(Pl. 2. fig. 3.)

Cyathophyllum ceratites, Goldfuss, Pet. Germ. I. p. 57, pl. 17, fig. 2.
— F. Frech, Die Cyathophylliden d. deuts. Mitteldevon, Pal. Abh. Dames u. Kayser, 1886, p. 64, pl. 5, fig. 4 - 10, 14 - 16.

Polypier simple, libre, en cône courbé , un peu allongé ; plis de l'épithèque très marqués, sillons costaux visibles à la surface. Calice à cavité grande et profonde. 70 cloisons, un peu épaisses, légèrement dentelées, alternativement inégales ; les cloisons de 1er ordre se prolongent jusqu'au centre ; entre les cloisons de 1er et de 2° ordre, 6 à 7 traverses vésiculaires.

Cette espèce est rare à Erbray, de meilleurs échantillons permettront peut-être de la distinguer de la forme rhénane ? Les échantillons brisés que je possède, ne peuvent se distinguer de l'exemplaire figuré par M. Frech (pl. 5, fig. 8) dans son Mémoire sur les Cyathophyllides.

(1) F. Frech, die Cyathophyll. d. d. Mitteldevon, Berlin, 1886, p. 69, pl. 1, fig. 3-17).

(2) Milne-Edwards et Haime. Poly. paléoz., p. 362, pl. 8, fig. 3.

(3) Goldfuss, in Milne-Edwards et Haime, Polyp. paléoz., p. 375, pl. 8, fig. 5.

(4) Goldfuss, Pet. Germ., p. 58, pl. 17, fig. 4.

(5) F. Frech, Cyathoph. d. d. Mitteldevon, Berlin, 1886, p. 62, pl 2, fig 3.

Ptychophyllum expansum, M. Edw. et H.
(Pl. 1. fig. 3.)

Ptychophyllum expansum, M. Edw. et H. Polyp. paléoz. p. 408, pl. 8, fig. 2, 2 a.

Polypier simple, pédicellé, large, très court, à calice renversé. Épithèque mince, montrant des bourrelets d'accroissement, ainsi que la trace des côtes. Fausse columelle large, peu saillante. Environ 60 cloisons, égales, épaissies en dehors, où elles sont arrondies, dentelées sur leur bord libre, et minces en dedans.

Les coupes transversales montrent 50 à 60 cloisons, portant entre elles des dissépiments serrés, qui rappellent, par leur épaisseur près de la cloison, les prolongements lamellaires des *Heliophyllum ;* au centre de la section, et dans une étendue correspondant au tiers du diamètre, les dissépiments deviennent rares ou nuls, et les cloisons prolongées jusqu'au centre sont tordues. Les sections verticales montrent que les dissépiments entre les cloisons sont plus serrés que chez la plupart des Cyathophyllides ; ils sont presque contigus et très renflés vers le bas.

Dimensions : Hauteur 16 à 20 mm. ; diamètre 28 à 35 mm.

Rapports et différences : Ce polypier, rare à Erbray, ne se distingue du type dévonien de Néhou, que par sa taille un peu plus petite, mais il y a entre eux des relations si intimes, que je les réunis sans hésitation. Je possède un échantillon de Konieprus (F), qui me paraît également identique à cette espèce de Bretagne. Le genre *Ptychophyllum* ne me paraît pas très solidement établi, M. Lindström (1) le considère comme synonyme de *Streptelasma*, Hall. ; cette espèce se rapproche plutôt des *Heliophyllum* de M. Hall (2), dont elle présente tous les caractères.

---

(1) Lindström : Bihang till. K. Sv. vet. Akad. Handl. 8, N° 9, p. 18, Stockholm. 1883.

(2) James Hall, l. c., p. 23-25.

Genus ZAPHRENTIS, Raf. et Cliff.

Le terrain dévonien inférieur contient partout de nombreux représentants d'une famille de *polypiers rugueux*, remarquables par la disposition pinnée de leurs cloisons. Elle paraît intermédiaire dans son ensemble, entre les *Cyathophyllum* siluriens et les *Zaphrentis* carbonifères.

J'ai partagé les espèces de ce groupe, rencontrées en Espagne, entre les genres *Zaphrentis* et *Aulacophyllum*; M. Schlüter (1) en a fait autant en Allemagne, où il a été suivi par M. Frech (2), qui montra, de plus, l'identité du genre *Aulacophyllum* (M. Edw. et H.) avec le genre *Hallia* M. Edw. et H.; M. Hall (3) les rapporte en Amérique, à son genre silurien *Streptelasma*. Les fossiles de ce groupe, rencontrés à Erbray, m'ont paru cependant devoir se rapporter tous, au genre *Zaphrentis*, et à deux sections différentes de ce genre; l'une plus voisine des *Amplexus* (*Z. Ligeriensis*), l'autre des *Hallia* (*Z. Armoricana*).

Zaphrentis Ligeriensis, nov. sp.

(Pl. 3. fig. 1.)

Polypier simple, allongé, cylindro-conique, de grande taille, légèrement arqué, à bourrelets d'accroissement variqueux, irréguliers, saillants. Cloisons à disposition radiaire, au nombre de 68 à 74 sur les divers échantillons, de deux ordres, mais presque d'égale longueur, non prolongées jusqu'au centre, les plus longues s'arrêtant au milieu du rayon, sur toutes les sections transverses. Planchers serrés, distants de 3 mm., très étendus, plans concaves, envahissant les loges intercloisonnaires; ces loges sont remplies dans toute leur étendne, par le stéréoplasme des cloisons, contigües, traversées par des lignes arquées, rappelant l'aspect de traverses vésiculeuses. Fossette septale

---

(1) Cl. Schlüter : Verhandl. nat. Ver. f. Rheinl. u. Westf, 1884, N° 2.
(2) F. Frech, Die Cyathoph. u. Zaphrentid. d. d. Devon, 1886, p. 81.
(3) James Hall, Pal. of New-York, Illust of devon. fossils, pl. XIX.

indistincte. Ce polypier est remarquable par la profondeur considérable de son calice, et par son rapide élargissement dans la partie calicinale, qui s'étale en forme de coupe. Epithèque mince, laissant apercevoir des sillons très minces, entre lesquels sont de larges côtes planes, correspondant à chaque cloison.

Dimensions : Plus petit échantillon : longueur 80 mm., largeur 5 mm., profondeur du calice 35 mm.; le plus grand échantillon : longueur 150 mm. ou plus, largeur 105 mm., profondeur du calice 70 mm.

Rapports et différences : Cette espèce se distingue de *Zaphrentis gigantea*, Lesueur (1), et du *Zaphrentis subgigantea* Champernowne, par sa largeur beaucoup plus grande, sa longueur moindre, son calice très profond, évasé; il s'en distingue également par l'absence de petites cloisons intercalaires, et par l'ornementation de sa surface. Il diffère par sa taille et par sa forme générale de *Amplexus lineatus* Quenst. (2) du Dévonien d'Oberkunzendorf; il est identique à des échantillons de Konieprus (F), qui m'ont été donnés sous le nom de *Zaphrentis bohemica*, Barr. m. s. — Cette raison, jointe à la grande ressemblance de l'espèce avec les *Z. gigantea* L.,du Dévonien,et *Z. cylindrica* Scouler (3), du Carbonifère, m'ont décidé à ranger cette espèce parmi les *Zaphrentis*, bien qu'elle paraisse plutôt appartenir à *Amplexus*, par ses planchers très développés, lisses, non couverts par les cloisons dans leur moitié centrale.

Etymologie : Liger, La Loire.

Zaphrentis armoricana, nov. sp.

(Pl. 2. fig. 5.)

Polypier turbiné, libre, subpédicellé. Calice largement ouvert, sub-ovalaire, oblique, tourné du côté de la petite courbure. Polypier présentant de gros bourrelets d'accrois-

---

(1) Lesueur, in Milne Edwards et Haime, Polyp. paléoz. p. 340, pl. 4.
(2) Quenstedt : Petref. Deutsch. p. 492, pl. 160, fig. 8.
(3) Scouler, in de Koninck, Pol. carboniferes, 1872, p. 84, pl. 7, 8.

sement irréguliers ; il est entouré d'une épithèque mince, permettant de bien voir extérieurement les côtes, qui sont pinnées de chaque côté de la cloison principale, sur le côté concave du polypier. Cloison principale, réduite, mais toujours plus grande que les cloisons de 2ᵉ ordre, montrant de chaque côté, des cloisons pinnées au nombre de 6 : la fossette septale est prolongée sur les coupes tranverses jusqu'au centre de la section. Cloison opposée droite, aussi longue que les voisines, et généralement un peu plus forte ; cloisons latérales ne se distinguant pas de celles des quadrants opposés, au nombre de 7 à 10 suivant nos échantillons. Ces cloisons radiaires sont plus serrées, obliques, dans la région des cloisons latérales. Les cloisons de premier ordre sont ainsi au nombre de 34, entre elles se trouvent 34 cloisons de de 2ᵉ ordre, plus courtes que les précédentes, et égales entre elles ; leur largeur varie de 1 à 2 mm., suivant les échantillons, elles sont toujours épaisses, et soudées par du sclérenchyme, aux cloisons voisines, formant ainsi au polypier, une gaine homogène, solide, épaisse de 1 à 2 mm.

Dimensions : Longueur 40 à 45 mm., largeur 25 à 30 mm.

Rapports et différences : Par la disposition et l'épaisseur de ses cloisons, comme par l'épaisseur de la muraille, et la position de la cloison principale au côté concave, cette espèce appartient au groupe des *Zaphrentis Guillieri* d'Espagne, *Z. incurva* du Rhin, *Z. Cliffordana* d'Amérique. Elle se distingue nettement du *Z. Guillieri* par sa taille plus forte, ses gros bourrelets ondulés, et son calice moins oblique ; il est plus difficile de la distinguer du *Zaphrentis Desori*, M. Edw. et H. (1), auquel on pourra peut-être la réunir.

Zaphrentis Armoricana se distingue des diverses *Hallia*, par son septum principal du côté concave, par ses cloisons opposée et latérales, égales entre elles, et égales aux cloisons des quadrants opposés, tandis qu'elles sont très diffé-

---

(1) Milne Edwards et Haime : Pol. paléoz., p. 383.

rentes de ces dernières, chez les *Hallia* (*Aulacophyllum*), qui me sont connus.

Genus AMPLEXUS.

Amplexus hercynicus, A. Rœmer.
(Pl. 1. fig. 5.)

Amplexus hercynicus, F. A. Rœmer, Harz, Beitr. III. p. 133. pl. 19, fig. 12.
    —   F. Frech, Die. Cyathoph. u. Zaph. d. d. Mitteldevon, 1883, p. 97.

Polypier cylindrique, plus ou moins comprimé latéralement, à section ovale; forme irrégulière plus ou moins contournée. Bourrelets d'accroissement peu prononcés; épithèque mince, ornée de plis concentriques, élégants, nets, très fins, elle permet de voir dans presque toute leur étendue les côtes longitudinales. A des intervalles irréguliers, variant de 4 à 10 mm., le polypiérite porte des cicatrices, qui correspondent à la place de bourgeons, comme nous avons pu nous en assurer en un point, où l'un de ses stolons était conservé. Cloisons radiaires, marginales, au nombre d'environ 28; planchers très bien développés, subhorizontaux, peu bosselés, à surface lisse, distante de 1 mm. au minimum, et s'étendant d'une paroi de la muraille jusqu'à l'autre. Le calice m'est inconnu.

Dimensions : Longueur do nos fragments, 30 à 40 mm., largeur 4 à 7 mm.

Rapports et différences : Cette espèce se distingue de la plupart des *Amplexus* par son bourgeonnement latéral; et rappelle par là, ainsi que par ses planchers bien développés les *Cyathophylloïdes*, Dybowsky (1), dont elle se distingue d'ailleurs, parce que ses cloisons ne se prolongent pas jusqu'au centre. Deux espèces d'*Amplexus* dans le Dévonien, présentent de semblables bourgeons latéraux, l'*Amplexus hercynicus*, A. Rœm., auquel nous l'assimilons, et l'*Amplexus radicans*, E. Schulz (2), distinct par sa taille et

---

(1) Dybowsky, Monog. Zoantharia sclerod. Rugosa, Dorpat, 1873, p. 123.
(2) E. Schulz, Jarhb. d. geol. Landes. u. Bergakau, 1882, p. 74, pl. 1, fig. 1-4.

ses planchers irréguliers. Je possède en outre un *Amplexus* du calcaire blanc F² de Konieprus, qui présente les mêmes caractères de gemmation, et appartient à la même espèce que le fossile d'Erbray.

Amplexus irregularis, Kayser.

(Pl. 1. fig. 4.)

Amplexus irregularis, Kayser, Zeits, d. deuts. geol. Ges., Bd. 24. 1873, p. 691. pl. 27, fig. 7.

—   Frech, Cyathophylliden d. d. Devon. Pal. Abh. 1886, p. 98.

Polypiérites très longs, contournés irrégulièrement, fasciculés. Thèque épaisse de 1/2 à 3 mm. — Epithèque finement plissée, montrant en outre très nettement, des sillons longitudinaux correspondant aux loges, présentant à des distances variables de 1 à 2 cent., des bourrelets circulaires en arêtes saillantes, et au-dessus de ces bourrelets un rétrécissement assez marqué. Calice inconnu. Sections transversales montrant 26 à 27 cloisons un peu écartées, minces et peu développées, entre lesquelles sont intercalées un même nombre de cloisons rudimentaires : le nombre total des cloisons varie de 52 à 54. Sections verticales à planchers espacés de 2 à 4 mm., horizontaux ou obliques, et s'étendant d'une paroi de la muraille jusqu'à l'autre.

Dimensions : Le plus grand fragment a 80 mm. de longueur, et 10 à 15 mm. de diamètre.

Rapports et différences : Très voisin par ses caractères extérieurs du *Amplexus annulatus* Edw. et H. (1), du Dévonien de Viré et de Brûlon, il s'en distingue par ses cloisons plus nombreuses et ses planchers irréguliers, moins serrés. Il rappelle également *Amplexus mutabilis*, Maurer (2), du Givétien d'Hainau, dont il se distingue par ses cloisons moins longues, sa thèque plus épaisse.

---

(1) Milne-Edwards et Haime, Polyp. paléoz. p. 345.

(2) Maurer. Fauna d Kalke v. Waldgirmes, 1885, p. 84, pl. 1, fig. 11-18.

CRINOIDEA

Genus **POTERIOCRINUS**, Mill.

Poteriocrinus Verneuili, Cailliaud.

Poteriocrinus Verneuili, Cailliaud, Bull. soc. géol. de France, 2ᵉ sér. T. XVIII,
1861, p.334, avec figures.

Parmi les très nombreuses tiges et articulations d'Encrines d'Erbray, que j'ai eues entre les mains, s'en trouvent d'identiques aux formes décrites et figurées par Cailliaud sous le nom de *Poteriocrinus Verneuili*, formes si
remarquables par la dissymétrie et l'obliquité d'un certain
nombre des articles constituants. En l'absence de tout
calice, dont je n'ai pu rencontrer un seul exemplaire déter-
minable, à Erbray, je considère comme impossible, la détermination générique, des très nombreux Crinoïdes, dont les
débris constituent essentiellement ces calcaires.

Parmi les fossiles du Musée de Chateaubriant, il y a
même des racines de crinoïdes, encore fixées sur leur point
d'attache ; de nouvelles recherches fourniront certes des
calices, à Erbray, et permettront d'étudier un jour, la faune
des Crinoïdes de cette époque.

Genus **EUCALYPTOCRINUS**, Gold.

Un fragment incomplet présente les caractères des
basalia du genre *Eucalyptocrinus* (Frech).

BRYOZOAIRES.

Les Bryozoaires sont abondants dans les calcaires blancs
d'Erbray, et généralement en assez bon état de conservation. Nos connaissances sur ce groupe sont trop peu avan-
cées, pour que la description des espèces d'Erbray présente
quelque intérêt, au point de vue stratigraphique ; le mémoire fondamental de M. Hall sur les Bryozoaires dévoniens,
qui vient de paraître (1), permet, il est vrai, de tenter une

---

(1) James Hall, Pal. of New-York, vol. VI, 1887. Nous avons publié une analyse
critique de ce remarquable travail, dans les Annales de la Société Géologique du Nord,
T. XV, Mars 1888.

révision locale des espèces de ce groupe, mais nos planches étaient terminées, quand parût le Mémoire de M. Hall. Tous les Bryozoaires d'Erbray, appartiennent à des familles éteintes, de l'ordre des *Cyclostomes* : les 5 grandes familles paléozoïques de cet ordre, *Ptilodictyonidæ, Thamniscidæ, Fenestellidæ, Lichenalidæ, Chœtetidæ,* sont représentées dans le calcaire d'Erbray.

FENESTELLIDÆ.

Colonies libres, dendroïdes, flabelliformes, fixées par un tronc commun. Rameaux subparallèles, divergents, anastomosés ou reliés par des ponts transversaux, ou dissépiments, qui limitent entre eux les fenestrules. Ouvertures des cellules sur un seul côté de la colonie

Fenestella Bischofi, Rœm.

Fenestella Bischofi, F. A. Rœmer, Harz, Beitr. III , p, 114. pl. 1, f. 1, 1855.
— Kayser, Alt. Fauna, d. Harzes, p. 139, pl. 20, f. 20, 21.

De nombreux débris de Bryozoaires, présentent à Erbray, les caractères de cette espèce de Rœmer. Cormus disposé en réseau mince, à mailles sub-quadrangulaires, ovales, à rameaux lisses en dedans, percés de pores du côté opposé. Les commissures transverses qui réunissent ces rameaux sont de même largeur qu'eux. Les pores irrégulièrement disposés en une ligne, sont souvent ouverts sur de petits tubercules. Cette Fenestelle, présente une grande ressemblance avec les types publiés par M. Kayser.

Fenestella sp.

La Fenestelle de Zorge figurée par M. Kayser (1), se trouve également à Erbray, avec la précédente ; ce fossile appartient probablement à un genre différent, dont un type serait la *Fenestella? bifurca* de Rœmer (2).

---

(1) Kayser, Alt. Fauna d. Harzes, pl. 34, f. 6.
(2) F. A. Rœmer, Beitr. Harz, I, p. 8, pl. 2, fig. 1, 1850.

PTILODICTYONIDÆ.

Les cormus de cette famille sont représentés à Erbray, par des fragments de colonies comprimées, lamelleuses ou rameuses, composées de deux couches de cellules tubuleuses, serrées, qui sont adossées l'une à l'autre.

THAMNISCIDÆ.

Les *Thamniscidæ* constituent des colonies rameuses, développées dans un seul plan, comprimées, se composant de plusieurs rameaux principaux, desquels partent sur les deux faces opposées des ramifications secondaires. Cellules sur une face de la colonie seulement.

Glauconome sp.

Une très belle espèce d'Erbray, appartient au groupe de la *Glauconome pluma* de Phillips (1) ; elle se range ainsi dans cette section bien spéciale, caractérisée par ses rameaux à branches bipinnées.

LICHENALIDÆ.

Les *Lichenalides* forment des colonies d'aspect variable, où les loges individuelles, de forme tubulaire, sont garnies de septa à la façon des Coralliaires ; les dents qui garnissent les ouvertures des cellules rappellent celles des *Alveolites*, leur disposition rappelle parfois cependant d'une façon grossière celle des *Chilostomes*. Ce groupe s'éloigne plus que les précédents, des *Cyclostomes*, pour se rapprocher des *Chætetides* et des polypiers tabulés.

Lichenalia patina ? Rœm. sp.

Le Musée de Chateaubriant possède plusieurs exemplaires, de fossiles très voisins, sinon identiques, au *Ceriopora? patina* de Rœmer (2), qui me paraissent devoir rentrer dans le genre *Lichenalia* de M. Hall (3).

(1) Phillips, Geol. Yorks, 2, pl. 1, f. 13.
   F. A. Rœmer, Harz. Beitr. I, 1850, p. 7, pl. 1, fig. 15.
(2) F. A. Rœmer, Harz. Beitr. I, 1850, p. 8, pl. 2, fig. 3.
(3) J. Hall, Paleont. of New-York, Vol. 2, pl. 40 E, fig. 5, p. 171.

BRACHIOPODA.

Genus CHONETES.

Ce genre est très maigrement représenté à Erbray, où il n'a d'ailleurs pas été cité jusqu'ici; il faut toutefois lui rapporter de petites coquilles strophomenoïdes, bien caractérisées par l'existence d'une rangée unique d'épines, alignées symétriquement le long de l'arête cardinale de la grande valve. Un certain nombre d'échantillons mal conservés, rappellent les *C. Verneuili*, *C. Hostinensis* de Barrande; une seule espèce me laisse peu de doutes sur sa détermination, le *C. plebeia*. Le peu de développement de ce genre, est un des traits distinctifs de cette faune, comparée à celle de Néhou, et même à celle du Harz, où l'on en connaît actuellement 7 espèces distinctes (1).

Chonetes plebeia, Schnur.

(Pl. 4, fig. 4.)

Chonetes plebeia, Schnur, Brach. d. Eifel, pl. 21, fig. 6, p. 58. 1853.
      —   Œhlert, Bull. soc. géol. de France, T. XI, 1883, p. 517, pl. 14, fig. 3.

Coquille plus large que longue, auriculée, concave-convexe, atteignant sa plus grande largeur dans la partie cardinale. Surface couverte de 26 à 30 plis arrondis, nettement dichotomes pour la plupart près du bord palléal, traversés par des stries d'accroissement, concentriques. Grande valve très bombée, à arête cardinale droite, portant de petites épines, courtes, obliques. Crochet dépassant un peu la ligne cardinale. Petite valve concave.

Dimensions : Longueur 7 mm., largeur 11 mm.

Rapports et différences : Cette espèce a été trop souvent et trop bien décrite, notamment par M. Œhlert, pour qu'il me semble utile d'insister sur sa détermination. Les coquilles d'Erbray se distinguent un peu de celles de la Mayenne, parce que leur crochet est plus fort, et parce que leurs plis sont moins régulièrement dichotomes : ils

___

(1) Kayser : Alt. Fauna des Harzes, 1878, p. 200.

rappellent par ce dernier trait, un caractère de *Ch. embryo*, Barr, de Bohème, et du *Ch. Davousti* Œhlert (1).

STROPHOMÈNES.

Coquilles ponctuées, plates, concavo-convexes, ornées de stries radiaires (*Strophomena, Leptæna*), ou de rides concentriques (*Leptagonia*). Ligne cardinale droite, très longue, pourvue des deux côtés d'un aréa. Grande valve généralement convexe, et pliée près du front, à aréa un peu plus haute que celle de la petite valve, et portant une fente triangulaire fermée par un pseudodeltidium (*Leptæna*), ou laissant ouvert un trou rond (*Strophomena*). Bord cardinal avec dents cardinales, ou bord cardinal denté dans toute sa longueur (*Strophodonta*).

Les caractères internes sur lesquels sont basées les divisions des Strophomènes, si bien exposées par M. Œhlert (2), étant invisibles sur nos échantillons d'Erbray, j'ai réuni .dans le genre *Strophomena* toutes les coquilles présentant les caractères précédents , sans chercher à les ranger dans leurs sections.

Les *Strophomènes* d'Erbray ont beaucoup plus d'affinités avec celles des grauwackes du Rhin, des Ardennes, du Devonshire, qu'avec celles de la Bohème, ou du Harz : leur ensemble constitue une faune dévonienne, la plupart de ces espèces ayant vécu jusqu'à l'époque coblenzienne. Les espèces bohèmes citées à Erbray sont rares, ou douteuses, ou communes aux systèmes dévonien et silurien.

Strophomena Davousti, Vern.

(Pl. 4, fig. 5.)

Leptaena Davousti, de Verneuil, Bull. soc. géol. de France, T. VII, 1850, p. 782.
    —   Œhlert, Bull. soc. géol. de France, T. VII, 1879, p. 706, pl. 15, fig. 1.

Coquille gibbeuse, fortement géniculée, semi-circulaire, .très légèrement auriculée. Surface couverte de 60 à 70

---

(1) Œhlert, Ann. sciences géol. 1887 , p. 66, pl. IV, fig. 17-21.
(2) Œhlert, Manuel de Conchyliologie du Dʳ P. Fischer. Paris, 1887, p. 1281.

stries, anguleuses, inégales près du front, séparées par des
sillons arrondis au fond ; les stries sont moins nombreuses
près du crochet, d'où elles rayonnent vers les bords, en
laissant d'autres stries s'intercaler irrégulièrement entre
elles. Ces stries sont traversées par de très fines stries
concentriques, surtout visibles dans les sillons qui séparent les plis.

Rapports et différences : L'unique échantillon de cette
espèce que je possède, est un moule externe d'une petite
valve, il se rapproche tant du type de M. Œhlert, par sa
forme concave, si remarquablement géniculée, qu'on ne
peut guère hésiter à les réunir. Il y a de plus, identité
entre les ornements de la coquille. Cette espèce est voisine
de la *S. bohemica* Barr., ainsi que de *S. convoluta* Barr. (1),
mais M. Œhlert a bien fait ressortir leurs différences.

Strophomena Murchisoni, Vern. var. acutiplicata, Œ. et D.

Strophomena Murchisoni, de Verneuil, Bull. soc. géol. de France, 1845, T. 2,
p. 447, pl. XV, fig. 7.

—   —   C. Barrois, Mém. Soc. géol. du Nord, 1882, T.2, p.241,
pl. IX, fig. 6.

—   *acutiplicata*, Œhlert et Davoust, Bull. soc. géol. de France, 1880,
T. VII, p. 708, pl. XIV, f. 3.

Coquilles identiques aux échantillons de Feñolleda,
figurés dans mon Mémoire sur les Asturies, et distinctes des
types de la même région, figurés par de Verneuil, par leurs
plis moins nombreux, plus simples, non fasciculés, prenant
tous naissance au crochet, et par leur valve ventrale plus
bombée. M. Œhlert a décrit cette espèce, commune en
Bretagne, sous le nom de *L. acutiplicata ;* je l'ai considérée
dans le mémoire précité, comme une simple variété de la
L. Murchisoni, Vern., parce qu'on trouve entre elles tous
les passages, réunis dans les mêmes couches, en Espagne.
A Erbray, toutefois, la *L. acutiplicata* paraît exister seule.

---

(1) Barrande, Syst. Sil. Bohème, Brachiopodes, pl. 40.

Strophomena Verneuili, Barr.

(Pl. 4. fig. 6.)

Strophomena Verneuili, Barr. Haid. Abh. 1847, p. 219, pl, 21, fig. 13-15.
    —   Barr. Syst. Sil. Bohême, Brachiopodes, 1879, pl. 42, fig. 21-28 ; — pl. 108.

Coquille aussi large que longue, à ligne cardinale droite crénelée. La surface est ornée de stries rayonnantes, fortes, minces, inégales, irrégulières, dichotomes. Dans les parties un peu décortiquées, on voit des ponctuations alignées dans les sillons qui séparent les stries. Grande valve convexe, portant un renflement longitudinal médian en dos d'âne, continu du crochet au front, où il est très vague. Petite valve, peu concave, creusée au milieu.

Dimensions : Longueur 25 mm., largeur 15 mm.

Rapports et différences : Les échantillons que je rapporte à *S. Verneuili* sont malheureusement tous en mauvais état, et incomplets ; de meilleurs exemplaires sont nécessaires pour discuter les relations de l'espèce d'Erbray, avec les types de Bohème, et avec le *S. Bischofi*, Rœm. (1) du Harz, que M. Kayser considère comme identiques. Ils sont également très voisins de *S. consobrina* Barr. (2), distinct par ses stries plus granuleuses.

Strophomena neutra, Barr.

(Pl. 4. fig. 7.)

Strophomena neutra, Barrande, Haid. Abhandl, 1847, p. 231, pl. 21. f. 7-8.
    —   Barrande, Syst. Silur. Bohème, 1879, pl. 43-127-143.

Coquille semi-circulaire, dont je ne possède qu'une valve dorsale, plate. Elle est caractérisée, comme le type de Barrande, par sa surface déprimée, couverte de stries rectilignes, fines, égales, continues du crochet au bord, et à stries intercalaires rares. Les stries sont anguleuses et deviennent plus saillantes, plus fortes, en approchant du bord ; entre elles les sillons sont arrondis au fond.

---

(1) F. A. Rœmer. Harz. Beitr. III, p. 115, pl. 17, f. 4, 1855.

(2) Barrande, Syst. Sil. Bohême, Brachiopodes, 1879, pl. 42, f. 6-14.

Strophomena subarachnoïdea, Vern. Arch. ?

Strophomena subarachnoïdea, Arch. et Vern. Trans. geol. soc. London, 2d ser.
Vol. VI, p. 372, pl. 36, f. 3, 1842.
— 　　　　　　　　Sandberger, Rhein. Sch. Nassau, 1856, p. 362,
pl. 34. f. 12.

Grande espèce, longue de 30 à 40 mm., rare à Erbray, et caractérisée comme l'espèce de la grauwacke du Rhin, par la dichotomie répétée de ses stries, formant des faisceaux plans, courbés dans la région cardinale. Ce caractère la distingue de la *L. Sarthacensis*, Œhl. (1), dont cette espèce est aussi très voisine ; elle est sans doute identique à la coquille du Harz, figurée par Rœmer (2) et rapportée par lui à *S. spathulata ;* elle a aussi bien des rapports avec les coquilles du Harz rapportées par M. Kayser (3) à *S. nebulosa* Barr.

Strophomena interstrialis, Phill.

(Pl. 4. fig. 8.)

Strophomena interstrialis, Schnur, Brach. d. Eifel, 1853, p. 222, pl. 20, f. 2
— 　　　　　　C. Barrois, Ter. anciens des Asturies, 1882, p. 243,
pl. IX, fig. 8.

Coquille semi-circulaire, à ligne cardinale droite, correspondant à la plus grande largeur de la coquille. Surface ornée de stries rayonnantes, débutant au crochet et arrivant jusqu'au bord des deux valves ; elles sont équidistantes de 1 à 1,5 millimètre, et un peu plus espacées sur les côtés, qu'au milieu des valves. Entre ces stries s'en intercale une série d'autres, un peu plus fines, vers le milieu de la coquille. L'espace entre ces stries de 1er et de 2e ordre, est plan, et montre en outre, 3-4 stries plus fines. Grande valve convexe, crochet petit, ne s'élevant pas au-dessus du bord cardinal. Aréa basse, dentée comme celle de l'autre valve, sur toute sa longueur. Petite valve concave, à aréa plus étroite que celle de l'autre valve, avec laquelle elle fait un angle obtus.

(1) Œhlert : Bull. soc. géol. de France, T. VII, 1880, p. 707, pl. 14, fig. 2.
(2) F. A. Rœmer : Beitr. Harz. II; p. 98, pl. 15, fig. 2.
(3) Kayser : Alt. Fauna d. Harzes, p. 195.

Rapports et différences : Cette espèce a quelque analogie avec *Strophomena (Douvillina) Dutertrii*, signalée à Erbray par Cailliaud, de Tromelin et Lebesconte. J'ai insisté ailleurs (1) sur les différences qui séparent, à mon sens, ces espèces. C'est sans doute aussi à cette espèce, qu'il faut rapporter, à titre de variété, la belle et grande coquille du musée de Nantes, déterminée par Cailliaud comme *L. Phillipsi*. Cette espèce paraît représentée en Amérique par *L. alternata*, Emmons.

Strophomena hercynica, nov. sp.

(Pl. 4. fig. 9.)

Strophomena interstrialis, var. hercynica, Kayser, Alt.F.d.Harzes, p.194, pl.29, f. 10. 11, (malè).

Leptaena Phillipsi .... Vern. (non Barrande), Bull. soc. géol. de France, 1855, T. XII, p. 1009, pl. 28, f. 10 ; pl. 29, f. 9.

Coquille de grande taille, oblongue, très convexe, atteignant sa plus grande largeur à la charnière ; aréa surbaissée, crénelée dans toute son étendue. Bord palléal semicirculaire, relié à la charnière par une courbe qui se creuse sous les oreillettes. Surface ornée de 30 à 40 stries rayonnantes, filiformes, légèrement recourbées sur les côtés de la coquille. En les suivant du crochet vers les bords, on voit, au milieu des espaces qui les séparent, s'intercaler des stries secondaires d'égale grosseur ; les intervalles entre ces stries principales sont ornés de stries tertiaires plus fines, au nombre de quatre à six. Les stries principales sont plus rapprochées vers les bords de la coquille que dans la région du crochet, par suite des stries intercalaires, et surtout des sillons qui se creusent vers les bords. Les intervalles striés qui séparent les stries principales, sont plans dans la moitié cardinale de la coquille, et deviennent concaves dans sa moitié marginale ; ils sont alors traversés par de petites stries concentriques, parfois seules visibles dans la partie frontale. Grande valve pré-

---

(1) Cb. Barrois, Mém. terr. anc. des Asturies, 1882, p. 243.

sentant la plus grande aréa ; elle est très convexe près du crochet, et décrit presque un demi-cercle. La surface de cette valve a des sillons plus concaves que l'autre , les stries concentriques existent souvent seules près des bords, entre les stries rayonnantes primaires, comme chez *L. bohemica* de Bohême. Petite valve très concave, assez déprimée près du crochet et très bombée au milieu de sa longueur. Elle suit l'autre valve, dans sa forte courbure, mais est géniculée, tandis que l'autre est convexe. Surface ornée de sillons moins concaves que l'autre valve, notamment dans la moitié cardinale où ils sont plans comme dans l'échantillon figuré par de Verneuil ; les plis rayonnants tertiaires sont toujours plus marqués que les plis concentriques , contrairement à ce qu'on observe sur l'autre valve.

L'intérieur ne m'est connu que par une seule valve dorsale, plus convexe que celle figurée par de Verneuil (1), mais présentant exactement les mêmes impressions.

Dimensions : Longueur 47 mm. ; largeur 47 mm.

Rapports et différences : L'espèce que je désigne sous ce nom, diffère des échantillons de *S. hercynica*, figurés par M. Kayser, dont les types sont d'ailleurs, complètement insuffisants ; elle serait, dans ce cas, représentée dans le Hercynien du Harz par *S. corrugatella*, Dav. in Kayser, qui me paraît peu différente, ou par quelqu'une des figures 7-12 de M. Kayser. En choisissant le nom, adopté ici, j'ai voulu insister sur la relation d'espèces qui me paraît certaine dans ces deux régions, car les descriptions de M. Kayser s'appliquent parfaitement à mes fossiles.

L'espèce d'Erbray est certainement identique à celle que de Verneuil a figurée dans le Dévonien inférieur de Guadalperal, sous le nom de *S. Phillipsi*, en reconnaissant toutefois, qu'elle différait des types de Bohême. Je crois que cette espèce a été désignée jusqu'ici à Erbray sous les

---

(1) De Verneuil, Bull. soc. géol. de France, t. XII, 1855, fig. 9 a.

noms de *S. bohemica* et de *S. Phillipsi*, suivant qu'on observait la grande valve, ou le moule interne de la petite valve. La *S. bohemica* de Bohême est beaucoup plus transverse , moins bombée et ne présente pas les fines stries tertiaires. Elle se distingue de la *S. interstrialis*, Phill., par sa taille plus grande, sa convexité, ses sillons marginaux dans lesquels sont les stries tertiaires, et ses stries concentriques plus marquées.

Le terrain silurien (E) renferme plusieurs espèces très voisines de celle-ci, telles que *S. euglypha* Barr (1), moins convexe, granulée ; la *S. imbrex*, Pander (2), géniculée, dépourvue de sillons rayonnants au bord; la *S. pecten*, Rœm. (3), forme jeune , mal connue. Le terrain dévonien a fourni en Angleterre, à M. Mac Coy, deux espèces voisines de celles-ci : *S. gigas*, Mac Coy (4), distincte seulement par ses empreintes musculaires plus grandes , et *S. nobilis,* Mac Coy (5), qui présente les sillons superficiels de la grande valve, mais n'a pas les fines stries intercalaires. La *S. varistriata* Conrad (6) du Lower-Helderberg est une des formes américaines les plus voisines.

Strophomena clausa, Vern.

(Pl. 4. fig. 10.)

Leptœna clausa....., de Verneuil, Bull. soc. géol. de France, 1850, T. VII, p. 783.
Strophodonta clausa. Œhlert, Annal. sci. géol. 1887, p. 60, pl. 4, fig. 1-7.

Coquille ovale, sub-tétragone, très transverse, atteignant sa plus grande largeur au bord cardinal, allongé en ailes aigües. Test lisse , luisant et d'un éclat un peu nacré, à fines stries concentriques , montrant à la loupe, sur quelques échantillons très bien conservés, de fines stries radiaires, égales, très serrées, superficielles; les échantil-

---

(1) Barrande, Syst. sil. Bohême, Brachiopodes, pl. 39, fig. 4-8.
(2) In de Verneuil, Géol. Russie d'Europe, 1845, p. 230, pl. 15, fig. 8.
(3) F. A. Rœmer : Harz. Beitr. I. p. 56, pl. 9, fig. 1, 1850.
(4) F. Mac Coy : Brit. paleoz. fossils, Cambridge, 1854, pl. 2 A, fig. 9, p. 386.
(5) F. Mac Coy : l. c.. p. 386, pl. 2 A, fig. 8.
(6) In James Hall : Pal. of New-York, vol. 3. pl. 16-18

lons décortiqués, et ils sont très communs, montrent que la couche interne du test est perforée de gros trous disposés sur deux rangées, comprises entre de fortes nervures rayonnantes. Ils rappellent alors l'aspect connu de la *S. Stephani* Barr. (1) de Bohême. Grande valve très renflée, convexe, ventrue ; crochet petit, peu saillant. Aréa très surbaissée, formée aux dépens des deux valves et denticulée sur la ligne d'articulation (*Strophodonta*). Foramen et deltidium invisibles, mais non absents comme le pensait de Verneuil ; M. Kayser (2) a montré qu'on pouvait le reconnaître dans les coquilles de ce groupe de Strophomènes, en les attaquant par un acide. Petite valve très concave, géniculée, creusée par un sinus médian longitudinal, obtus, qui disparaît vers la région frontale. Le moule interne de cette valve, que nous figurons ici, présente ainsi une bosse, au centre de sa partie géniculée.

Dimensions : Longueur 10 mm. ; largeur 25 mm.

Rapports et différences : Cette espèce fait partie d'un groupe de Strophomènes, caractéristique par son développement, du Dévonien inférieur, où il a été indiqué et défini par M. Kayser, sous le nom de groupe de la *Strophomena lepis* Bronn., et comprenant *S. irregularis*, F. Rœm., *S. lepis*, Bronn., *S. Leblanci* Rouault, *S. caudata* Schnur, *S. anaglypha* Kays, *S. latissima* Bouch., *S. subtetragona* F. Rœm. Elle se distingue de toutes, par ses ailes longues et pointues, ainsi que par l'ornementation des deux couches de son test. Elle a de très proches alliées en Bohême ; *S. armata* Barr (3) de F, est notamment si voisine, que j'ai hésité à les réunir, elles ont en effet, les mêmes ailes, les mêmes formes, le même test : la *S. neutra* se distingue seulement, parce qu'elle est couverte de stries plus fines, plus superficielles. La *S. comitans* Barr. (4), de F. G. H.,

---

(1) Barrande, Syst. sil. Bohême. pl. 40.
(2) E. Kayser : Zeits. d. deuts. geol. Ges., Bd. 23, 1871, p. 626.
(3) Barrande, Syst. sil. Bohême, pl. 50, case 1.
(4) Barrande, Syst. sil. Bohême, pl. 56.

appartient aussi au même groupe, elle se distingue par ses deux séries de stries, les unes plus grandes, les autres plus fines, intercalées entre les premières.

Strophomena (Plectambonites) rhomboïdalis, Wahl.

Strophomena rhomboïdalis, Barrande, Syst.Sil.Bohême, 1879, pl.41, fig.41.55.97.

Cette espèce, si répandue habituellement dans les terrains paléozoïques, n'est représentée dans la collection du musée de Chateaubriant, que par un seul échantillon, dont la détermination est même un peu douteuse.

Strophomena (Plectambonites) Bouei, Barr.

Strophomena Bouei, Barr., Syst. Sil. Bohême, 1879, pl. 45.

M. Lebesconte possède trois magnifiques échantillons de cette espèce, qui me paraissent identiques aux types si connus de Bohème ; cette espèce est trop bien caractérisée, pour qu'il me paraisse utile de la dessiner à nouveau.

La *S. Bouei*, Barr., se trouve à Erbray, en compagnie de la *L. clausa*, Vern., dans les mèmes blocs calcaires.

Genus ORTHOTHETES, Fisch.

Orthothetes (Streptorhynchus devonicus, d'Orb.

Streptorhynchus devonicus. d'Orbigny, Prodome 1847, vol. 1, p. 90.
Orthis devonica........... de Verneuil, Descript.géol.Asie Mineure, 1869, p.34.
Streptorhynchus devonicus. Œhlert, Bull. soc. géol. de France, 1877, T.5, p.598

Grande espèce voisine de la *O. umbraculum*, dont elle se distingue par son aréa, ses stries sub-égales, lisses, non crénelées, et sa taille plus grande, atteignant 50 millimètres. Elle est trop connue pour mériter une description. Rare à Erbray, elle me paraît identique à des échantillons de la Baconnière, que je dois à l'obligeance de M. Œhlert. M. Kayser a insisté sur les relations intimes qui existent entre cette espèce et l'*Orthis distorta*, Barr (1), de F.

---

(1) Barrande, Syst. sil. Bohême, pl. 58-60.

Genus AMBOCŒLIA, Hall.

Ambocœlia umbonata, Conrad.

Orthis umbonata...... M. Rouault, Bull. Soc. géol. de France, 2ᵉ sér., T. IV,
p. 322, pl. 3, f. 8, 1846.
Ambocoelia mbonata. Œhlert, Bull., Soc. d'Angers, 1887, p. 6, pl. 5, f. 11-16.

Une grande valve isolée, et de petite taille, présente la plupart des caractères des échantillons de Gahard figurés par M. Œhlert, et appartient très probablement à cette même espèce, à laquelle nous la rapportons. Elle ne rappelle que de beaucoup plus loin, les *Spirifer falco* Barr., *Spirifer modestus* Hall (1).

Genus ORTHIS, Dalman.

Orthis palliata, Barr.
(Pl. 4. fig. 12.)

Orthis palliata, Barrande, Haid. Abhandl, 1847, p. 198, pl. 19, fig. 6.
— Barrande, Syst. Sil. Bohême, Brachiopodes, 1879, pl. 58-60.

Coquille transverse, elliptique, bi-convexe, présentant au milieu sa plus grande largeur. Le bord cardinal égale les trois quarts de la largeur maxima. Le front forme un pli qui abaisse la commissure. Surface couverte de petites côtes rayonnantes, sub-égales, saillantes, arrondies, dichotomes, au nombre de 3 par millimètre, au bord de la coquille ; elles sont droites dans la région cardinale et non arquées. Ces côtes sont traversées par des zones d'accroissement concentriques, assez profondes, inégalement espacées.

Grande valve renflée, et même un peu carénée, le long de la ligne médiane, dans sa moité umbonale ; elle s'aplatit graduellement vers le bord frontal. Crochet fort ; aréa triangulaire, vaste, pourvue d'un large foramen.

Petite valve, presque aussi profonde que l'autre, et munie d'un très faible sinus médian , parfois invisible. Crochet fort, aréa triangulaire vaste, pourvue d'un pseudodeltidium ; elle est un peu plus petite que l'aréa de la grande valve et forme avec elle un angle de 60°.

---

(1) James Hall, Pal. of New-York, vol. 3, pl. 28, f. 1.

Dimensions : Longueur 20 mm. ; largeur 22 mm. ; épaisseur 13 mm.

Rapports et différences : Cette espèce se distingue facilement de toutes ses congénères par sa double aréa largement ouverte, ses crochets forts et ses fins plis réguliers. Ces caractères la distinguent de *Orthis Trigeri* Vern. (1), ainsi que de *Orthis occlusa* Barr. (2), qui est , en outre , moins convexe et a un sinus plus profond, mieux tranché. Elle paraît représentée aux États-Unis par *Orthis perelegans*, Hall (3), dans le Lower Helderberg.

Orthis striatula, Schlt.

Terebratulites striatulus. Schlotheim, Nacht. Petrefk, pl. 15, fig. 2-4, 1822.
Orthis striatula......... Schnur, Brach. d. Eifel, p. 215, pl. 38, fig. 1, 1853.
     —   Kayser, Alt. Fauna d. Harzes, p. 188, pl. 28, fig. 9-10.

Coquille transverse, ovale, globuleuse , à ligne cardinale droite, égalant la moitié du diamètre de la coquille. Commissure frontale relevée en un pli, bas et large. Surface couverte de stries nombreuses, fines, dichotomes, épaissies de distance en distance.

Grande valve moins épaisse que l'autre, creusée par un sinus médian peu profond, évasé vers le front. Crochet peu recourbé, aréa égale à environ la moitié de la largeur de la coquille.

Petite valve convexe , sans bourrelet , à aréa moins haute que celle de la grande valve, parallèle à l'axe longitudinal de la coquille.

A l'intérieur, la grande valve montre deux impressions musculaires allongées ; la petite valve a un septum médian et deux dents cardinales, entre lesquelles sont deux larges impressions musculaires, bien figurées dans le Manuel de Woodward.

Rapports et différences : Cette espèce est très voisine de *Orthis præcursor* Barr (4), de F, à laquelle je la réunirais volon-

(1) De Verneuil. in Œhlert, Annal. sci. géol. 1887, p. 51, pl. 5, fig. 14-32.
(2) Barrande, Syst. sil. Bohême, 1879, pl. 58-61-125.
(3) James Hall., Paleont. of New-York, vol. 3, pl. 112.
(4) Barrande. Syst. sil. Bohême, Brachiopodes, 1879, p. 194, pl. 58-61-125.

tiers, si Barrande n'avait insisté sur leurs différences, qui me paraissent, toutefois, encore bien insensibles. Elle est représentée en Amérique, dans le Lower Helderberg, par *Orthis multistriata*, Hall (1).

Orthis vulvarius, Schlt.

Orthis vulvarius .. Shlotheim, Petrefk, p. 247, 1, pl. 29, fig. 2.
Orthis Beaumonti. de Verneuil, Bull. soc. géol. de France, T.VII, pl. IV, fig. 8, p. 180, 1850.
    —   Schnur, Brach. d. Eifel, 1853, p. 47, pl. 16, fig. 9.
Orthis vulvarius ... Œhlert, Annal. sci. géol. 1887, p. 53, pl. 5, fig. 1-13.

Coquille bi-convexe, sub-orbiculaire, un peu transverse, ornée de stries rayonnantes, nombreuses, sub-égales, très fines, légèrement arquées sur les bords cardinaux. Elles sont plus régulières, moins dichotomes que chez *O. striatula*.

Grande valve moins profonde que l'autre, creusée au milieu. Aréa peu élevée. Petite valve bombée, portant un sinus médian longitudinal, moins profond, toutefois, que chez les types de de Verneuil.

Rapports et différences : Les coquilles que je rapporte à cette espèce sont plus grandes que les précédentes; elles s'en distinguent, en outre, par leurs plis plus réguliers, moins fasciculés encore, par leur forme moins transverse, par le sinus de leur petite valve. Les impressions musculaires sont plus fortes et plus longues que dans *Orthis striatula ;* elles se rapportent aux figures de Schnur, ainsi qu'aux moules du Coblenzien des Ardennes, désignés par M. Gosselet, dans ses travaux sur cette région, sous le nom de *Orthis vulvaria.* Cette espèce a des rapports avec *O. præcursor* Barr. (2), de Bohême. Nous rapportons l'espèce d'Erbray, à *Orthis Beaumonti* d'Espagne, dont on a une bonne description, et dont je possède de bons types de comparaison ; si, contrairement à ma pensée, cette espèce différait des moules de la grauwacke, décrits par Schlotheim,

---

(1) James Hall. Paleont. of. New-York, vol 3, pl. 15.
(2) Barrande : Syst. Sil. Bohême, Vol. 5, pl. 58, 61, 125, p. 194.

sous le nom de *H. vulvarius*, il faudrait restituer le nom
de *O. Beaumonti* à la forme d'Erbray.

Cette espèce est représentée en Amérique, par *O. multistriata*, Hall., dans le Lower Helderberg, et par *O. Tul-
liensis*, Hall, dans l'Hamilton Group.

Orthis orbicularis ? Vern.

Orthis orbicularis, de Verneuil et d'Archiac. Bull. soc. géol. de France, 2ᵉ ser.
T. VII, p. 782.
— de Verneuil, Paléont. de l'Asie Mineure, 1869, p. 29.

Divers échantillons en mauvais état, représentés par des
fragments ou des valves isolées, rappellent beaucoup cette
espèce dévonienne de de Verneuil, citée déjà d'ailleurs par
Cailliaud en 1861. L'existence de cette espèce à Erbray, a
d'autant plus d'intérêt qu'elle a été citée dans les couches
hercyniennes du Harz par M. Kayser ; mes échantillons
toutefois ne permettent pas une détermination précise.

La synonymie de cette espèce est des plus compliquées :
elle ne correspond pas à l'*Orthis orbicularis* Sow. du Silurien
d'Angleterre, et M. Œhlert (1) lui rend pour cette raison, son
vieux nom du Prodrôme, de d'Orbigny, *Orthis fascicularis*.
M. Kayser (2) lui conserve le nom d'*Orthis orbicularis*,
donné par de Verneuil, attendu que l'espèce silurienne de
Sowerby, est tombée de son côté en synonymie (*Orthis elegan-
tula*). MM. de Tromelin et Lebesconte (3) rapportent d'autre
part à *Orthis Hamoni*, Rouault (4), depuis figurée par M.
Bayle, l'espèce d'Erbray, désignée par Cailliaud, sous le nom
d'*Orthis orbicularis ;* je n'ai point reconnu à Erbray,
l'*Orthis Hamoni*, Rouault, telle qu'elle est décrite par
M, Œhlert (5).

MM. de Tromelin et Lebesconte (6) citent en outre dans

---

(1) Œhlert. Bull. soc. géol. de France, T. 2, 1884, p. 434.
(2) Kayser, Alt.F. d. Harzes, p. 187.
(3) de Tromelin et Lebesconte : Bull. soc. géol. de France, T. IV, 1877, p. 32.
(4) Marie Rouault, Bull. soc. géol. de France, 2ᵉ sér. T. IV, p. 322, 1847.
(5) Œhlert, Annal. sci. géol., 1887, p. 48, pl. 4, fig. 29-44.
(6) de Tromelin et Lebesconte, l. c., p. 31.

leurs listes de cette localité, *Orthis Cailliaudi* Vern., dont je ne connais pas la description originale.

Orthis Bureaui, nov. sp.
(Pl. 4. fig. 13.)

Coquille de petite taille, sub-quadrangulaire arrondie, transverse, plus large que longue, assez épaisse, l'épaisseur égalant la moitié de la largeur; la plus grande largeur correspondant au milieu de la longueur. Commissures latérales droites, frontales légèrement ondulées, relevées vers le milieu de la petite valve, sur l'étendue de 4 à 6 côtes. Surface couverte de plis réguliers, forts, droits, simples, non dichotomes, anguleux mais non tranchants, traversés par de fines stries concentriques qui les rendent écailleux.

Grande valve, la plus épaisse, aréa peu développée, s'étendant sur les 2/3 de la largeur totale, ouverture triangulaire grande. Plis au nombre de 17 à 19, le médian plus petit, n'arrivant pas jusqu'au crochet. Petite valve, moins épaisse que la précédente, à aréa bien visible, mais moins élevée. Plis au nombre de 16 à 18, les deux médians peut-être plus petits que les autres.

Rapports et différences : Cette espèce voisine de *Orthis peregrina* Barr (1) s'en distingue par ses plis plus forts; elle est plus voisine de *Orthis Humberti* Barr (2), dont elle se distingue par ses côtes un peu plus nombreuses, non bifurquées dans la partie médiane, près du crochet.

Cette espèce avait été rapportée par Cailliaud à *Orthis calligramma* Dalman, var.; elle s'en rapproche en effet, notamment des formes de Moelydd près Bala, figurées par Davidson (3), mais s'en distingue cependant par son épaisseur plus grande, et son aréa moins haute, moins étendue transversalement. Elle appartient au sous-genre *Platystrophia*, King.

---

(1) Barrande, Haidingers Abhandl., p. 210, pl. 20, fig. 2.
(2) Barrande, Syst. Sil. Bohème, pl. 9, fig. 1, 18.
(3) Davidson, Monog. Brit. Sil. Brach., p. 240, pl. 8⁷, fig. 1-3.

Orthis deperdita, nov. sp.

(Pl. 4, fig. 14.)

Cette coquille ne m'est connue que par des valves isolées, dont le musée de Chateaubriant possède 2 grandes
valves, en très bon état. Coquille transverse, faiblement
bombée, angles cardinaux obtus ; ornée sur toute sa surface de plis anguleux, tranchants, très gros, et rappelant
ceux de *Orthis calligramma*. Ces plis tranchants se prolongent du crochet au bord frontal, un des échantillons présente sur son aile, un seul pli bifurqué. Bourrelet formé de
3 plis, dont 2 égaux, très forts, continus du crochet au
front, et qui comprennent entre eux le troisième, plus petit,
n'occupant que les 3/4 de la longueur de la coquille ; ce pli
disparaît dans le quart umbonal, et est aussi fort que les
autres au front. Le bourrelet est saillant à la surface de la
coquille, sur l'un des échantillons, et seulement sur les 3/4
de la longueur, vers le front ; il ne s'élève pas au dessus du
niveau général sur l'autre échantillon, qui rappelle ainsi la
figure du *Spirifer deperditus* Barr. (1). De chaque côté du
bourrelet, 7 plis tranchants couverts de stries concentriques
aigües : les plis paraissent arrondis dans les parties usées
et concordent alors avec l'espèce figurée par Barrande.

Dimensions : Longueur 18 mm., largeur 28 mm.

Rapports et différences : Cette espèce se distingue facilement par ses gros plis tranchants, et son bourrelet à court
pli médian : elle est identique au *Spirifer deperditus* Barr.
de Bohême, autant qu'on en peut juger d'après des individus incomplets. Sa position générique n'est pas bien solidement établie, faute d'échantillons complets : les caractères visibles sont ceux de la section *Platystrophia*, King.
C'est l'espèce d'Erbray, qui se rapproche le plus de l'*Orthis
Actoniæ* (2) de Rosan (Finistère), figurée par nous, dans le

---

(1) Barrande, Syst. Sil Bohême, 1879, pl. 4, fig. 20.
(2) Bull. soc. géol. de France, 3ᵉ sér. T. XIV. pl. 33, fig. 1.

Bulletin de la Société géologique de France, mais qui en est cependant bien distincte.

Orthis cyrtinoïdea, nov. sp.

(Pl. 4. fig. 11.)

Coquille transverse, dont la plus grande largeur correspond à la ligne cardinale ; la longueur de la grande valve est un peu moindre que la largeur maxima : celle de la petite valve est égale aux deux tiers de cette étendue. Valves également gibbeuses, sinus et bourrelet invisibles. Surface ornée de plis longitudinaux, hauts, arrondis, subanguleux, au nombre de 18 à 20 sur chaque valve ; les commissures où ces plis se terminent sont fortement dentées.

La grande valve présente un crochet fort, peu recourbé; aréa vaste, légèrement concave, séparée supérieurement de la partie dorsale par une arète anguleuse, peu tranchée; ouverture triangulaire grande, plus haute que large.

Petite valve renflée, à aréa peu élevée ; le crochet, les ailes, toutes les parties des deux échantillons que nous possédons sont légèrement dissymétriques, rappelant la disposition des *Cyrtina*, caractère qui n'a pas été suffisamment indiqué sur nos figures (pl. 4, fig. 11). Les deux plaques dentaires sont visibles sur la grande valve de l'un de nos échantillons, mais nous n'avons pu observer les caractères internes de cette espèce.

Rapports et différences : Cette coquille rappelle, par sa forme dissymétrique, le *Streptorynchus distortus* (1) Barr, de Konieprus, à ornementation différente ; elle présente, par la disposition de ses plis, l'aréa de sa grande valve, et sa forme asymétrique, des rapports avec la *Cyrtina? præcox* Barr(2), de E, dont elle se distingue, toutefois, par sa forme plus transverse et surtout par ses aréas et deux plaques dentaires. Le *Spirifer faustulus* Barr (3), également bi-convexe.

---

(1) Barrande, Syst. sil. Bohême, pl. 58-60-107-127.
(2) Barrande, Syst. sil Bohême, pl. 127, fig. X.
(3) Barrande, Syst. sil. Bohême, pl. 7, fig. 1-2.

et un peu asymétrique, se distingue par son sinus et son bourrelet, qui tendent cependant à disparaître dans la figure 2 c de Barrande. Dans l'Oural, M. Tschernyschew (1) a découvert des formes voisines , sinon identiques, dans le Dévonien inférieur : il les a rapportées aux genres *Spirifer* et *Cyrtina*, sans les déterminer autrement. Cette espèce diffère de *Orthis deperdita*, nob., par sa dissymétrie, et par ce que ses plis longitudinaux sont égaux entre eux, tandis que l'on peut distinguer les plis médians des autres, chez *Orthis deperdita*.

Genus **PENTAMERUS**, Sow.

Une grosse espèce de Pentamère (*P. Sieberi*) est assez commune à Erbray ; je n'ai pu reconnaître avec certitude les deux autres espèces de ce genre citées par Cailliaud, MM. de Tromelin et Lebesconte : *Pentamerus integer*, Barr., *Pentamerus globus* , Bronn.

Pentamerus (Sieberella) Sieberi, von Buch.

(Pl. 5, fig. 1.)

Pentamerus Sieberi, Barrande, Haid. Abh, 1847, p. 465, pl. 21, fig. 1-2.
— Barrande, Syst. Sil. de Bohême, Brach. 1879, pl. 21, 77, 78, 79, 119, 142, 150.

Coquille d'assez grande taille , transverse, épaisse, la grande valve la plus profonde. Commissure latérale ondulée, séparée des arêtes cardinales par un angle très obtus ; la commissure frontale droite chez quelques échantillons (*var. rectifrons*), forme habituellement un coude près de la languette du sinus. Angle apical 130°. Largeur et épaisseur maxima correspondant au milieu de la coquille. Surface ornée de plis larges, élevés, anguleux, tranchants près du bord , au nombre de 18 à 24, sur chaque valve, s'affaiblissant et s'émoussant vers le crochet, qui est complètement lisse, notamment sur les côtés. Ces plis généralement simples, sont quelquefois subdivisés, principalement sur

(1) Tschernyschew, Mém. Comité géol. de Saint-Pétersbourg, vol. 3, N° 1, Pl. VI fig. 66-69.

les côtés : ils sont le plus souvent divisés chez les variétés
P. rectifrons, et deviennent toujours obsolètes sur les côtés
de la coquille avant de disparaître au bord cardinal. Ils sont
ornés de plis d'accroissement très aigus, très fins, en
chevrons.

Grande valve régulièrement bombée, à bourrelet peu
saillant ou presque nul, sensible vers son tiers antérieur, et
sur lequel on compte 5 à 7 plis. Le crochet sous lequel se
trouve l'ouverture triangulaire est saillant, recourbé, et
domine la petite valve, sur laquelle il repose. Les plis sur
les côtés, sont en nombre très variable, par suite de leur
dichotomie chez certains échantillons, ou chez d'autres, par
suite de leur affaiblissement et disparition, en approchant des
arêtes cardinales. Certains échantillons présentent 4 plis de
chaque côté, beaucoup en présentent 8, d'autres enfin jusqu'à 12.

Petite valve renflée près du crochet, s'abaissant rapidement vers les bords ; au milieu de sa longueur, débute un
sinus large, à fond plat, de largeur très variable, et prolongé en une languette plus ou moins longue, dans la grande
valve, échancrée pour le recevoir. Les plis du sinus sont au
nombre de 4 à 5, il y en a 8 de chaque côté, mais le nombre
en est très variable, comme sur la grande valve.

Le septum médian de la grande valve est court, n'arrivant pas au tiers de la longueur de la coquille ; il est par
contre très haut, mais comme il est limité au crochet, les
échantillons se fendent pourtant très mal. Les plaques dentales sont bien développées, très grandes, prolongées à l'intérieur jusqu'au milieu de la coquille. Le septum médian
de la petite valve arrive au tiers de la longueur, il porte à
l'intérieur deux larges plaques crurales divergentes, dont
les arêtes inférieures correspondent avec celles des plaques
dentales, pour limiter dans la petite valve, une grande
chambre médiane, identique à celle qui a été figurée sur
les échantillons de Bohême, par Barrande (1).

---

(1) Barrande, Syst. Sil. Bohême, Brach., pl. 21, fig. 5-8.

Dimensions : Longueur 32 mm., largeur 37 à 40 mm., épaisseur 26 mm.

Rapports et différences : Cette espèce a de grandes analogies avec tout le groupe des gros Pentamères plissés du Dévonien inférieur, dont elle se distingue toutefois par le développement plus fort des cloisons de sa chambre interne; son septum médian étant de même peu développé. On le distingue extérieurement du *Pentamerus Œhlerti*, nob. (1), par ses plis moins nombreux, sa région cardinale lisse, sa forme plus transverse. Les mêmes caractères le distinguent de la *var. Languedocianus* (2) nob. de l'Hérault, à plis très dichotomes. Les *Pentamerus rhenanus*, F. Rœmer (3), et *Pentamerus hercynicus*, Halfar (4), sont plus grands, plus longs, à plis plus nombreux, non anguleux. Les *Pentamerus Bashkiricus*, Vern. (5), *Pentamerus pseudobashkiricus* Tsch., *Pentamerus fasciculatus* Tscher (6), de l'Oural, exagèrent les caractères du *Pentamerus rhenanus*, qui les éloigent de l'espèce d'Erbray. L'espèce le plus voisine est le *Pentamerus Heberti* Œhlert (7), qui n'en diffère que parce que ses plis remontent jusqu'au crochet; cette espèce n'est encore connue que par un échantillon unique, et de nouvelles découvertes permettront peut-être de trouver entre elles des passages.

Aucun de mes échantillons ne m'a présenté l'angle apical aigu des *Pentamerus costatus* Giebel (8), ni des *Pentamerus Davyi* Œhlert (9). L'espèce américaine la plus voisine, *Pentamerus Verneuili* Hall (10), se trouve dans le Lower Helderberg, mais est assez différente.

(1) Barrois, Asturies 1882, p. 270, pl. XI, fig. 7.

(2) Barrois, Ann. soc. géol. du Nord, 1888, T. XIII, p. 88, pl. 1, fig. 3.

(3) F. Rœmer, Lethaea paleoz. 2 Aufl. p. 349. — Quenstedt, Petref. Deutsch. p. 227, pl. 43, fig. 34-35.

(4) Halfar, Zeits. d. deuts. geol. Ges., Bd. 31, 1879, p. 705, pl. XIX.

(5) de Verneuil, Géol. Russie d'Europe, p. 117, pl. VII, fig. 3.

(6) Tschernyschew, Fauna d. Unt. Devon d. W. Urals, St-Pétersbourg, 1885, p. 92-93, pl. VII, f. 98 ; pl. IX, fig. 108-110.

(7) Œhlert, Bull. soc. géol. de France, 8ᵉ sér. T. V. 1877, p. 597, pl. X, fig. 12.

(8) Giebel in Kayser, Alt. Fauna d. Harzes, pl. XXVII, fig. 1, p. 156.

(9) Œhlert, Annal. sci. géol. Paris, T. XII, pl. 5, fig. 10-13.

(10) James Hall, Paleont. of New-York, vol 3, pl. 48, fig. 1.

Variétés : On peut rapporter à la variété *rectifrons* de Barrande (1), des Pentamères d'Erbray (fig. 1 e. f. g.), plus rares, que les *P. Sieberi* précédents, et qui s'en distinguent par l'absence du sinus et du bourrelet, par leur commissure frontale horizontale, par leurs plis plus nombreux, toujours dichotomes, et par leur épaisseur moindre.

Des représentants de la variété *evanescens* de Barrande (2), se trouvent également à Erbray ; ces formes moins convexes que le *Pentamerus globus* Bronn, ont une ligne frontale faiblement arquée, des plis très faibles, visibles seulement au bord, et laissant lisse la plus grande partie de la surface de la valve. Cette variété a des dimensions bien plus restreintes que les précédentes, et se rapporte aussi bien à *Pentamerus inflectens* Barr. (3), qu'à *Pantamerus evanescens*, Barr.

Pentamerus galeatus, Dalm.

Pentamerus galeatus,   Quenstedt, Petref. Deutsch. p. 223, pl. 43, fig. 23, 1871.
   —   *brevirostris,* Davidson, Monog. Brit. Dev. fossils, p. 73, pl. 15, fig. 2-4, 1865.

Je rapporte avec un certain doute à cette espèce cosmopolite, une forme d'Erbray, qui en présente la plupart des caractères, mais je n'ai pas trouvé dans ce gisement, les grosses formes globuleuses, ni les diverses variétés, des *schistes à calcéoles* des Ardennes. Cette espèce a d'ailleurs été déjà citée à Erbray, par MM. Cailliaud, de Tromelin et Lebesconte ; elle se distingue en tous cas très nettement des espèces de F, de Bohême (4), se rapprochant davantage de *Pentamerus Tetinensis* Barr. (5) de G. Elle est représentée en Amérique, dans le Lower Helderberg (6).

---

(1) Barrande : Syst. Sil. Bohême, 1847, p. 466 ; 1879. pl. 78, fig. III.
(2) Barrande, Syst. Sil. Bohême, 1879, pl. 78, case IV, et pl. 142, case IV.
(3) Barrande, Syst. Sil. Bohême, 1879, pl. 114, case II
(4) Barrande, Syst. Sil. Bohême, 1879, pl. 20, fig. 1.
(5) Barrande, Syst. Sil. Bohême, 1879, pl. 24, case V, fig 5-6.
(6) James Hall, Paleont. of New-York, vol. 3, pl. 46.

Genus **RHYNCHONELLA**, Fischer v. Wald.

Rhynchonella phænix, Barr.

(Pl. 5. fig. 6.)

Rhynchonella phœnix, Barrande, Haid. Abh. 1847, p. 431, pl. 17, fig. 2.
— Barrande, Syst Sil. Bohême, 1879, pl. 33, fig. 3-6.

Coquille de petite taille, triangulaire, lisse, ornée au bord de 7 à 8 plis subanguleux ; angle cardinal de 70 à 90°. Ligne palléale sinueuse au front, droite sur la moitié des côtés, à partir des crochets ; elle partage la coquille en 2 parties également convexes.

Grande valve convexe, présentant au bord un faible sinus au milieu duquel se trouve un petit pli ; de chaque côté le sinus est limité par un pli, au delà 2 à 3 plis de chaque côté sont souvent indiqués seulement par des angles de la commissure latérale. Crochet petit, saillant. Un moule interne montre les 2 petites lames dentaires divergentes, du genre.

Petite valve avec un bourrelet médian, visible seulement au bord, et constitué par 2 ou 4 côtes sub-égales, les extérieures les plus fortes : au milieu du bourrelet, se trouve donc au front, un sillon. De chaque côté du bourrelet, 2 à 3 plis, plus ou moins visibles, et toujours limités aux bords de la coquille. Septum médian court.

Dimensions : Longueur 7 à 5 mm., largeur 6 à 4 mm., hauteur 4 à 2,5 mm.

Rapports et différences : Cette coquille caractérisée par sa petite taille, sa forme triangulaire, sa surface lisse, et ses plis marginaux, présente des relations certaines avec l'espèce de Bohème ; elle s'en distingue toutefois par sa forme plus allongée, et ses plis moins gros. Elle ne présente que des relations plus éloignées avec une Rhynchonelle du Harz, figurée par Rœmer (1) ; il serait également intéressant de la comparer avec une autre espèce de cette région,

(1) F. A. Rœmer, Harz. Beitr. II, pl. XV, fig. 11.

dont M. Kayser (1) n'a pu figurer que de mauvais échantillons incomplets, comparés par lui à *Retzia lepida?* Goldfuss.

Rhynchonella amalthoïdes, nov. sp.
(Pl. 5. fig. 4.)

Coquille sub-pentagone, transverse, trilobée, ailée, ornée de plis très fins et anguleux, serrés, remarquablement profonds, divisés par dichotomie dans le quart umbonal de la coquille, et au nombre de 32 à 42 près du bord. Commissure frontale anguleuse, formant un angle obtus, peu éloigné d'un droit; commissure latérale droite, peu ondulée, légèrement relevée dans la partie cardinale, non loin du crochet, par une petite oreillette saillante de la grande valve.

Grande valve pourvue d'un sinus large, profond, évasé, à fond plat, et nettement délimité au bord où il occupe la moitié de la largeur de la coquille; il est invisible dans le premier tiers de la coquille, près le crochet. Le nombre des plis placés au fond de ce sinus varie de 10 à 12, de chaque côté, les parties latérales de la valve, se renflent en ailes, couvertes de 12 à 15 plis fins, droits, à peine arqués. Crochet assez fort, peu recourbé, à foramen ovale séparé de la ligne cardinale par 2 pièces deltidiales peu développées; parties latérales du crochet arrondies, sub-carénées.

Petite valve, la plus convexe, atteignant en son milieu, sa plus grande hauteur; bourrelet médian peu accusé, parfois nul, toujours moins accusé que le sinus correspondant, et portant 12 à 14 plis aigus, profonds, tranchants. Les parties latérales de la valve sont convexes, ornées de plis légèrement arqués, que l'on peut reconnaître jusque près du crochet, où il n'y a pas sur cette valve, de méplat lisse.

La surface est ornée d'environ 40 plis fins, aigus, tran-

---

(1) Kayser, Alt. Fauna, d. Harzes, p. 180, pl. 25, fig. 20.

chants et profonds, au bord frontal, et séparés par des sillons également aigus. Le nombre de ces plis diminue près du crochet, où on les voit se subdiviser par dichotomie. Tous les plis du sinus et du bourrelet se subdivisent ainsi 1 ou 2 fois, dans la partie umbonale de la coquille ; les plis des ailes ne présentent que beaucoup plus rarement ces divisions dichotomes. Ces plis sont traversés par de fines stries d'accroissement, granuleuses sur les parties les mieux conservées des coquilles.

Rapports et différences : Cette espèce d'Erbray présente de frappantes relations avec *Rhynchonella amalthea* Barr. de Bohème (F) (1); la finesse et la profondeur des plis, leur mode de dichotomie, le crochet de la coquille, la forme et la largeur du sinus, sont autant de caractères propres à ces 2 espèces. Les coquilles d'Erbray peuvent toutefois s'en distinguer par leur taille généralement plus grande, le nombre plus élevé des plis, et la forme du contour, pentagone et non rhombique : je crois bien cependant qu'on pourra les réunir.

Dans le Dévonien, la *Rhynchonella Guillieri* Œhlert (2), est une des espèces les plus voisines ; elle se distingue facilement toutefois par ses plis moins nombreux, non dichotomes, son sinus moins bien délimité, son crochet obtus et recourbé. Les mêmes différences la séparent de la *Rhynchonella elliptica*, Schnur (3), du Rhin ; la *Rhynchonella microrhyncha* F. Rœmer (4) est une autre espèce du même groupe, qui m'est insuffisamment connue. On peut encore citer comme forme voisine *Rhynchonella crispata* Schlt. (5) du calcaire de Wenlock, et *Rhynchonella bifera* Phillips (6) du Dévonien ; c'est à la première de ces espèces que cette

---

(1) Barrande, Syst. Sil. Bohème, 1879, pl. 29.
(2) Oehlert, Bull. soc. géol. de France, 1884. T. XII, p. 419, pl. 20, fig. 2.
(3) Schnur, in Kayser, Zeits. d. deuts. geol. Ges.. Bd. 23, 1871, p. 528, pl. IX, fig. 2.
(4) F. Rœmer, Rhein. Uebergangsgeb, 1844, p. 65, pl. 5, fig. 2.
(5) v. Schlotheim, in Siluria, pl. 12, fig. 11.
(6) Phillips in Davidson, Devon. brit. Brach. pl. XII. f. 10.

forme avait été assimilée par Cailliaud, mais il est facile de l'en distinguer. La forme américaine la plus voisine, quoique bien distincte, est *Rhynchonella acutiplicata*, Hall (1) du Lower Helderberg.

Rhynchonella Pareti, Vern.

(Pl. 5. fig. 3.)

Rhynchonella Pareti, de Verneuil, Bull. soc. géol. de France, 2ᵉ ser.T.VII, p.177 pl. 3, fig. 11, 1850.
— Œhlert, Bull. soc. géol. de France, 3ᵉ ser. T.XII, p. 415, pl. XIX, fig. 2, 1884.

Coquille sub-trigone, transverse, convexe, dont le point culminant est au bord palléal. Grande valve, à sinus large et profond, commençant à moitié longueur de la coquille ; le fond du sinus est plan, il se prolonge en une longue languette recourbée vers le bourrelet de la petite valve ; parties latérales de la valve, courtes, relevées sur les bords. Crochet petit, recourbé, présentant de chaque côté une cavité (oreille) dans laquelle les plis sont très atténués ou nuls. Petite valve profonde, à bourrelet large, plan, plus ou moins élevé, ne prenant naissance qu'au milieu de la valve ; parties latérales caractéristiques par leur allongement, et la forte courbure que présentent tous les plis de cette partie, avant d'aller rejoindre la commissure.

La surface est ornée de plis larges, anguleux, à sommet tranchant, remontant jusqu'au crochet ; ils sont généralement au nombre de 3 dans le sinus, 4 sur le bourrelet, et de 5 à 7 de chaque côté. Ils sont ornés de fines stries d'accroissement anguleuses.

A l'intérieur, la grande valve porte de petites lames dentaires, entre lesquelles les impressions musculaires sont peu visibles ; la petite valve a un septum médian prolongé jusqu'au milieu de la coquille.

Rapports et différences : Cette coquille a déjà été citée successivement à Erbray, par Cailliaud, MM. de Tromelin

---

(1) James Hall. Pal. of New-York vol. 3, pl. 33, fig. 3, p. 232.

et Lebesconte, sous son nom de *Rhynchonella Pareti*, Vern.
Cette forme se distingue en effet légèrement de *Rhynchonella Daleidensis* Rœmer (1), par sa taille plus petite, ses
côtes moins fortes, sa forme moins tranverse. La *Rhynchonella livonica*, Vern. (2) de Russie, souvent assimilée à cette
espèce, s'en distingue facilement par le nombre et la disposition de ses plis, couchés, et non droits comme ceux de la
Rhynchonelle d'Erbray. Cette espèce voisine de tant de
formes diverses, depuis le terrain silurien (*Rhynchonella
nympha*) jusqu'au terrain jurassique (*Rhynchonella tetrae-
dra*), a été trop bien étudiée déjà par MM. Rœmer, Sandberger (3), Quenstedt (4), Kayser et Œhlert (5) pour qu'il y
ait lieu de revenir encore sur ses relations.

La *Rhynchonella Pareti* d'Erbray, se distingue un peu, de
mes types de cette espèce, de la Sarthe et de l'Espagne,
par sa forme plus transverse, moins haute à l'état adulte.
Les individus jeunes, longs de 6-8 mm., sont de petites
coquilles trigones, qu'il m'est impossible de distinguer des
bonnes figures de *Rhynchonella cypris* d'Orb., données par
M. Œhlert (6).

Rhynchonella cf. Letissieri, Œhl.

Rhynchonella Letissieri, Œhlert, Bull. soc. géol. de France, 3ᵉ ser. T.V., p.597,
pl. X, fig. 11.

Le musée de Chateaubriant possède une grosse Rhynchonelle rappelant, par sa forme et ses 40 plis, la *Rhynchonella Letissieri* Œhlert ; elle est, en outre, assez voisine de *Terebratula crispata* Sow., telle qu'elle est figurée
par Davidson (7), sous le nom de *Rhynchonella Stricklandi*.

---

(1) F. Rœmer : Rhein. Uebergangsgeb. 1844, p. 65, pl. 1, fig. 7.
(2) de Verneuil : Descrip. géol. Russie d'Europe, p. 80. pl. 10. fig. 3.
(3) Sandberger : Rhein. Sch. Nassau, 1856, p. 337, pl. 33, fig. 5.
(4) Quenstedt : Petref. Deutsch. p. 202, pl. 42, fig. 58-62.
(5) Œhlert, Bull. soc. géol. de France, T. XII, p. 415.
(6) Œhlert, Bull. soc. géol. de France, T. XII. 1884, pl. 19. fig. 1.
(7) Davidson, Monog. sil. Brach. p. 166, pl. 21, fig. 1-6.

Rhynchonella cf. daphne, Barr.

Rhynchonella daphne, Barrande, Haid. Abhandl, p. 427, pl. XVII, fig. 10.
      —   Barrande, Syst. Sil. Bohême, 1879, pl. 32, 38, 139.

Deux échantillons du musée de Chateaubriant rappellent en beaucoup de points, cette espèce du Silurien supérieur, de Bohême ; les documents que je possède actuellement ne sont pas suffisants pour me permettre d'être plus affirmatif.

Rhynchonella nympha, Barr.

(Pl. 5, fig. 2.)

Rhynchonella nympha, Barrande, Haid. Abhandl, p. 422, pl. 20, fig. 1.
      —   Barrande, Syst. Sil Bohême, pl. 29, 93, 122, 147, 153.

Coquille un peu plus large que longue, subpentagone, à angle apical d'environ 90° et atteignant sa plus grande hauteur au bord frontal. Commissure frontale ogivale ou subcarrée ; commissure latérale fortement enfoncée de chaque côté du crochet, et formant deux cavités ou oreilles, dans lesquelles les plis d'abord très atténués disparaissent complètement près du crochet. Surface ornée de 24 à 26 plis larges, anguleux, remontant tous jusqu'au crochet ; ces plis sont couchés sur les ailes, de façon à incliner vers le milieu de la coquille sur la grande valve, ils sont inclinés en dehors sur l'autre valve. Les plis sont couverts de stries d'accroissement anguleuses.

Grande valve peu profonde, à sinus ayant environ la moitié de la largeur de la coquille ; il ne commence qu'un peu en arrière du crochet et se continue jusqu'au bord frontal par une languette recourbée. Crochet petit, aigu, peu saillant. Le moule intérieur montre deux lames dentaires divergentes, entre lesquelles les empreintes musculaires ont la forme et la disposition de celles de la *Rhynchonella cypris* d'Orb., figurées par M. Œhlert (1).

___

(1) Œhlert, Bull. soc. géol. France, T. XII. 1884. pl. XIX. f. 1 i.

Petite valve plus profonde, à bourrelet formé de 5 à 6 plis, les deux externes présentent deux talus lisses divergents ; il prend naissance au tiers de la valve. A l'intérieur, le septum médian égale la moitié de la longueur de la coquille.

Rapports et différences : La *Rhynchonella nympha* d'Erbray ressemble surtout à la *Rhynchonella Pareti* de ce même gisement; elle s'en distingue par le nombre de ses plis plus grand, leur disposition couchée sur les ailes, par le sinus et le bourrelet commençant plus près du crochet, par la forme arrondie au fond et non aplatie du sinus. Elle me paraît assez rare à Erbray, je n'en connais que six échantillons, et crois qu'on a souvent rapporté à *Rhynchonella nympha* et à ses variétés la *Rhynchonella Bischofi*, beaucoup plus abondante dans ce gisement. Je n'ai pu reconnaître avec certitude les variétés *Rhynchonella pseudo-livonica*, Barr., signalée par MM. de Tromelin et Lebesconte, ni *Rhynchonella emaciata* Barrr., signalée par Cailliaud.

L'étage du Lower Helderberg contient en Amérique, dans la *Rhynchonella Campbellana*, Hall (1), une forme assez voisine.

Rhynchonella Bischofi, A. Rœmer.

(Pl. 6, fig. 1.)

Rhynchonella Bischofi,		F. A. Rœmer, Harz. Beitr. II, p.100, pl.15, fig.12, 1852.
—	—	Giebel, Sil. Fauna d. Unterharzes, p. 39, pl. 15, fig. 12, 1858.
—	*bifida,*	F. A. Rœmer, Harz. Beitr. V, p. 11, pl. 3, fig. 3, 1866.
—	—	Kayser, Alt. Fauna, d. Harzes, p. 151, pl. 26, fig.7-12.
—	*hercynica,*	Kayser, Alt. Fauna, d. Harzes, p. 154, pl.26, fig. 9-11.

Forme générale sub-trigone, ou sub-pentagone, plus large que longue, à angle cardinal de 90⁰ à 100⁰; dans le jeune âge, la forme est sub-trigone et la longueur l'emporte sur la largeur. Surface ornée de plis anguleux près du front, aplatis vers le crochet, au nombre de 30 à 40, et

---

(1) James Hall. Paleont. of. New-York, vol. 3, pl. 43, fig. 1, p. 239.

caratérisés par dessus tout, par leur dichotomie irrégulière, constante sur toutes les variétés de l'espèce. Ces plis ne sont généralement divisés qu'une seule fois pendant leur parcours, mais quelquefois ils présentent une double et triple dichotomie, ils sont tantôt divisés près du crochet, tantôt au milieu, ou près du bord ; le nombre des plis dichotomes est très irrégulier, variant de 6 à 12 sur chaque valve. Ligne palléale sinueuse au front, en forme d'ogive surbaissée, et occupant une position variable, depuis le sommet jusqu'au milieu de la hauteur du front. Ligne latérale ondulée, fortement déprimée de chaque côté du crochet, formant deux cavités (oreilles) lisses, près du crochet, et montrant au delà de chaque côté, six plis atténués, différents des autres plis de la coquille, par leur plus grande largeur, leur forme complètement aplatie et parfois dichotome : ces oreilles sont séparées du reste des valves par deux arêtes anguleuses rectilignes. Tous les plis sont couverts de stries d'accroissement assez fortes, visibles sur les bons échantillons seulement.

Grande valve, peu profonde, remarquable par ses parties latérales plates dans toute leur étendue ; extérieurement, cette surface plane se recourbe à angle aigu, vers l'enfoncement déjà décrit de la commissure latérale, en dedans cette surface s'enfonce insensiblement vers l'axe de symétrie de la coquille, donnant ainsi naissance à une vaste dépression. Cette dépression, étendue transversalement d'un bord à l'autre de la valve, se confond généralement avec le sinus, avec lequel elle forme la large languette frontale ; quelquefois cependant deux sillons plus profonds permettent de distinguer le sinus près du front. Il présente alors un nombre de plis variable, de 8 à 12, mais n'est jamais distinct de la dépression générale, dans la moitié cardinale de la valve. De chaque côté du sinus, les plis des ailes sont rectilignes, du crochet au bord. Crochet pointu, peu proéminent, recourbé.

Petite valve très bombée, atteignant sa plus grande hauteur près du bord frontal. Section transverse régulièrement convexe, où le bourrelet, formé de 8 à 12 plis, n'est qu'exceptionnellement distinct. Les plis médians sont les plus larges, excepté dans le cas très fréquent où ils sont euxmêmes dichotomes.

Les moules internes, dont je n'ai pu faire que d'assez mauvaises préparations, m'ont montré à la grande valve, deux petites plaques dentales, comprenant entre elles de petites impressions musculaires, comme chez les *Rhynchonella nympha;* la petite valve a un septum médian prolongé jusqu'au milieu de la coquille.

Rapports et différences : Les 32 échantillons intacts de cette espèce, que j'ai eu entre les mains, m'ont montré les variations les plus étendues dans les dimensions relatives des différentes parties, comme dans la disposition de la commissure frontale, droite ou ondulée, plate ou convexe ; la *Rhynchonella Bischofi* est la Rhynchonelle la plus commune des calcaires blancs d'Erbray, où elle présente une série de variations aussi étendue que la *Rhynchonella nympha* en Bohême. Dans cette série, la *Rhynchonella bifida,* Rœm., correspondrait au terme *pseudo-livonica* de la série bohême ; et la *Rhynchonella hercynica* Kays, au terme *emaciata*. Les formes si variées que nous groupons ici, présentent comme caractères fixes communs : leurs plis dichotomes, leurs longues oreilles séparées du reste de la valve par des arètes vives, et ornées de plis plats et larges, différents des autres ; l'aplatissement latéral de la grande valve et sa grande dépression médiane où se perd le sinus. Ces caractères la distinguent de la *Rhynchonella nympha* et de toutes ses variétés.

Cette Rhynchonelle d'Erbray, se distingue des *Wilsonia* par ses caractères internes ; elle présente extérieurement des analogies avec les *Rhynchonella pila, Rh. parallelepipeda,* discutées déjà par A. Rœmer et M. Kayser. Elle nous paraît identique à la *Rhynchonella Bischofi,* décrite par F. A. Rœmer en 1852, forme qui doit être réunie, d'après

M. Kayser (1), à la *Rhynchonella bifida* du même auteur ; je
ne puis en distinguer non plus la *Rhynchonella hercynica*,
Kayser (2), qui a les caractères des individus jeunes de ma
collection, à plis dichotomes peu nombreux. Par contre ,
aucun échantillon ne m'a présenté le pli signalé par
M. Kayser, au milieu du sinus de la grande valve de la
Rhynchonella bifida figurée (3), mais cette raison ne me
semble pas suffisante pour donner un nouveau nom à
l'espèce d'Erbray.

Rhynchonella acuminata? Martin.

Rhynchonella acuminata, Davidson, Monog. Devon. Brit. Brach. p. 60, pl. 13,
fig. 1-3, 1865.
— Maurer, Abh. d. Hess. geol. Landesanstalt, 1885,
p. 206, pl. 8, fig. 33.

Un échantillon unique de la collection Lebesconte ressemble beaucoup à *Rhynchonella acuminata* du Dévonien
d'Angleterre ; son crochet étant brisé, je n'insisterai pas
sur la détermination de cette coquille, que je considère
comme très douteuse. Cet échantillon rappelle encore
Rhynchonella pugnus Sandberger, et *Atrypa latisinuata*
Barr. (4), de E.

Rhynchonella cognata, Barr.

(Pl. 5. fig. 5.)

Rhynchonella cognata, Barrande, Syst.Sil.Bohême, 1879, pl.38, case 2, fig.1-12.
— *cuneata*, F. A. Rœmer, Harz. Beitr. I. pl. IX, fig. 15.
Retzia cuneata, ... de Tromelin et Lebesconte, Bull. soc. géol. de France,
T. IV, 1876, p. 28.
Rhynchonella bidentata, His. in F. A. Rœmer, Harz. Beitr. II, p. 100, pl. 15,
fig 10, 1852.
— *borealis*, Schlt. var diodonta, Dalm. in Kayser, Alt. Fauna, d.
Harzes, p. 146, pl. 25, fig. 13. 16.

Coquille petite, triangulaire, mince, plus longue que

---

(1) Kayser, Alt. Fauna d. Harzes, p. 152.
(2) Kayser, Alt. Fauna d. Harzes, p. 154, pl. 26, fig. 9-11.
(3) Kayser, Harz. pl. 34, fig. 4.
(4) Barrande, Syst. sil. Bohême, 1879 pl. 17.

large, à hauteur maxima un peu en arrière du milieu. Angle cardinal 75°. Coquille ornée de plis anguleux, mais non tranchants, au nombre de 9 à 10 sur chaque valve, traversés par de fines stries d'accroissement. Commissure latérale ondulée, commissure frontale anguleuse présentant deux plis.

Grande valve pourvue d'un sinus large, peu profond, commençant au crochet, égal en largeur au tiers de la coquille et portant en son milieu un pli unique, identique à ceux qui ornent les ailes, et qui sont au nombre de 4 à 5 de chaque côté. Crochet fin, pointu, peu recourbé. Petite valve à bourrelet médian assez accusé près du bord, invisible près du crochet, et formé de deux plis bifurqués. Les parties latérales de la valve sont peu convexes, ornées de chaque côté de 4 à 5 plis anguleux, simples, à l'exception du premier.

Dimensions : Longueur 10 à 4 mm.; largeur 6 à 3 mm.; hauteur 5 à 1.5 millimètres.

Rapports et différences : Cette coquille, assez rare à Erbray, nous paraît identique aux types de F, de Barrande, et se distingue de la *Rhynchonella cuneata* Dalm (1) de E, par sa région umbonale moins longue, moins aigüe, par ses plis moins arqués, plus profonds dans la partie frontale, qui me paraît surtout bien caractériser cette espèce. Je ne sais la distinguer, par contre, des petites Rhynchonelles triangulaires du Harz, rapportées par M. Rœmer à *Rhynchonella bidentata* d'Hisinger, et par M. Kayser à la *Rhynchonella borealis* Schlotheim, var. *diodonta* Dalm. La comparaison des types de Suède avec ceux de Bohême, sera nécessaire pour établir leur synonymie. Elle est représentée en Amérique dans le Lower Helderberg par *Rhynchonella bialveata* Hall. (2).

---

(1) Dalman, in Barrande, Syst. sil. Bohême, 1979, pl. 33, fig. 10-13.

(2) James Hall, Pal. of New-York, vol. 3, p. 34, f. 1-6, p. 233.

Genus RHYNCHONELLA, Sectio WILSONIA.

Rhynchonella (Wilsonia) princeps, Barr. var.

(Pl. 6, fig. 2.)

Rhynchonella princeps,	Barrande, Haid. Abh., Bohm. Brach. 1847, p. 439, pl. 18, fig. 1-3.
—	Barrande, Syst. Sil.Bohême, 1879, pl.25, 26, 120, 121.
—	Kayser, Alt. Fauna, d.Harzes, p. 147, pl. 26, fig. 3-6.
Rhynchonella Subwilsoni,	d'Orbigny, Prodrôme, vol. 1, p. 32, 1849.
—	de Verneuil, Bull. soc.géol. de France, 2ᵉ ser. T. VII, p. 780, 1850.
Uncinulus Subwilsoni,	Bayle, Explic. carte géol. de France, 1878, pl. XI, fig. 11-16.
—	Œhlert, Bull. soc. géol. de France, 3ᵉ ser. T. XII, 1884, p. 427. pl. 21.
Rhynchonella pila,	Sandberger, Verstein. d. rheinisch. in Nassau, 1855, p. 340, pl. 33, fig. 13.
Uncinulus imperator,	Bayle, Explic. carte géol. de France, 1878, pl XIII, fig. 1-4.

Coquille arrondie, convexe, plus ou moins transverse , non trilobée, couverte de plis fins , dichotomes, arrondis, peu saillants, au nombre de 60 à 70 sur chaque valve, séparés par des sillons filiformes. Région frontale verticale, plate, généralement plus large que haute. Angle cardinal 100 à 120°. Hauteur maxima dans la région frontale.

Grande valve beaucoup moins profonde que la petite ; convexe près du crochet, plate en son milieu, déprimée par un sinus peu profond près du front. Sinus plat, large, présentant 12 à 15 et jusqu'à 18 plis, à languette très développée, quadrangulaire, à bords latéraux parallèles et perpendiculaires aux arêtes latérales. De chaque côté du sinus, les parties latérales de la valve se relèvent en ailes, et sont séparées de la commissure par une arête anguleuse vive ; 25 à 28 plis de chaque côté. Crochet petit, recourbé, appliqué sur l'autre valve ; de chaque côté du crochet, lunule lisse passant insensiblement par une surface arrondie, à la partie ventrale, plissée, de la valve. Commissure latérale peu sinueuse, formant un coude brusque vers la région cardinale, qui se trouve ainsi presque suivant une ligne droite.

Petite valve très profonde, aplatie dans sa partie supérieure; bourrelet nul ou faible, et indistinct chez quelques individus. Elle est profondément entaillée au bord frontal par la languette de la grande valve, et est dentelée au bord, par des dentelures atteignant 1 millimètre. Les plis du front sont partagés chez certains individus par un léger trait correspondant à chacun des sillons de l'autre valve.

La surface d'un échantillon de la *variété Armoricana*, très bien conservé, nous a montré sur quelques plis, des trous et des saillies, correspondant à des points d'insertion d'épines creuses. La présence de ces appendices a été signalée par Davidson, chez diverses Rhynchonelles vivantes et jurassiques (*Rhynchonella Döderleini* Dav.(1), du Japon).

Les caractères internes sont identiques à ceux qui ont été décrits par M. Œhlert chez *Rhynchonella subwilsoni* : la grande valve montre les grandes empreintes des diducteurs, le long septum médian, les talons calcaires en arrière des diducteurs, les petites cavités des adducteurs et la grande cavité apicale. La petite valve a un septum, s'avançant jusque près du bord frontal et séparant vers le milieu de sa longueur, les empreintes des adducteurs.

Les coquilles que je rapporte à cette espèce présentent deux variétés principales :

Variété Armoricana (pl. 6, fig. 2 a-e), caractérisée par sa taille plus grande, longue de 25 à 28 millimètres, par sa forme très transverse, la largeur étant à la longueur comme 9 : 7, et par sa hauteur moindre que sa longueur. L'angle cardinal atteint son maximum. La languette est deux fois plus large que haute.

Variété subwilsoni (pl. 6, fig. 2 f-j), caractérisée par sa taille plus petite, de 15 à 18 millimètres, conserve à peu près les mêmes proportions dans toutes ses dimensions, en

____

(1) Davidson, On a living spinose Rhynchonella from Japan. Annals and mag. nat. hist., Jan. 1886.

haut, en large et en long ; le sommet de la languette est presque égal à sa base.

Rapports et différences : Çette espèce, notamment notre seconde variété, a les plus grandes relations avec la *Rhynchonella sub-wilsoni* d'Orb., si commune dans le Dévonien inférieur de l'Ouest de la France (Pl. 6, fig. 3) : elle lui est identique par ses caractères internes, et ne s'en distingue guère extérieurement. Une étude très attentive me permet pourtant de séparer les échantillons que je possède de ces divers gisements : la forme d'Erbray a des plis plus fins, plus nombreux, 60 à 75, sa petite valve est moins globuleuse, à profil antéro-postérieur montant directement du crochet au front, sans présenter de bombement. La grande valve est plus plate, à ailes plus saillantes, anguleuses et non arrondies sur les côtés.

Les relations avec *Rhynchonella princeps*, **Barr.**, de F, ne sont pas moins intimes ; la première variété se rapprochant des types de Barrande (1), et la seconde de la variété *gibba*, de cet auteur (2). L'espèce d'Erbray est plus voisine de la *Rhynchonella princeps* que de la *Rhynchonella subwilsoni*, par la forme anguleuse de sa grande valve et la forme moins gibbeuse de la petite. Elle se distingue toutefois aussi de la *Rhynchonella princeps* par sa forme plus transverse, son angle cardinal plus grand, ses plis plus fins, et la présence de talons calcaires à l'intérieur de la grande valve.

Cette espèce présente encore des rapports avec *Rhynchonella Wilsoni*, Sow., *Rhynchonella pila* Schnur, non Sandb., *Rhynchonella Orbignyana* de Vern., mais ces relations sont plus éloignées et ont déjà été discutées à fond par MM. Barrande, Kayser, Œhlert, et il ne me paraît plus utile d'y revenir. Citons encore ici, la forme du Lower Helderberg, *Rhynchonella mutabilis* Hall. (3), à plis un peu plus gros.

---

(1) Barrande, Syst. sil. Bohême, pl. 121, case 5.
(2) Barrande, Syst. sil. Bohême, pl. 121, case 2.
(3) James Hall, Paleont. of New-York, vol. 3. pl. 80.

La seule question délicate est celle des relations de la
forme d'Erbray, avec les *Rhynchonella princeps* et la *Rh.
subwilsoni* (1) : le moyen le plus simple de la trancher, est
d'y voir une espèce nouvelle, puisqu'il est possible de la
distinguer en collection. Je crois cependant respecter
davantage les relations naturelles de ces coquilles, en appe-
lant *Rhynchonella princeps* var. *sub-wilsoni*, la variété renflée d'Erbray, et *Rh. princeps* var. *armoricana*, la variété
transverse, plus spéciale, en effet, à ce gisement d'Erbray.
La série des variétés des *Rhynchonella princeps* de Bohême,
figurées par Barrande, fournit des formes bien plus aber-
rantes.

La disposition des insertions musculaires me paraît la
seule objection à laquelle on doive s'arrêter : M. Œhlert (2)
a, en effet, fait remarquer que chez les *Rhynchonella princeps* (3) de Bohême, les muscles diducteurs remontaient
jusqu'au crochet, contrairement à ce qui s'observe chez
Rhynchonella subwilsoni. Les préparations que j'ai pu faire
d'échantillons de Bohême, ne me permettent pas de croire à
la généralité de cette observation, et un coup d'œil sur la
planche 120 de Barrande, suffit à montrer la variabilité de
ces caractères internes, et leur peu de valeur au point de
vue des divisions spécifiques. Ces planches de Barrande
fournissent des passages du sous-genre *Wilsonia* (*Uncinulus*) (4) au genre *Rhynchonella*. Enfin, deux préparations de
la *variété armoricana*, de la collection Lebesconte, m'ont
montré des insertions semblables à celles de la *Rhynchonella
princeps* typique, de la *planche* 26 de Barrande.

---

(1) De Verneuil et Barrande ont respectivement cité, dans l'ouest de la France, la
Rhynchonella princeps de Bohême et la *Rhynchonella subwilsoni* du dévonien. (De
Verneuil, Bull. soc. géol. de France, T. VII, 1850, p. 780 ; — Barrande, Syst.
sil. de Bohême, I, p. 93).

(2) Œhlert, Bull. soc. géol. de France, T. XII, 1884, p. 428 (en note).

(3) Barrande, Syst. sil. Bohême, pl. 26.

(4) La priorité de *Wilsonia* (Quenstedt) sur *Uncinulus* (Bayle, 1878), comme terme
générique, paraît peu discutable : M. Kayser rappelait déjà, en 1871, en retraçant le
développement géologique des Rhynchonelles wilsoniennes, que M. Quenstedt avait
indiqué assez de caractères propres, tant internes que superficiels, pour établir le sous-
genre indépendant « *Wilsonia* » « *einer eigenen Untergattung Wilsonia* (Zeits. d.
deuts. geol. Ges., Bd. 23. 1871, p. 502);

Rhynchonella (Wilsonia) pila, Schnur.

(Pl. 5. fig. 7.)

Rhynchonella pila, Schnur, Brach. d. Eifel, p. 186, pl. 5, fig. 1, 1853.
— Kayser, Alt. Fauna, d. Harzes. p. 153, pl. 26, fig. 13.

Je désigne sous ce nom, une espèce plus rare que la précédente, qui m'est connue par cinq échantillons, dont je figure ici les deux formes extrêmes. Elle présente les caractères essentiels de la *Rhynchonella princeps*, dont elle se distingue par sa taille constamment plus petite, sa forme généralement transverse, moins convexe, moins globuleuse, ses plis un peu moins nombreux, quoique dichotomes également. Elle est surtout caractérisée par son sinus et son bourrelet, beaucoup plus prononcés que chez *Rhynchonella princeps*; le sinus portant, en outre, en son milieu, un pli saillant, et le bourrelet une petite dépression longitudinale correspondante.

Dimensions: Longueur 9 à 10 mm.; largeur 10 à 14 mm.; hauteur 6 à 8 millimètres.

Rapports et différences: Je ne vois pas entre cette forme d'Erbray et la *Rhynchonella pila*, du Rhin, de différence suffisante pour les séparer. Parmi les Rhynchonelles Wilsoniennes de Bohême, on trouve dans *Rhynchonella princeps* var. *gibba* Barr (1), une espèce bien peu éloignée de celle-ci.

Rhynchonella (Wilsonia) Henrici, Barr.

(Pl. 5. fig. 9.)

Rhynchonella Henrici, Barrande, Haid.Abh. bohm.Brach. p.440, pl.18, fig.5, 1847
— — Barrande, Syst. Sil.Bohême, 1879, p.20, pl.25,37,130,131.
— — A. Rœmer, Harz. Beitr. I. p. 58, pl. 9, fig. 13, 1850.
— — Kayser, Alt. Fauna, d. Harzes, p. 150, pl. 26, fig. 1-8.
— *Selcana*, Giebel, Sil. Fauna, d. Unterharz, p. 42, pl. 5, fig. 4, 1858.
— *bellula*, Giebel, Sil. Fauna, d. Unterharz, p. 43, pl. 2. fig. 13, pl. 5, fig. 17.

Coquille trigone, transverse, un peu plus large que longue, non trilobée, montrant près du bord des plis fins, plats,

______

(1) Barrande, Syst. sil. Bohême, p. 15, pl. 121, case 2, fig. 1.

peu saillants, invisibles sur nos échantillons, dans la région umbonale qui est lisse. Région frontale, plate, plus large que haute; hauteur maxima dans la région frontale verticale, vers laquelle le profil antéro-postérieur s'élève rapidement suivant une ligne peu arquée. Angle cardinal 90°.

Grande valve peu profonde, convexe près du crochet, concave au delà, relevée verticalement au bord en une saillie tranchante, qu'on pourrait comparer à une couronne, sur les arêtes latérales et frontales. Ce rebord se raccorde à l'extérieur avec le front et les côtés, par une paroi verticale; cette paroi verticale est couverte de plis plats verticaux, divisés sur toute leur longueur par un léger sillon médian, et ornée de stries en chevron. Sinus nul, sur la plus grande étendue de la valve; il apparaît près du bord, où il abaisse sans le déformer le rebord marginal en couronne, et se continue en une languette quadrangulaire à bords latéraux parallèles, montrant 8 plis. Crochet plus long, moins recourbé, que chez nos *Rhynchonella princeps*, de Bohême ; arêtes cardinales plus vives.

Petite valve très profonde, s'élevant du crochet au front, suivant un plan incliné rapide. Bourrelet nul, ou très faible, et profondément entaillé au front, par la languette de la grande valve.

Dimensions : Longueur 9 à 12 mm., largeur 11 à 13 mm., hauteur 7 à 8 mm.

Rapports et différences : Cette espèce est caractérisée de telle sorte, par le rebord prononcé et tranchant, qui s'élève sur le contour de sa valve ventrale, en forme de couronne, qu'il est impossible de la confondre avec aucune autre espèce actuellement décrite. Une des espèces dévoniennes les plus voisines est la *Rhynchonella Schnuri*, Vern. (1), trigone, et à grande valve excavée, mais facile à distinguer par la forme et les plis de son front. Elle se distingue un peu de nos types de F, (2) de Bohême, par sa taille plus petite,

____

(1) de Verneuil : Bull. soc. géol France, T. XI, p. 261, pl. 3, fig. 2 ; — et, in Schnur, Brach. d. Eifel, p. 11, pl. 2, fig. 8.

13

par la dépression de la couronne marginale suivant le sinus, et par sa région umbonale lisse ; mais ces légères différences se retrouvent chez la *Rh. Henrici*, variété *extenuata*, de Bohême (1).

Rhynchonella (Wilsonia) Bureaui, nov. sp.

(Pl. 5. fig. 8.)

Coquille petite, pentagone, aussi large que longue, sinus et pli médian très accusés, portant eux-mêmes à leur tour, un pli et un sinus médian, profonds. Côtés de la coquille convexes. Région frontale verticale, aussi haute que large, présentant un pli médian saillant ; commissure palléale présentant au milieu de la languette un enfoncement comme chez *Rhynchonella primipilaris*. Angle apical 100°. Surface couverte de nombreux plis arrondis, dichotomes, remontant jusqu'auprès du crochet, et dont on compte environ 26 à 30 au bord palléal. La partie de la coquille voisine du crochet est lisse.

Grande valve un peu moins épaisse que la petite, pourvue d'un sinus très large, au milieu duquel s'élève une côte en forme de toit, égale au tiers du diamètre du sinus, et couverte de plis semblables aux autres. Crochet petit, recourbé, percé au sommet d'une ouverture ronde très petite. La languette remonte jusqu'à la partie supérieure de la région frontale et présente 10 à 12 plis.

Petite valve bombée, présentant un bourrelet médian, excavé par un profond sillon médian, anguleux, correspondant à la côte, signalée dans le sinus, de l'autre valve. Les bords de la valve retombent perpendiculairement.

Dimensions : Longueur 9 mm., largeur 9 mm., épaisseur mm.

Rapports et différences : Cette espèce a ses plus proches analogues dans le Dévonien ; elle se distingue de *Rhynchonella Orbignyana*, Vern. (2) par sa forme moins transverse,

---

(1) Barrande : Syst. Sil. Bohême, pl. 130, case III.

(2) de Verneuil, Bull. soc. géol. de France, T. VII, pl. 3, fig. 10, p. 175.

ses plis moins fins, le sillon et la côte médians du bourrelet et du sinus, plus forts, anguleux. Elle se rapproche de
Rhynchonella Kayseri, Nob. (1), par son angle apical plus
aigu et ses plis plus gros que chez *Rhynchonella Orbignyana*
Vern., mais en diffère beaucoup par son sinus et son bourrelet. Elle diffère par les mêmes caractères de *Rhynchonella
Wahlenbergii*, Gold. (2), dont elle a les plis, assez gros,
dichotomes, très affaiblis ou nuls près du crochet.

Genus ATRYPA, Dalman

Les coquilles de ce genre, bien caractérisées par leurs
cônes spiraux, à sommets dirigés vers le milieu de la petite
valve, sont très abondantes à Erbray ; mais autant les individus sont communs, autant les espèces sont peu nombreuses. Il y a une disproportion frappante entre le développement de ce genre *Atrypa*, à Erbray et en Bohème :
tandis que Barrande en distingue 55 espèces (de F à H), je
n'en ai reconnu que 3 espèces à Erbray. Je dois dire toutefois que MM. de Tromelin et Lebesconte (3) en ont signalé
deux autres : *Atrypa Sapho*, Barr., *Atrypa obovata*, Sow.,
ce qui porterait à 5, le nombre des espèces d'Erbray : je n'ai
pu toutefois reconnaître l'existence de ces deux dernières
espèces.

Atrypa comata, Barr.
(Pl. 4. fig. 16.)

Atrypa comata, Barrande, Haid. Abh. 1847, p. 455, pl. XIX, fig. 7.
  —   Barrande, Syst. Sil. Bohême, 1879, pl. 30, 88, 137, 147.
  —   Quenstedt, Petref. Deutsch, p. 215, pl. 42, fig. 105-107.

Coquille aussi large que longue, circulaire, large et tronquée au bord cardinal ; peu épaisse, à hauteur égale aux
2/5 de la longueur. Commissure latérale tranchante ; commissure frontale présentant un pli élevé. Surface ornée de
plis dichotomes, arrondis, séparés par des sillons de même
diamètre ; les plis sont traversés par de très fines stries
d'accroissement concentriques.

---

(1) Barrois, Asturies, 1882, p. 266, pl. XI, fig. 2.
(2) Goldfuss, = Rhynchonella Goldfussi, in Schnur, Brach. d. Eifel, p. 188. pl. 26
fig. 4.
(3) de Tromelin et Lebesconte, Bull. soc. géol. de France, T. IV, 1876, p. 608.

Grande valve caractérisée par son bord cardinal horizontal, presque droit, sur lequel fait saillie le crochet, petit, perforé, à deltidium court. Une carène médiane longitudinale est très marquée dans la partie umbonale de cette valve, elle se prolonge environ sur la moitié de la longueur de la coquille, mais disparaît près du bord, qui est creusé en une sorte de sinus mal délimité.

Petite valve un peu plus convexe que l'autre, caractérisée par une dépression médiane, étroite, très nette près du crochet, disparaissant insensiblement vers le bord, où la valve est un peu relevée par la languette de la valve opposée.

Rapports et différences : Nos quatre échantillons ne se distinguent par aucun caractère appréciable, des types de F de Bohème ; ils sont encore très voisins de *Atrypa plana* Kayser (1), des couches à crinoïdes, de l'Eifel (dévonien moyen), qui ne s'en distingue extérieurement, que par sa forme plus déprimée, moins épaisse, bien qu'appartenant je crois, au genre différent *Orthisina*.

Atrypa reticularis, Linn.

Les types n'ont pas été figurés.

Var. globosa, (Pl. 4. fig. 15.)

Anomia reticularis, Linné, Syst. nat. 1767, p. 1152.
Terebratula aspera, Schlotheim, Leonh. Taschenb. p. 74, pl. 1, fig. 7, 1813.
Terebratulites priscus, Schlotheim, Nacht. Petref, pl. 17, fig.2; pl. 20, fig. 4, 1822.
Terebratula squamifera, insquamosa, zonata, latilinguis, Schnur, Brach. d. Eifel. p. 181, pl. 24, fig. 4-6 ; pl. 25, fig. 1, 1853.
Atrypa reticularis, aspera, desquamata, flabellata, Davidson, Monog. Brit. Brach. p. 53, pl. 10, fig. 3-13 ; pl. 11, fig. 1-12, 1865 ;
Atrypa reticularis, desquamata, flabellata, latilinguis, plana, aspera, Kayser, Zeits, d. deuts. geol. Ges., Bd.23, p.543, pl.X, fig.3, 1871.
Atrypa reticularis, Kayser, Alt. Fauna d. Harzes, p. 184, pl. 28, fig. 4-6, 1878.
— Barrande, Syst. Sil. Bobême, 1879, pl. 19, 109, 132, 135, 138, 147.
— James Hall. Paleont of. New-York, Vol.3, pl. 42; Vol. 4, pl. 51-53.

Coquille de forme très variable, longue ou transverse,

---

(1) Kayser : Zeits. d. deuts. geol. Ges., Bd. 23, p. 545, pl. X. fig. 3.

épaisse ou déprimée, large et tronquée vers la charnière.
Largeur maxima au premier tiers de la longueur; commissure latérale tranchante, plus ou moins ondulée au front.
Surface ornée dans toute son étendue de plis nombreux,
fins, étroits, bifurqués , séparés par des sillons profonds à
peu près de même largeur que les plis. Le nombre de ces
plis est extrêmement variable dans les diverses variétés;
ils sont traversés par des anneaux d'accroissement lamelliformes, festonnés.

Grande valve, déprimée ou légèrement renflée, à crochet
petit, recourbé, à ouverture ronde; deltidium ; aréa triangulaire limitée par des bords tranchants. Sinus variable,
nul, ou marginal et égalant alors en largeur le tiers du diamètre tranverse de la coquille.

Petite valve la plus convexe; généralement dépourvue
de bourrelet, un peu échancrée au front.

Rapports et différences : Cette espèce si répandue dans
les systèmes siluriens et dévoniens du monde entier, est très
commune à Erbray, où elle présente comme ailleurs, de
nombreuses variétés, parmi lesquelles nous avons distingué
les suivantes :

Variété A : Cette variété la plus commune (25 échantillons) nous paraît identique aux formes américaines du
Lower Helderberg, représentées par M. Hall (1), et encore
aux formes de F de Bohême, figurées par Barrande (2).

Variété B : Cette forme plus rare , (4 échantillons), est
la variété gibbeuse, si abondante dans l'Eifel (3), et caractéristique du Upper Helderberg (4) en Amérique.

Variété desquamata : Cette variété rare, et douteuse à
Erbray, est voisine de la *A. desquamata* Sow. (5), par son

(1) James Hall, Pal. of. New-York, pl. 42.
(2) Barrande, Syst. Sil. Bohême, pl. 19, fig. 3, 8, 9, 10.
(3) Quenstedt, Petref. Deutsch., Brach., pl. 42, fig. 99, 103.
(4) James Hall, Pal. of New-York, pl. 52.
(5 Sowerby : Trans. geol. soc., vol. 5, pl. 56, fig. 19, 22.

front non sinueux et ses plis dépourvus de stries concentriques.

Variété aspera : Représentée dans la collection, par 4 échantillons, identiques à *Atrypa aspera* Schl. de l'Eifel, distincts de *A. reticularis*, par leurs côtes peu nombreuses, à stries d'accroissement régulières, lamelleuses. On ne peut toutefois non plus les distinguer des variétés de F, figurées par Barrande (1).

Variété sagittata, Maurer (2) : Représentée dans la collection, par 7 échantillons jeunes, allongés, lancéolés, à valves peu profondes, presque également convexes, et à commissures droites, tranchantes, ils ne sont nullement distincts de la variété de Waldgirmes, figurée par M. Maurer.

Variété globosa, nob. (pl. 4, fig. 15) : Représentée dans la collection par 5 échantillons, distincts de tous les précédents, par leur forme globuleuse, aussi longue que large, et à hauteur presque égale à la longueur; ils présentent en outre un sinus étroit sur la grande valve, un bourrelet étroit, saillant, sur la petite valve, et de très fortes stries d'accroissement variqueuses. Ils me paraissent identiques aux échantillons de F² figurés par Barrande (3).

Genus BIFIDA.

Bifida lepida, Gold.

Terebratula lepida, d'Archiac et de Verneuil, Trans. geol. soc. London, Vol. VI, 1842, p. 368. pl. 35, fig. 2.
Retzia lepida,.... Kayser, Alt. Fauna d. Harzes, p. 180, pl. 25, fig. 20
Bifida lepida,..... Davidson. Monog. Brit. dev. Brach., 1882, p. 27, pl.2, fig. 13.

Un échantillon unique, représenté par une seule valve, rappelle tous les caractères de la *Bifida (Anoplotheca) lepida,* de l'Eifélien des Ardennes. C'est la grande valve de la coquille : sa forme est allongée, ovale, renflée, acuminée

---

(1) Barrande, Syst. Sil. Bohême, pl. 19, fig. 13, 14, 15.
(2) Maurer, Abh. grossh. Hess. geolog. Landesanstalt zu Darmstadt, 1885, p. 183, pl. VII, fig. 37.
(3) Barrande, Syst. Sil. Bohême, pl. 109, fig. 4 ; pl. 135, fig. 1.

vers le crochet, et porte 6 plis arrondis rayonnants, séparés par de larges intervalles. Les deux plis médians sont plus forts, et plus rapprochés que les suivants. La coquille est en outre ornée de plis d'accroissement concentriques, lamelleux.

La présence de cette espèce du Dévonien moyen à Erbray, est encore confirmée par sa vaste répartition, indiquée par M. Œhlert (1), dans le Dévonien inférieur de Bretagne. Elle est représentée en Amérique dans le Upper Helderberg par *Leptocœlia acutiplicata* Conrad (2), et dans le Lower Helderberg par *Leptocœlia imbricata* Hall (3).

Genus MERISTA, Suess.

Merista, in Davidson, Paleont. Soc., 1882, Suppl. p. 103.

Je rapporte à ce genre, dont la présence en Bretagne a été établie par M. Œhlert (4), des coquilles à crochet apparemment imperforé, courbé, recouvrant le sommet de la petite valve; point d'aréa, ni d'angles du crochet marqués. Surface externe lisse, avec ou sans sinus et bourrelet. Les plaques dentales sont fixées sur les côtés d'une proéminence longitudinale en forme d'arche (*chausse-pieds*), qui s'étend du fond du crochet, où elle est très étroite, jusqu'au tiers environ de la longueur de la coquille, et dont les bords latéraux divergents sont fixés au fond de la valve. L'intérieur de la petite valve est divisé par un septum médian, grand et saillant, qui s'étend du fond du crochet jusqu'aux deux tiers environ, de la longueur de la coquille; les cônes spiraux ont leurs sommets dirigés vers les bords latéraux de la coquille.

Merista minuscula, Barr.
(Pl. 6, fig. 4.)

Merista minuscula, Barrande, Syst. Sil. Bohême, Brach. 1879, pl. 81, fig. IV

Coquille allongée, ovale, sub-pentagone, de petite taille;

---

(1) Œhlert, Annal. sci. géol. 1887, p. 28.
(2) James Hall, Paleont. of New-York, vol. 4, pl. 57, fig. 30-39.
(3) James Hall, Paleont. of New-York, vol. 3, pl. 88, fig. 8-13.
(4) Œhlert, Annal. Sc. géol., 1887, p. 25.

valves presque également convexes. Pas de pli médian, ni de sinus, ou sinus très faible, au bord de la grande valve. Angle apical 55°. Arêtes cardinales se confondant par une courbe régulière avec la commissure latérale, commissure frontale droite, un peu relevée devant le sinus. Surface lisse, ornée de faibles stries d'accroissement concentriques.

Grande valve renflée; crochet modérément saillant, recourbé. Le moule montre 2 fortes plaques dentales, entre lesquelles, le chausse-pieds est nettement marqué.

Petite valve, un peu relevée au milieu, en un bourrelet très peu sensible; le moule montre un septum médian, égal à plus de la moitié de la longueur de la coquille.

Dimensions : Longueur 7 mm., largeur 4 mm., hauteur 4,5 mm.

Rapports et différences : Cette espèce ressemble par sa forme générale et ses caractères extérieurs, à un grand nombre de petites coquilles térébratuloïdes, paléozoïques; ses caractères internes la rangent toutefois sans aucun doute dans le genre *Merista*. Elle est très voisine de la petite *Merista* du Hercynien du Harz, rapportée par M. Kayser (1), à la *Merista lœviuscula* Sow.; elle est plus allongée, mais la comparaison directe des échantillons permettra peut-être de les réunir. Une autre forme encore très voisine, est la *Terebratula nucella* A. Rœmer (2). Ce n'est pas la première fois que le genre *Merista* est cité à Erbray, MM. de Tromelin et Lebesconte y ont indiqué *Merista passer* Barr., que je n'ai pu retrouver toutefois, parmi les collections qui m'ont été confiées.

Genus MERISTELLA, Hall. 1860,

Meristella, James Hall, 16th Report New-York Museum, 1862, p. 179.
— Davidson, Monog. Sil. Brach. Suppl. 1882, p. 107.

Les coquilles ici rapportées à ce genre, sont voisines des *Merista* par leurs caractères externes, leur surface lisse, non lamelleuse, souvent striée radiairement, notamment

---

(1) Kayser. Alt.-F. d. Harzes, p. 182, pl. 24, fig. 18.
(2) F. A. Rœmer, Harz. Beitr. III, p. 5, pl. 1, fig. 4, 1855.

sur les échantillons un peu décortiqués; elles présentent de même 2 plaques dentales divergentes, à l'intérieur de la grande valve, un septum médian grand et saillant à l'intérieur de la petite valve, ainsi que des cônes spiraux à sommets dirigés vers les côtés. Test fibreux.

Le genre *Meristella* diffère de *Merista* par l'absence du « chausse-pieds, » les plaques dentales étant fixées directement sur la valve, au lieu d'être attachées sur cette pièce archée; des impressions musculaires occupent au fond de la valve, l'espace triangulaire compris, entre ces 2 fortes plaques dentales. Crochet recourbé, perforé, avec deltidium visible ou non, et sans aréa.

La connaissance de leur appareil apophysaire fera peut-être passer ces espèces dans le genre *Whitfieldia* de Davidson?

Les *Terebratula Torenoi*, Vern., *T. Collettei* Vern., citées à Erbray en 1861 par Cailliaud, ne présentent pas les caractères des *Meristella*, comme les types espagnols de de Verneuil, auxquels Cailliaud les a comparées à tort. Ces échantillons se rapportent au genre *Athyris*, l'un est *Athyris Ferroñesensis*, l'autre est une *Athyris* nouvelle.

Meristella circe, Barr.

(Pl. 6. fig. 5.)

Meristella circe, Barrande, Haid Abh. 1847, p. 373, pl. XVI, fig. 6.
  — Barrande, Syst. Sil. Bohême, 1879, pl. 15, case IV.

Coquille pentagone, plus longue que large, à valves également convexes, atteignant leur plus grande épaisseur près des crochets et s'abaissant régulièrement vers le front. Angle apical 90°. Arêtes cardinales longues, se confondant par une courbe régulière avec la commissure latérale, près du point où la coquille atteint sa plus grande largeur; commissure frontale relevée en un pli peu élevé. Surface lisse, marquée de stries d'accroissement concentriques, traversées par des stries rayonnantes, plus fines,

14

mieux visibles sur le moule interne que sur le test lui-même.

Grande valve à crochet recourbé, pointu, sans ouverture ni deltidium visibles, reposant sur l'autre valve. Surface bombée uniformément dans la région umbonale; sinus peu profond, limité à la moitié antérieure de la coquille, et atteignant au bord frontal la moitié de la largeur de la coquille. Ce sinus est formé par 2 plans légèrement inclinés, formant au fond une petite gouttière.

Petite valve uniformément convexe près du crochet, présentant au bord frontal un bourrelet très peu marqué, et prolongé à peine sur le tiers de la longueur de la coquille; il présente parfois en son centre, une petite dépression sillonale, très faible.

Des coupes menées à travers les coquilles de cette espèce, m'ont montré les deux plaques dentales de la grande valve, le septum médian de la petite valve atteignant la moitié de la longueur de la coquille, et les cônes spiraux à sommets dirigés latéralement.

Dimensions : Longueur 24 mm., largeur 20 mm., hauteur 15 mm.

Rapports et différences : Cette espèce nous paraît identique aux formes de l'étage F de Bohême, figurées par Barrande (1); elle a de nombreux représentants en Amérique, *Meristella arcuata* Hall (2), dans le Lower Helderberg, *Meristella Haskinsi* Hall (3), dans l'Hamilton-group. Elle me paraît distincte de la *Terebratula (Meristella) ceres*, Barr., à forme plus transverse, à bourrelet plus long et front plus relevé, bien que celle-ci ait été citée à Erbray par Cailliaud.

---

(1) Barrande, Syst. Sil. Bohême, pl. 15.
(2) James Hall. Paleont. of New-York, vol. 3, pl. 41, p. 249.
(3) James Hall, Paleont. of New-York, vol. 4, pl. 49, fig. 28.

Meristella, recta, nov. sp.

(Pl. 6. fig. 6.)

Meristella circe...... Barrande, Syst. Sil. Bohême, pl. 142, fig. VIII.
Non *Meristella circe*. Barrande, Haid. Abh. 1847, p. 393, pl. 16 ;
Non *Meristella circe*. Barrande, Syst. Sil. Bohême, 1879, pl. 15.

Coquille arrondie, sub-pentagone, aussi large que longue, ou parfois un peu moins large. Valves presque également convexes, la grande valve la plus profonde. Epaisseur maxima au milieu de la coquille. Pas de bourrelet, ni de sinus. Commissure frontale droite, un peu excavée au milieu, arêtes cardinales se confondant par une courbe régulière avec la commissure latérale. Angle apical de 95°. Surface lisse, marquée près du bord, de stries d'accroissement concentriques ; stries rayonnantes fines, bien visibles sur les échantillons un peu décortiqués et sur les moules.

Grande valve à crochet recourbé, pointu, à foramen très petit, et séparé de la petite valve par un deltidium bien marqué. L'intérieur présente 2 plaques dentales divergentes. La surface de la valve est uniformément bombée, on observe près du bord frontal, un étroit sillon, très peu profond, qui correspond à la partie rentrante de la commissure.

Petite valve présentant parfois au bord frontal, une très petite dépression médiane, correspondant à celle de l'autre valve ; elle possède un septum médian égal à plus de la moitié de la longueur de la valve, ainsi que 2 cônes spiraux à sommets dirigés latéralement.

Dimensions : Longueur 20 mm., largeur 19 mm., hauteur 10 mm.

Rapports et différences : Cette espèce caractérisée par son front droit (*M. recta*), diffère de la *M. circe* précédente, par sa forme plus transverse, son épaisseur maxima plus éloignée des crochets, l'absence de bourrelet et de sinus, et son crochet moins recourbé, montrant bien le deltidium. Il est donc possible de les distinguer spécifiquement, bien qu'en Bohême ,.où elle se trouve également, cette coquille ait été rapportée par Barrande à *Meristella circe.* Cette espèce présente aussi des relations avec une coquille du Harz, rapportée par M. Kayser (1) à *Retzia melonica* Barr. (2), mais qu'on en distingue facilement, à son test poncturé.

Meristella lata, nov. sp.

(Pl. 6. fig. 7.)

Coquille transverse, ovale, sub-pentagone, plus large que longue ; valves presque également convexes, la grande la plus profonde. Epaisseur maxima près du crochet; largeur maxima plus près du front que du crochet. Arêtes cardinales convexes, formant avec les commissures latérales, un angle de 110° ; commissure frontale légèrement relevée par le sinus de la grande valve. Angle apical 100°. .Surface entièrement couverte de stries d'accroissement fines ; les moules montrent en outre des stries rayonnantes, peu marquées.

Grande valve à crochet peu saillant, excavé sur les bords, à foramen assez grand, et deltidium très peu élevé. Surface uniformément bombée; près du bord frontal se trouve un sinus large, très peu profond, limité au quart antérieur de la coquille, et présentant en son milieu un sillon linéaire. Le moule interne montre deux fortes plaques dentales divergentes.

Petite valve transverse, uniformément bombée, sans bourrelet, à bord frontal très peu relevé par le sinus de la valve ; c'est sur cette partie médiane de la petite valve, près du front, que les stries rayonnantes sont plus distinctes. Septum médian dépassant la moitié de la longueur de la valve.

Dimensions : Longueur 16 mm. ; largeur 20 mm. ; hauteur 9 mm.

---

(1) Kayser, Alt. Fauna d. Harzes, p. 178, pl. 24, fig. 17.

(2) Barrande, Syst. Sil. de Bohême, 1879. Je noterai en passant que trois préparations de *Retzia melonica* de Bohême, ne m'ont pas montré de traces de cônes spiraux ; cette espèce devra probablement passer dans la famille des Terebratulidés.

Rapports et différences : Cette espèce, très voisine de la précédente , s'en distingue surtout par sa forme très transverse , son sinus, ainsi que par son crochet plus petit, plus excavé sur les côtés , plus ouvert, et sa surface couverte de stries concentriques plus fines, plus régulières. Elle est très voisine, par sa forme et ses caractères extérieurs, de la *Rensselaria lœvis* Hall (1) du Lower Helderberg.

Meristella biplicata, nov. sp.

(Pl. 6. fig. 8.)

Coquille ovale, allongée, à valves également convexes, la petite un peu plus profonde ; épaisseur maxima, ainsi que plus grand diamètre, au milieu de la coquille. Angle apical 85°. Arètes cardinales droites, n'atteignant pas la plus grande largeur de la coquille, se confondant, par une courbe insensible, avec les commissures latérales ondulées ; commissure frontale fortement relevée par la languette de la grande valve. Surface lisse, ornée de fines stries d'accroissement concentriques et de stries rayonnantes plus fines.

Grande valve à crochet fort, recourbé, pointu, sans ouverture, ni deltitium visibles, reposant sur l'autre valve. Surface convexe dans la région umbonale ; trilobée dans la région frontale, par un renflement médian en forme de bourrelet, peu saillant, limité à la moitié antérieure de la coquille et égal au tiers de la largeur totale. Ce bourrelet se prolonge en une languette relevée suivant un angle obtus, et qui échancre le front de la petite valve.

Petite valve uniformément bombée près du crochet, trilobée dans sa moitié antérieure, par un bourrelet, large, peu saillant. Les moules internes montrent deux plaques dentales divergentes à la grande valve, et un septum médian, égal à la moitié de la longueur, dans la petite valve.

Dimensions : Longueur 38 mm. ; largeur 30 mm. ; épaisseur 21 mm.

Rapports et différences : Cette Meristelle se distingue des

____

(1) James Hall. Paleont. of New-York; vol. 8, pl. 40, fig. 2, p. 256.

autres espèces d'Erbray, par sa grande taille, sa convexité et ses deux bourrelets. Elle rappelle un peu, par son aspect général, la *Meristella tumida* Barr. (1) du silurien E, de Bohême ; elle est représentée à New-York par la *Meristella nasuta* Hall (2) du Upper Helderberg, et *Meristella lœvis* Hall (3) du Lower Helderberg, distinctes toutefois, par le sinus de la grande valve.

Genus ATHYRIS, Mac Coy.

Athyris, Mac Coy, in Davidson, Monog. Brit. Sil. Brach. Supp. 1882, p. 98.

Je rapporte à ce genre, des coquilles caractérisées par leur forme transverse, ornée de stries concentriques, à grande valve dépourvue d'aréa, à crochet perforé, saillant, recourbé contre le sommet de la petite valve, qui cache l'ouverture deltoïdale. L'appareil interne se compose de deux plaques dentales sur la grande valve, entre lesquelles sont comprises les impressions musculaires ; la petite valve montre un plateau cardinal très développé, qui porte les bras spiraux, formant deux cônes horizontaux, à extrémités terminées en dehors, parallèlement au grand axe de la coquille, et à bases tournées vers le centre de la valve.

J'ai constaté l'existence des lamelles spirales disposées comme chez les *Spirifers*, chez *Athyris Pelapayensis* d'Espagne, ainsi que chez *Athyris Ferroñesensis*, *A. Ezquerrœ*, *A. gibbosa*, d'Erbray ; les cônes horizontaux formés par ces lamelles sont plus courts que chez les *Spirifers*, ils sont dirigés un peu obliquement de façon que leur sommet est tourné vers la grande valve, et un peu vers le front. Ils sont souvent remplis de calcite, qui a cristallisé sur eux, les transformant en une géode ; ils sont en outre fréquemment déformés, ou déplacés, à l'intérieur de la coquille.

Les *Athyris*, comme l'ont fait remarquer MM. Douvillé (1) et Œhlert, présentent, au point de vue de la dispo-

<hr>

(1) Barrande, Syst. sil. Bohême, Pl. II.
(2) James Hall, Pale. of New-York, vol. 4, pl. 48.
(3) James Hall., Pal. of New-York, vol. 3, pl. 39, p. 247.

sition de leurs plis, la particularité d'appartenir aux groupes des *acutiplicatæ* et des *cinctæ* de M. Douvillé (1), dont les modes d'ornementation se trouvent ainsi répandus, dès l'époque primaire. Le type des *acutiplicatæ* doit être le plus ancien, comme le plus répandu à ces époques reculées (*Spirifer, Cyrtia, Merista, Meristella, Atrypa*); ce n'est qu'au sommet du Silurien, qu'apparaissent les *cinctæ*, que l'on voit se former à Erbray pour *Athyris*, comme en Bohême pour *Atrypa*.

L'arbre généalogique des *Athyris* présente à Erbray deux branches différentes, l'une correspondant aux *acutiplicatæ* : *A. undata, triplesioïdes, concentrica*; et l'autre, aux *cinctæ* : *A. subconcentrica, Pelapayensis, Campomanesii, dubia, Ferroñesensis, hispanica, gibbosa, Erbrayi, Ezquerræ, trigonula*; ces branches vont en divergeant de plus en plus, dans la suite. La première donne naissance aux nombreuses espèces carbonifères du groupe des *Athyris Roissyi*; la seconde, aux espèces triasiques du groupe de *Athyris trigonella*. Il y a à Erbray, des formes intermédiaires entre ces groupes, telles que *Athyris dubia*, (Pl. 7. f. 7.), où le bourrelet est nul, *A. Pelapayensis* (Pl. 7. f. 5.) où il commence à se creuser, une *espèce nouvelle* (Pl. 7. f. 13) qui, avec les caractères de *A. undata*, devient transverse comme *A. hispanica*. L'absence à Erbray des *Athyris* transverses, du groupe de *A. phalæna*, Phill., *hispanica* Vern., *hirundo* Phill., est remarquable ; je possède une seule forme (Pl. 7. f. 12), qui tend vers ce type, et vient se placer entre *A. Erbrayi* et *A. hispanica*. Des recherches plus approfondies à Erbray, permettraient de reconstituer l'histoire géologique de ce genre , car ses nombreuses espèces s'y présentent avec un polymorphisme remarquable.

---

(1) Douvillé, Bull. soc. géol. de France, 3ᵉ sér., T. VII, 1879, p. 262.

Athyris undata, Defr.

(Pl. 7. fig. 1.)

Athyris undata, de Verneuil, Bull. soc. géol. de France, 2ᵉ ser. T. XII, pl. XXIX, fig. 7.
— Bayle, Explic. carte géol. de France, 1878, pl. XII, fig. 11-14.
— Œhlert, Annal. Sci. géol. 1887, p. 32. pl. 3, fig. 1-20.

Coquille transverse, sub-pentagone, trilobée, ornée de stries concentriques peu prononcées sur nos échantillons. Grande valve présentant un sinus large, partant du crochet, et à fond anguleux, profond ; crochet perforé, saillant et recourbé. Petite valve munie d'un bourrelet prononcé, continu du crochet au bord frontal, où il fait une forte saillie ; le sommet de ce bourrelet est arrondi. Les parties latérales de la valve sont renflées, présentant une courbure uniforme.

Rapports et différences : Cette espèce est rare à Erbray, c'est au contraire, une des formes les plus communes des calcaires de l'étage de Néhou. Les coquilles d'Erbray se distinguent un peu de celles de cet étage, par leur sinus, plus large au front, moins excavé dans son ensemble et s'approfondissant seulement dans sa partie médiane anguleuse. Je possède toutefois, des variétés identiques de l'âge de Néhou.

Athyris triplesioïdes, Œhl.

(Pl. 7. fig. 2.)

Athyris triplesioïdes, Œhlert, Mém. soc. géol. de France, 3ᵉ ser. T. 2, pl. VI, fig. 5, p. 38.

Coquille rhombique, trilobée, atteignant sa plus grande largeur au milieu. Valves également convexes, à bords tranchants ; angle apical de 95°, bords cardinaux droits, passant par une ligne courbe aux commissures latérales, ondulées ; commissure frontale très relevée, par un pli étroit, égalant le quart du diamètre transverse. Surface ornée de stries concentriques, un peu squammeuses, et de petites stries rayonnantes, visibles surtout sur le bord palléal ; près du bourrelet, ainsi que sur les ailes dans les points où le test est un peu usé.

Grande valve à crochet assez saillant, recourbé, à ouverture ronde touchant le crochet de l'autre valve. Sinus médian, commençant au milieu de la valve, et prolongé en languette au bord palléal, où il se distingue de celui de *A. undata*, parce qu'il est mieux délimité, et plus étroit.

Petite valve présentant un bourrelet médian, nul près du crochet, très accusé près du bord, et commençant au milieu de la valve : le sommet de ce pli est arrondi et ses côtés tombent rapidement. Ailes peu renflées, déclives.

Rapports et différences : Cette espèce se distingue de toutes les *Athyris* qui me sont connues par son bourrelet et son sinus étroits, saillants, limités à la moitié antérieure de la coquille : la plus voisine est *Athyris ventrosa*, Schnur (1), à sinus marginal étroit, mais sans bourrelet. Elle rappelle, par son front et par ses stries rayonnantes, la variété *globosa*, de *Atrypa reticularis*, d'Erbray, de Bohême, dont elle se distingue par l'absence d'aréa et par la disposition de ses cônes spiraux. Ces cônes sont disposés transversalement comme chez les *Athyris*, j'ai pu compter douze lamelles spirales sur l'un d'eux; ils ne sont pas dis-posés obliquement comme sur le type figuré par M. Œhlert.

Athyris concentrica, v. Buch.

(Pl. 7. fig. 3.)

Athyris concentrica, von Buch. Mém. soc. géol. de France, vol. 3. p. 214.
    —   Schnur, Brach. d. Eifel, p. 23, pl. 23, fig. 8 ; pl. VI, fig. 3.

Coquille ovale, transverse, sub-pentagone, à contours arrondis. Angle apical de 100°. Valves également pro-fondes, couvertes de stries concentriques. Arètes cardi-nales droites, courtes, passant insensiblement aux com-missures latérales arrondies, commissure frontale infléchie au milieu. Épaisseur maxima dans la région umbonale, largeur maxima au milieu.

Grande valve à crochet assez saillant, percé d'une large ouverture ronde, qui s'appuie sur l'autre valve. Sinus

---

(1) Schnur, Brach. d. Eifel, p. 25, pl. VII, fig. 2.

médian peu marqué, par une dépression continue, du crochet au bord palléal. — Petite valve à bourrelet à peine sensible.

Rapports et différences **:** Nos échantillons ne se distinguent par aucun caractère important des types *eiféliens*, si souvent décrits, dans tous les massifs dévoniens de l'Europe. Cette forme est représentée en Amérique, dans le Dévonien inférieur, par *Athyris spiriferoïdes*, Hall.(1).

Athyris sub-concentrica ? de Vern.

(Pl. 7. fig. 4.)

Athyris sub-concentrica, de Verneuil, Bull. soc. géol. de France, T. 2, 1845, p 463 pl. XIV, fig. 1.

Coquille pentagone , transverse, sub-arrondie. Valves également convexes , couvertes de stries concentriques lamelleuses, également écartées près du crochet, mais devenant plus nombreuses, plus serrées, et plus inégales, à mesure qu'on approche du bord palléal. Angle apical de 100°. Largeur maxima dans la partie umbonale, au tiers de la longueur de la coquille. Commissure palléale horizontale, faiblement infléchie au front.

Grande valve à crochet peu saillant et peu recourbé, percé d'une ouverture large, ronde, appuyée sur l'autre valve. Sinus peu marqué par une dépression atténuée près du crochet.

Petite valve à bourrelet nul, ou à peine sensible, divisée par un sillon médian, qui remonte vers le crochet, en s'affaiblissant.

Dimensions : Longueur 14 mm. ; largeur 16 mm. ; épaisseur 8 mm.

Rapports et différences : Cette espèce se rapproche de la *Athyris subconcentrica* d'Espagne, par sa forme transverse, son sinus et son bourrelet peu prononcés, et par la présence d'un sillon sur son bourrelet, caractères qui la distinguent de toutes les autres *Athyris* d'Erbray. Elle se

---

(1) James Hall, Paleont. of. New-York, vol. IV. p. 285, pl. 46, fig. 5-31.

distingue toutefois, des types espagnols de l'espèce, par sa taille moindre, et surtout par la disposition de ses ornements , où l'on ne peut reconnaître deux systèmes de stries concentriques, les unes plus fines, non lamelleuses, comprises entre d'autres lamelleuses, au nombre de 9 à 15. Elle présente une ressemblance plus éloignée avec *Atrypa fugitiva* Barr (1) de E, et est représentée à New-York par *Athyris cora*, Hall. (2) du Hamilton group.

Athyris Pelapayensis, Arch. et Vern.

(Pl. 7. fig. 5.)

Athyris Pelapayensis, d'Archiac et de Verneuil, Bull. soc. géol. de France, T. 2, pl. XIV, fig. 2, p. 463, 1845.

Coquille sub-pentagone, allongée , à valves couvertes de stries concentriques, lamelleuses. Angle apical de 85°. Grande valve à crochet perforé, recourbé ; sinus médian peu profond, remontant jusqu'à la pointe du crochet et limité par deux plis arrondis, peu sensibles. Petite valve à bourrelet peu prononcé, divisé par un sillon médian, moins profond que celui de la grande valve, qu'il rejoint sur le front ; de chaque côté du bourrelet, deux faibles sillons correspondent aux deux plis obsolètes de l'autre valve.

Rapports et différences : Je ne puis voir aucune diffé rence entre cette espèce et les types dévoniens des Asturies de de Verneuil ; elle est rare à Erbray, je n'en ai que deux échantillons.

Athyris Campomanesii, Arch. et Vern.

(Pl. 7, fig. 6).

Athyris Campomanesii, d'Archiac et de Verneuil, Bull. soc. géol. de France T. 2, pl. XIV, fig. 3, p. 465, 1845.

Trois échantillons d'Erbray, m'ont présenté les caractères de la *Athyris Campomanesii* de de Verneuil : je ne saurais

(1) Barrande, Syst. sil. Bohême, pl. 84, fig. V, pl. 186.
(2) James Hall, Paleont. of New-York, vol. 4, p. 201, pl. 47, . 1-7.

rien ajouter à la description qu'il en donne. Ces échantillons sont plus petits que les types d'Espagne, l'angle apical est un peu plus aigu, étant de 70°; l'identité des plis et des ornements du test ne permet pas de voir dans ces différences de proportions, des différences spécifiques.

Dimensions : Longueur 18 mm. ; largeur 14 mm. ; épaisseur 9 mm.

Rapports et différences : Cette espèce se distingue de la *Athyris concentrica*, comme l'a indiqué de Verneuil, par sa forme plus allongée et par la présence d'un sillon médian et de deux sillons latéraux sur chaque valve; de la *Athyris sub-concentrica* par sa forme plus allongée, par ses stries lamelleuses plus serrées, égales et plus nombreuses, par le crochet de la grande valve plus saillant et plus renflé et par des plis beaucoup plus prononcés; elle diffère de la *Athyris Pelapayensis* en ce qu'elle est plus grande, plus tranchante sur les bords, moins renflée vers le centre, et que ses plis sont plus larges et plus saillants. L'espèce d'Allemagne la plus voisine est *Athyris Eifeliensis* Schnur(1), qui s'en distingue par ses sinus moins étendus, moins profonds, et par ses stries concentriques plus fines.

Athyris dubia, nov. sp.

(Pl. 7. fig. 7.)

Coquille sub-pentagone, ovale, valves également convexes, à bords tranchants, et renflées vers les crochets Angle apical 80°. Arètes cardinales obliques, se joignant aux commissures latérales par une courbe arrondie; commissure frontale très légèrement infléchie au milieu. Largeur maxima plus près du bord que du crochet, épaisseur maxima plus près des crochets. Surface lisse, ornée de fines stries d'accroissement irrégulières, et de fines stries rayonnantes visibles seulement sur le moule, près du bord, et chez quelques individus.

---

(1) Schnur, Brach. d. Eifel, p. 25, pl. VII, fig. 1.

Grande valve à crochet pointu, peu recourbé, perforé, sans deltidium, reposant sur l'autre valve. Sinus superficiel, se confondant avec les côtés et s'approfondissant seulement au centre, en une gouttière qui se prolonge du crochet au bord. Sur les côtés de la valve deux renflements obsolètes, presque invisibles, indiquent la place des deux plis qui ornent cette partie chez diverses espèces voisines : *A. Campomanesii, A. Ferroñesensis.*

Petite valve renflée vers le crochet et déprimée vers les bords, relevée en un bourrelet longitudinal médian, plus vague et moins saillant, qu'en aucune autre espèce, déprimé et aplati au front. Quelques échantillons présentent, en outre, un très léger renflement longitudinal de chaque côté de cette valve, correspondant aux plis latéraux de *A. Ferroñesensis.*

Dimensions : Longueur 23 mm. ; largeur 19 mm. ; hauteur 12 mm.

Rapports et différences : Cette espèce se rapproche beaucoup de la *A. Campomanesii*, dont elle n'est peut-être qu'une variété ? Elle s'en distingue par son angle apical plus aigu, sa surface beaucoup moins lobée, ses stries concentriques moins fortes et ses stries rayonnantes rudimentaires. Elle se rapproche, par ce caractère, de *Athyris Toreno*, Vern. (1), dont elle se distingue par la convexité régulière de sa petite valve, dépourvue du sinus médian allant du crochet au front.

Athyris Ferroñesensis, Arch. et Vern.

(Pl. 7. fig. 8.)

Athyris Ferroñesensis, d'Archiac et de Verneuil, Bull. soc. géol. de France, T. 2. 1845, p. 466, pl. XIV, fig. 4.

Coquille pentagone, plus longue que large, atteignant sa largeur maxima plus près du front que du crochet, et ornée de stries concentriques lamelleuses. Angle apical

---

(1) D'Archiac et de Verneuil, Bull. soc. géol. de France, T. II, pl. XIV, fig. 8, p. 469.

70° à 85°. Commissures latérales et frontale, fortement sinueuses.

Grande valve à crochet perforé, large, arrondi, élevé, recourbé, portant un sinus large et profond qui remonte jusqu'au crochet, et limité de chaque côté par un pli saillant, large, continu, arrondi ; deux autres plis de même largeur, situés sur les côtés viennent aboutir, en s'atténuant, à l'angle que font les arêtes cardinales et latérales.

Petite valve à bourrelet saillant, divisé par un sillon médian assez large, mais moins profond que le sinus ; de chaque côté se trouve, en outre, un gros pli arrondi, correspondant à ceux de la grande valve. La surface de chacune des valves présente ainsi, entre ses gros plis, cinq parties concaves à peu près égales.

Rapports et différences : Cette espèce est identique aux types dévoniens de de Verneuil, dont elle ne se distingue que par son angle apical souvent plus aigu, et parce que ses arêtes cardinales se joignent aux arêtes latérales plus près du front.

Athyris gibbosa, nov. sp.

(Pl. 7. fig. 9.)

Athyris Ezquerræ, Œhlert, Ann. sci. géol. 1887, p. 29, pl. 2, fig. 20, 21. Cæt. excl.

Coquille heptagone, ovale ou transverse, à contours anguleux et lobés, à bords tranchants. Valves également convexes, couvertes de stries fines nombreuses, assez saillantes, concentriques près du crochet, arquées et à concavité tournée vers le front dans la portion antérieure. Angle apical de 80° à 100°. Bord cardinal faiblement arqué, passant insensiblement à l'arête latérale par une courbe ; commissure latérale brisée à angle aigu, devant le pli latéral, au point correspondant à la plus grande largeur de la coquille ; commissure frontale concave, échancrée.

Grande valve à crochet petit, très recourbé, et percé d'un trou rond touchant le crochet de l'autre valve. Sinus profond non prolongé jusqu'à la pointe du crochet et limité par deux côtes arrondies, devenant de plus en plus saillantes près du bord. Deux autres côtes semblables divergent sur les côtés, comme chez *A. Ezquerra*, mais invisibles près du crochet, elles deviennent nettes vers le bord, où elles déterminent un angle saillant de chaque côté, sur la commissure latérale.

La petite valve a un bourrelet divisé par un sillon médian, profond, aussi large que le sinus, et limité par deux côtes qui ne se prolongent pas jusqu'au crochet ; deux autres côtes semblables se trouvent sur les côtés, et correspondent à ceux de l'autre valve. La surface des valves est ainsi divisée près du bord, en cinq parties concaves, inégales, mais placées symétriquement des deux côtés de l'axe de la coquille, et qui se correspondent sur les deux valves, comme chez *A. Ezquerra* ; ces parties concaves disparaissent près du crochet, où la coquille présente un renflement uniforme comme chez *Athyris concentrica*.

Rapports et différences : Cette espèce est certes voisine de *Athyris Ezquerra* Vern., et de *A. trigonula* Kayser (1), du Dévonien, *A. trigonella* du Muschelkalk ; elle se distingue, toutefois nettement, de ces types, par sa forme plus renflée, par sa région umbonale convexe sans plis, tous ses plis étant limités aux bords. Cette variété de *A. Ezquerra* n'est pas limitée au calcaire d'Erbray, elle a été reconnue à Sablé, par M. Œhlert, qui en a donné d'excellentes figures.

Athyris Erbrayi, nov. sp.
(Pl. 7. fig. 10.)

Coquille pentagone, transverse, atteignant sa plus grande largeur, au milieu de sa longueur. Valves également profondes, à bords tranchants, couvertes de stries concentriques, ondulées, plus ou moins lamelleuses, également espacées. Angle apical de 100° ; bords cardinaux

---

(1) Kayser, Zeits. d. deuts. geol. Ges., Bd. XXIII, 1871, p. 554

droits, faisant avec les commissures latérales un angle de 80°; commissure frontale horizontale, échancrée devant les sillons.

Grande valve à crochet petit, recourbé, à ouverture ronde, touchant le crochet de l'autre valve. De chaque côté du crochet se trouve une partie déprimée, séparée par une carène de la partie ventrale de cette valve. Sinus médian peu profond, limité par deux côtes arrondies, qui remontent jusqu'au crochet.

Petite valve présentant un' sinus médian presque aussi profond que celui de l'autre valve, et bordé de même par deux côtes larges et arrondies qui remontent jusqu'au crochet.

Rapports et différences : Cette espèce, du groupe des *cinctæ* comme la précédente, se distingue de *A. subconcentrica*, Vern. (1), par son contour moins arrondi, par sa plus grande largeur située au milieu de la coquille, par sa forme moins renflée, et par son angle apical moins grand. Elle se distingue de *A. phalæna* Phill. (2), par sa forme moins transverse, son angle apical, et sa commissure frontale presque horizontale. On ne peut la confondre avec *A. triplesioïdes*, Œhlert (3). Je ne sais, par contre, quelles sont ses relations avec *A. Blacki*, Rou. (4) citée à Erbray, par MM. de Tromelin et Lebesconte, et dont la description sans figure, est tout à fait insuffisante pour assurer à son auteur un droit sérieux de priorité. L'espèce la plus voisine que je connaisse est la *A. Helmersenii* von Buch (5), var. B., toutefots plus gibbeuse et cambrée transversalement. Enfin cette *Athyris Erbrayi* nous paraît identique à

---

(1) De Verneuil, Bull. Soc. géol. de France, 2ᵉ sér., 1845, p. 463, pl. XIV, fig. 1.
(2) Phillips, in de Verneuil, l. c., p. 468, pl. XIV, fig. 6.
(3) Œhlert, Mém. soc. géol. de France, 3ᵉ sér., T. 2, p. 38, pl. VI, fig. 5.
(4) Rouault, Bull. soc. géol. de France, 1851, p. 397.
(5) Von Buch, in de Verneuil, Pal. de la Russie d'Europe. 1845, p 58, pl. IX, fig. 3.

la coquille hercynienne du Harz, figurée par M. Kayser (1)
sous le nom de *A. undata*, var.

Athyris Ezquerra, Vern.

(Pl. 7. fig. 11.)

Athyris Ezquerra, d'Archiac et de Verneuil, Bull. soc. géol. de France, T. 2,
1845, p. 467, pl. XIV, fig. 5.
    —   Bayle. Explic. carte géol. de France, 1878, pl. XI, fig. 1-4.
    —   Œhlert, Annal. sci. géol. 1887, p. 29, pl. 2, fig. 22, (Cœt. excl.)

Coquille heptagone, transverse, à contours anguleux,
lobés, à bords tranchants; à valves ornées de stries concentriques, profondes, équidistantes de 0,5 mm., lamelleuses, arquées. Angle apical 120°. Arêtes cardinales
presque droites: commissures latérales brisées à angle
aigu, devant le pli latéral; commissure frontale concave.

Grande valve à crochet petit, peu saillant, perforé, à
sinus profond limité par deux côtes saillantes, continues
comme lui du crochet jusqu'au front. Deux autres côtes
semblables, arrondies, divergent du crochet, vers les arêtes
latérales, où elles correspondent aux angles aigus de la
commissure et à la plus grande largeur de la coquille.

Petite valve munie d'un sinus médian, profond, aussi
large que le sinus de l'autre valve, et limité par deux côtes
qui se prolongent jusqu'au crochet: deux autres côtes
semblables divergent du crochet, et correspondent sur la
commissure latérale à ceux de l'autre valve. La surface
des valves est ainsi divisée en cinq parties concaves, inégales, mais symétriques des deux côtés de l'axe de la
coquille et se correspondant sur les deux valves.

Rapports et différences : Nous n'avons rien à ajouter à la
description de de Verneuil, que nous résumons ici; l'espèce
d'Erbray se distingue légèrement des types d'Espagne, par
sa forme moins déprimée et ses plis moins saillants, moins
aigus.

---

(1) Kayser, Alt. Fauna d. Harzes, p. 181, pl. 24, fig. 10.

Genus **RETZIA**, King.

Le genre *Retzia* a été fondé en 1849 par King (1), en choisissant pour type la *Terebratula Adrieni*, Vern. (2), du Dévonien d'Espagne, caractérisée par sa forme ovale, ses plis rayonnés et la structure poncturée du test, reconnue par Morris (3). Davidson (4) ayant fait observer que les caractères internes du type de ce genre étaient encore inconnus, je figure ici l'appareil interne, tel que j'ai pu l'observer, sur une coupe polie, d'un échantillon de *Retzia Adrieni* de Ferroñes (Asturies). Ces bras spiraux sont identiques à ceux de la *Retzia prominula*, Rœmer, découverts par M. Kayser (5). Les apophyses de la charnière et les empreintes musculaires me sont encore inconnues.

Retzia Haidingeri, Barr.

(Pl. 7. fig. 14-17.)

Retzia Haidingeri, Barrande, Haid. Abh. 1847,p. 415, pl. 18, fig. 8-9.
   —   Barrande, Syst. Sil. Bohême, Brachiopodes, pl.32, fig.13-20.
   —   Quenstedt, Petref. Deutsch. p. 300, pl. 45, fig. 89-90.

Coquille sub-pentagone, ovale , à angle apical de 70° à 90° ; commissures palléale et frontale ondulées en zig-zag, horizontales. Valves renflées légèrement, et presque également convexes. Surface ornée de 13 à 20 plis simples, plus ou moins forts, anguleux , traversés par des stries d'accroissement squameuses. Test poncturé.

Grande valve présentant au milieu un sinus étroit, bien visible au bord, prolongé jusqu'au crochet dans certains échantillons, et dans lequel se trouvent deux plis plus petits que ceux des ailes. Crochet proéminent, arrondi, recourbé,

---

(1) King, A Monograph of the Engl. permion fossils, Pal. soc., p. 137.
(2) De Verneuil, Bull. Soc. géol. de France, 2ᵉ sér., 1845, p. 471, pl. XIV, fig.10
(3) Morris, Quart. Journ. geol. soc. Vol. 2, p. 387.
(4) Davidson, Pal. Soc., 1884, p. 12.
(5) Kayser, Zeits. d. deuts. geol. Ges., Bd. 23, 1871, p. 555, pl. X. fig. 7.

percé d'un foramen rond, et qui s'appuie sur un deltidium. Aréa concave, s'élevant jusqu'au tiers de l'ouverture.

Petite valve munie aussi d'un sinus au milieu, plus étroit que sur l'autre valve, ne montrant qu'un seul pli au fond ; il remonte jusqu'au crochet. Le pli est de moindre dimension que ceux des parties latérales, au nombre variable de 6 à 9 de chaque côté.

Les caractères intérieurs sont peu visibles sur nos coupes, qui ne montrent que très vaguement la section des bras spiraux, analogues à ceux de *Retzia Adrieni*. On voit souvent sur la petite valve la trace des lamelles médianes.

Dimensions : Longueur 19 à 11 mm. ; largeur 17 à 11 mm. ; hauteur 13 à 7 mm.

Rapports et différences : Cette espèce présente à Erbray de nombreuses variétés : la première, *Retzia bohemica*, identique au type de Bohême, est très rare ; nous en donnons une figure (fig. 14), caractérisée par sa forme transverse et 9 plis de chaque côté du sinus.

Une seconde variété, *R. armoricana* (fig. 15), plus commune à Erbray, se distingue des types de Bohême, par ses plis plus gros, plus tranchants, à fortes stries squameuses d'accroissement, et au nombre de six seulement de chaque côté des sinus : elle rappelle ainsi la *Retzia Salteri*, Davidson (1).

Une troisième variété, *R. suavis* (fig. 16), plus abondante encore, se distingue des précédentes, par l'absence des sinus : le profil transverse des valves présentant ainsi une convexité unique continue. Les plis sont au nombre de 15 à 18 sur chaque valve. Ces coquilles ne peuvent se distinguer de la variété de *R. Haidingeri* décrite par Barrande (2), sous le nom de variété *suavis*. Je ne saurais cependant distinguer davantage mes *Retzia suavis* d'Erbray, de certaines variétés de *Retzia Adrieni* d'Espagne, de ma collection, dépourvues

---

(1) Davidson, Brit. sil. Brachiopoda, p. 125, pl. XII, fig. 21-25.
(2) Barrande, Syst. sil. Bohême, Brach., pl. 32, fig. 16-20.

du sinus et du bourrelet, indiqués par de Verneuil (1), et si peu prononcés d'ailleurs même chez les types. Je n'en distingue pas mieux la *Retzia prominula* de Rœmer (3). M. Œhlert (2) a insisté sur les légères différences qui séparent les types de ces espèces ; je crois avec lui que ces différences sont peu importantes et qu'il y a lieu de considérer ces diverses sections, comme résultant des modifications d'un même type, dont *Rh. Haidingeri* serait la forme ancestrale.

Une quatrième et dernière variété, *R. dichotoma* (fig. 17), n'est représentée que par un unique exemplaire, en mauvais état, du musée de Chateaubriant. Il se rapproche, par sa forme et tous ses caractères, de la *Retzia suavis*, mais s'en distingue par le nombre plus grand de ses plis, dépassant 25, et dont un certain nombre se bifurquent par dichotomie, au delà du milieu de la coquille.

Les *Retzia Haidingeri*, qui vécurent en même temps à Erbray, nous fournissent une série de variétés synchrones, aussi étendue que celle des variétés qui se succédèrent, depuis les couches de Wenlock (*Retzia Salteri*, Dav., *R. Bouchardi*, Dav.), jusqu'au calcaire carbonifère de Visé (*Retzia radialis*, Phillips, *R. carbonaria*, Dav., *R. serpentina*, Koninck).

Retzia melonica, Barr.

(Pl. 7, fig. 18-19)

Retzia melonica, Barrande, Haid. Abh. 1847, p. 412, pl. 14, fig. 6.
— Barrande, Syst. Sil. Bohême, pl. 13, fig. 11 ; pl. 141.

Nous devons distinguer deux formes, l'une *longue*, l'autre *large*.

Forme longue (pl. 7, fig. 18) : Coquille allongée, peu renflée, à bords tranchants, horizontaux. Arêtes cardinales prolongées jusqu'au milieu de la coquille, angle apical 80°. Largeur maxima correspondant au milieu de la coquille.

---

(1) De Verneuil, Bull. Soc. géol. de France, T. 2, 1845, p. 471, pl. 14, fig. 10.
(2) F. Rœmer, Rhein. Uebergangsgeb, p. 66, pl. 5, fig. 3, 1844.
(3) Œhlert, Annal sci. géol., 1887, p. 24, pl. II, fig. 11-19.

Grande valve à crochet saillant, recourbé, à bords tranchants : foramen, deltidium triangulaire. Petite valve un peu moins bombée que la précédente. Surface couverte de quelques stries concentriques d'accroissement,et montrant vers le milieu des valves quelques stries rayonnantes. Le test est poreux, les pores montrent à la loupe leur disposition en lignes ondulées concentriques.

Forme large (pl. 7, fig. 19) : Coquille sub-pentagone, arrondie ; valves également convexes, lisses, couvertes de stries concentriques près du bord. Angle apical 90°, largeur maxima, au milieu de la coquille. Commissure frontale horizontale, arêtes cardinales prolongées jusqu'au milieu de la longueur de la coquille. Le test est perforé; ces perforations se voient nettement sur les couches profondes du test ; les moules internes présentent des impressions longitudinales.

Grande valve à crochet délié, excavé sur les bords, qui sont ainsi un peu tranchants. Foramen petit, deltidium.

Petite valve un peu plus bombée que l'autre, présentant sa plus grande hauteur au tiers umbonal.

Dimensions : Longueur 10 mm.; largeur 10,5 mm.; épaisseur 6 mm.

Rapports et différences : Le petit nombre des échantillons trouvés ne m'a pas permis de chercher les caractères internes de cette espèce; elle se rapproche des *Retzia, Centronella,* par son test, perforé, ponctué. La forme *longue* (échantillon unique,de la collection Lebesconte)ne me laisse pas de doutes sur son identité avec les types de Bohême. La forme *large,* au contraire, ne rappelle que de plus loin, par ses caractères extérieurs, la forme large de la *Retzia melonica* de Barrande ; elle s'en distingue un peu par sa taille plus petite, et son épaisseur relative plus grande. Il est également difficile de distinguer cette forme de *Atrypa insocia,* Barr. (1).

Les échantillons larges figurés ici, appartiennent au

____

(1) Barrande, Syst. si Bohême, Brach., pl. 147, fig. 1.

musée de Nantes ; ils avaient été rapportés par Cailliaud à *Terebratula pisum*, Sow. (1), mais aucun ne présente le grand septum médian, prolongé jusqu'au bord frontal des *Nucleospira* (= *Terebratula*) *pisum* : sous ce nom de *Terebratula pisum*, Cailliaud avait d'ailleurs réuni diverses espèces.

Genus CYRTINA, Dav.

Cyrtina heteroclyta, Defr.

Calceola heteroclyta, Defrance, 1828, Diction. Sc. nat. T. 53, p. 156, Atlas, pl. 80, fig. 3.
Cyrtina heteroclyta, Davidson, Monog. Devon. Brach. pl. 9, fig. 1-14, p. 48.
— Barrande. Syst. Sil. Bohême, T. V, pl. 8, 124.
— Œhlert, Annal. sci. géol. 1887, p. 40, pl. 3, fig. 21-41.

Dix échantillons de cette espèce bien connue, nous permettent d'étudier la variété qui vécut à Erbray ; elle se distingue du type lé plus commun de l'Eifel, par sa petite valve plus convexe, par des sillons et des plis moins nombreux, plus profonds, plus anguleux, au nombre de 2 à 4 sur chaque aile. Le crochet est de même droit et dans l'axe de la coquille, tantôt incliné à droite, à gauche, ou recourbé en avant. L'aréa relevée est toujours un peu concave.

Ces caractères rapprochent beaucoup plus cette variété de celles de Bohême, de F, décrites par Barrande (2), que de celles du Dévonien, dont nous avons suivi les modifications en Espagne (3), des étages inférieurs aux étages supérieurs de ce système, et dont M. Œhlert a retracé l'histoire et les variations, dans l'Ouest de la France. Elle se rapproche de même davantage de la *Cyrtina Dalmani* Hall (5) du Lower Helderberg, plutôt que de la *Cyrtina rostrata* Hall (6), du grès d'Oriskany.

---

(1) Sowerby in Siluria, pl. 13, fig. 9; reproduit par Davidson, Sil. Brit. Brach. pl. X fig. 16-20.
(2) Barrande, Haid. Abhandl, 1847, p. 178.
(3) Barrois, Asturies, 1882, p. 260.
(4) Œhlert, Annal. Sc. géol., 1887. p. 40.
(5) James Hall. Pal. of New-York, vol. 3, pl. 24.
(6) James Hall. Pal. of New-York, vol. 3, p. 96.

Genus **SPIRIFER**, Sow.

Spirifer Decheni, Kayser.

(Pl. 8. fig. 1.)

Spirifer Decheni,   Kayser, Alt. Fauna, d. Harzes, 1878. pl. 22, fig. 1-2, p. 165,
   —   *Beaujeani,* Béclard, Bull. soc. belge de géol., T. 1, 1887. p. 73, pl. 3.
       fig. 1-2, (Cœt. excl.).

Valves très convexes, la petite valve la plus renflée ;
crochets assez saillants. La grande valve présente un sinus
large, à fond arrondi, profond près du crochet, et devenant
de moins en moins profond, plan concave, près du bord ; à
ce sinus correspond sur la petite valve un bourrelet très
haut, aigu, à sommet tranchant. De chaque côté de la selle
et du sinus, 8-11 plis forts, séparés par des sillons
anguleux de même largeur : les huit premiers plis sont
visibles sur tous les échantillons ; les trois derniers, plus
fins, parallèles au bord cardinal, ne laissent pas d'empreinte
sur le moule, et ne sont visibles que sur les échantillons
munis de leur test. Les plis sont anguleux chez les individus intacts ; ils sont émoussés, sub-arrondis, chez ceux qui
ont perdu leur test. Les coquilles parfaitement conservées,
présentent de nombreuses stries d'accroissement très fines,
décrivant un arc aigu sur le sinus et le bourrelet, et croisées par des stries longitudinales, au nombre d'une ving-
taine sur chaque côte.

Rapports et différences : Cette espèce avait été trouvée à
Erbray par Cailliaud (1), qui la rapporta à *Spirifer cultrijugatus* (2), ainsi que par MM. de Tromelin et Lebesconte,
qui la considérèrent comme l'un des types dévoniens du
gisement, et la rapportèrent au *Spirifer primævus* Stein.
Le *Spirifer cultrijugatus* de l'Eifel se distingue par ses plis
plus nombreux, plus arrondis, son aréa moins longue, son
sinus moins large. Le *Spirifer socialis*, Krantz (3), identique

---

(1) Cailliaud, l. c., p. 382.
(2) Rœmer, Rhein. Sch. pl. 4, fig. 4, p. 70.
(3) Krantz : Verhandl. naturw. Ver. Rheinl. Westf. XIV, 1857, p. 151, pl. 8,
fig. 3, a. c. d.

au *Spirifer primævus* Stein. (1), figuré à nouveau par M. Kayser (2), et dont nous connaissons les types ardennais de la collection Gosselet, se distingue par ses plis moins nombreux (6-8), plus forts et plus saillants, par sa forme générale plus large, moins longue.

L'espèce d'Erbray présente encore des relations avec le *Spirifer paradoxoïdes*, Quenst. (3), de la grauwacke de Siegen, probablement identique à *Spirifer primævus*. En Amérique, le *Spirifer acuminatus* Conrad (4), du Upper Helderberg et du Hamilton, est l'espèce la plus voisine.

En Angleterre et en Allemagne, comme en France, on a rapporté à tort, à *Spirifer cultrijugatus* des coquilles que nous ne pouvons distinguer de l'espèce d'Erbray. Tel est le *Spirifer cultrijugatus?* de F. A. Rœmer (5), et probablement aussi le *Spirifer cultrijugatus?* de Davidson (6).

Le *Spirifer Decheni* que nous ne connaissons que par les figures de M. Kayser, présente de telles analogies avec notre espèce, que nous ne croyons pas pouvoir l'en séparer; la forme acuminée des ailes présentée par la figure 1 d, doit être due à la déformation subie par cette coquille, car elle n'est pas visible sur nos autres échantillons au nombre de quatre. Les trois valves isolées que nous possédons, ont exactement la forme des types figurés par M. Kayser. Enfin, les stries longitudinales de deux de nos échantillons ne sont visibles que sur les parties les mieux conservées de leur test, et ne peuvent donc se retrouver sur les beaucoup moins bons fossiles du Harz. L'espèce d'Erbray que je rapporte ici au *Spirifer Decheni*, est identique au *Spirifer Beaujeani*, Béclard, des Ardennes.

---

(1) Steininger, Beschreib. d. Eifel, 1853, p. 72, pl. 6, fig. 1.

(2) Kayser, Alt. Fauna des Harzes, 1878, pl. 35, p. 165.

(3) Quenstedt; Petref. Deutsch, pl. 52, fig. 42 a, p. 482.

(4) Conrad, in James Hall, Paleont. of New-York, vol. IV, pl. 29.

(5) F.-A. Rœmer, Harz. Beitr. II, p. 99, pl. 15, fig. 7, 1852.

(6) Davidson, Brit. devon. Brach, p. 35, pl. 8, fig. 1-3.

Spirifer subsulcatus, nov. sp.

(Pl. 8. fig. 2.)

Conf. Spirifer sulcatus, His. in Barrande, Syst. Sil. Bohême, pl. 75, I, fig. 3.
— *Spirifer sp* .... Kayser, Alt. Fauna. d. Harzes, 1878, p. 164, pl. 21,
fig. 6 ; pl. 25, fig. 18-19.

Coquille elliptique, allongée transversalement, à contours arrondis ; valves presque également bombées , la grande valve la plus convexe. Crochet de la grande valve recourbé, très pointu au sommet ; ouverture triangulaire grande, aréa peu élevée, angle cardinal 125° ; arêtes cardinales s'unissant par une ligne courbe aux arêtes latérales. Sinus de la grande valve large, assez profond, arrondi ou légèrement déprimé au fond, et prolongé jusqu'à la pointe du crochet, quatre plis de chaque côté du crochet et un cinquième vague, peu net, visible cependant sur les bons échantillons ; ils sont séparés par des sillons arrondis peu profonds qui se continuent jusqu'à la charnière. La petite valve a un crochet assez saillant, bourrelet arrondi, occupant en largeur vers le bord, le même espace, que les deux premiers plis latéraux ; elle présente de chaque côté, trois plis latéraux nets, un quatrième moins net et un cinquième très douteux, que l'on soupçonne chez quelques échantillons. Des stries concentriques d'accroissement, régulièrement espacées et atteignant des intervalles de 1 mm. chez les grands individus, couvrent toute la coquille ; d'étroites rainures séparent ces stries et montrent de fines crénelures allongées dans le sens longitudinal. Les échantillons les mieux conservés montrent que ces crénelures du bord des stries d'accroissement, sont les traces de fines stries longitudinales qui s'étendaient, d'un bout à l'autre de la coquille.

Les plaques dentales de la grande valve correspondent au milieu de la deuxième côte de chaque côté ; elles s'étendent jusqu'au tiers de la longueur de la coquille. Le septum médian présente un peu plus de la moitié de la longueur de ces plaques, mais atteint la même longueur chez un autre individu. La petite valve porte un septum médian, prolongé jusqu'au milieu de sa longueur, et deux petites branches descendantes, correspondant au milieu de la première côte, et égales en longueur au tiers du septum médian. On voit sur les moules, la trace des ponctuations de la coquille, sous forme de points allongés. Ce caractère du test, joint à la disposition des plaques dentales et à l'ornementation, fournit un passage du genre *Spirifer* au genre *Spiriferina* d'Orb. (*Mentzelia* Quenstedt), dont certains types carbonifères (*Spirifer insculpta* Phill., *Sp. cristatus* Schlt.) ne se distinguent guère, en dehors de leurs caractères spécifiques, que par la plus grande longueur de leur septum médian.

Rapports et différences : Le *Spirifer subsulcatus* se distingue du *Spirifer imbricato-lamellosus*, Sandb (1), très voisin, par sa forme moins transverse, ses oreilles moins acuminées, striées, où les plis ne sont plus visibles, et par sa taille plus variable. Il se rapproche de cette espèce, ainsi que de *Spirifer aculeatus* Schnur (2), par ses gros plis au nombre de 4-6 de chaque côté, ornés de stries d'accroissement à bords crénelés longitudinalement. Le *Spirifer aculeatus*, bien figuré par M. Quenstedt (3), se distingue par la forme de ses ailes, ses plis moins nombreux, sa taille plus petite, son aréa plus haute et plus allongée transversalement. Le *Spirifer subsulcatus* a aussi des rapports avec *Spirifer Schulzei* Kayser (4), à grande aréa ; et plus encore avec un *Spirifer* du Dévonien moyen de Lummaton, figuré par Davidson (5), et assimilé par lui à *Spirifer insculpta*, Phill., du carbonifère. Aux États-Unis, se trouve une série d'espèces représentatives, telles que *Spirifer macropleurus*

(1) Sandberger, Verst. d. Rhein. Sch. in Nassau, 1850, p. 319, pl. 32, fig. 5.

(2) Schnur, Brach. d. Eifel, p. 203, pl. 34, fig. 2.

(3) Quenstedt, Petrefaktenk. Deutsch., pl. 52, fig. 59-61.

(4) Kayser, Zeits. d. deuts. geol. Ges., XXIII, p. 575, pl. XI, fig. 3.

(5) Davidson, Devon. brit. Brach. p. 48, pl. VI, fig. 16-17.

Hall (1), du Lower Helderberg, *Spirifer arrectus* Hall. (2) d'Oriskany, *Spirifer fimbriata* H. (3), du Upper Helderberg, qu'on ne peut cependant assimiler à notre espèce.

Les espèces précitées du Dévonien rhénan, avaient été confondues avec le *Spirifer crispus* Dalm. du Silurien de Suède, jusqu'à ce que F. Rœmer eut relevé leurs diffé-rences : le *Spirifer crispus* de Scandinavie est une petite espèce, à gros plis arrondis, peu nombreux, ornés de stries d'accroissement fines et assez distinctes. Mais l'espèce silu-rienne qui présente les plus grands rapports avec *Spirifer subsulcatus* est le *Spirifer sulcatus* His. (5), tel qu'il a été décrit par Barrande (6), et figuré depuis, par le même auteur, d'une façon beaucoup plus complète. La variété de F, notamment, à ailes arrondies, ne se distingue guère que par sa taille plus petite, son bourrelet plus large, et ses plis moins nombreux, au nombre de 2 à 3 de chaque côté ; les ornements du test présentent, par contre, une frappante identité dans les deux espèces. Les différences indiquées par Barrande (8), entre les variétés du *Spirifer sulcatus*, figu-rées par lui, des étages E,F, me semblent beaucoup plus éten-dues que celles qui existent entre son type (9) et le *Spirifer subsulcatus* d'Erbray, qu'il faudra probablement lui réunir. Je rattache dès à présent, à ce *Spirifer subsulcatus*, le *Spiri-fer* de l'Hercynien du Harz, figuré par M. Kayser (10), sans nom, et qui me paraît identique.

Cette espèce avait été trouvée par Cailliaud, qui l'avait

(1) James Hall, Paleont. of New-York, Brach. vol. 3, pl. 27, p. 202.

(2) James Hall, ibid , pl. 97.

(3) James Hall, ibid., vol. 4, pl. 33, p. 214.

(4) F, Rœmer, Rhein, Uebergangsgeb, 1844, p. 69.

(5) Hisinger, Lethaea Suecica, 1837, p. 73, pl. 21, fig. 6.

(6) Barrande, Naturw. Abh, Bd, I, 1847, Wien, p. 176.

(7) Barrande, Syst. sil. Bohême, vol. 5, 1879, pl. 75, I. IV.

(8) Barrande, Syst. sil. Bohême, Brach. pl. 75.

(9) Barrande, ibid, pl. 75, case 1, fig. 3.

(10) Kayser, Alt. Fauna d. Harzes, pl. 21, fig. 6; pl. 25, fig. 18-19.

étiquetée, dans sa collection, sous le nom de *Spirifer socialis*, Krantz, espèce plus voisine du *Spirifer Decheni* que de celle-ci.

Spirifer sp.

M. Lebesconte possède une grande valve incomplète d'un Spirifer nouveau, remarquable par les plis fins qui couvrent toute sa surface et conservent les mêmes caractères dans le sinus et sur les ailes. Ces plis, au nombre de sept dans le sinus, sont au nombre d'environ trente de chaque côté ; leur largeur, au bord, atteint 1 millimètre ; ils se prolongent jusqu'au crochet sans paraître se bifurquer. Crochet aigu, aréa vaste, arête cardinale anguleuse, Cette coquille est très voisine du *Spirifer devonicans* Barr) de Bohême, mais est en trop mauvais état, pour mériter d'être décrite ou figurée.

Spirifer paradoxus var. Hercyniæ, Gieb.

(Pl. 9. fig. 1.)

Spirifer paradoxus, Schlotheim, Leonhardt Taschenb, 1813, pl. 2, fig. 6. p. 28 et Petrefk, I. p. 249.
—   F. Rœmer, Rhein. Uebergangsgeb, 1844, pl. 1, fig. 34, p.71.
—   de Koninck, Foss. de Mondrepuits, Annal. soc. géol. Belgique, T. III, 1876, p. 22.
Spirifer Pellico,   de Verneuil, Bull. soc. géol. de France, 2e ser. T. 2, pl. XV, fig. 1-2, p. 472.
Spirifer Hercyniæ, Giebel, Sil. Fauna, d. Unterharz. p. 30, pl. 4. fig. 14, 1858.
—   Kayser, Alt. Fauna, d. Harzes, p. 168, pl. 23, fig. 7-13.

Coquille ailée, très transverse, valves inégalement profondes; la grande valve la moins renflée. Grande valve munie d'un petit crochet pointu ; aréa très longue, concave, à bords presque parallèles ; ouverture deltoïdale large, très surbaissée. Sinus assez profond, égalant en lar-

---

(1) Barrande. Syst, sil. Bohme, pl. 4.

·geur les quatre plis voisins, et remontant jusqu'à la pointe
du crochet ; il porte au fond un petit pli arrondi qui le suit
dans toute son étendue. On compte de chaque côté du sinus
16 à 20 plis rayonnants, généralement sub-arrondis, mais
anguleux sur les spécimens les mieux conservés, notamment près des crochets ; ils sont séparés par des intervalles
·égaux. Petite valve à crochet petit, bourrelet aigu, très
prononcé, prolongé en forme de toit jusqu'au front. On
compte 18 à 20 plis rayonnants de chaque côté, semblables
à ceux de la grande valve. Toute la surface des valves est
couverte de stries transverses, concentriques, très fines,
très serrées et ondulées en passant sur les plis et dans les
sillons ; vues à la loupe sur les parties les mieux conservées des meilleurs échantillons, elles sont croisées par de
très nombreuses stries longitudinales qui leur donnent
ainsi une apparence granulée. Ces stries longitudinales
existent sur la coquille entière, depuis le sinus jusqu'aux
extrémités des ailes, où s'effacent graduellement les plis
rayonnants.

Dimensions des plus grands individus : Longueur 32 mm.
largeur 95 mm.

Rapports et différences : Ces *Spirifers* présentent les
plus grandes analogies avec le *Spirifer paradoxus* du Coblenzien des Ardennes, dont le *Spirifer Pellico* n'est qu'un
état, mieux conservé, revêtu de son test. Ils ne s'en distinguent que par leurs plis plus nombreux (16 à 20 au lieu de
12 à 18), et surtout moins obliques ; ainsi le 6e pli de chaque
côté du bourrelet, correspond chez mes *Spirifer paradoxus*,
au milieu du bord frontal de l'aile, tandis que dans cette
var. Hercyniæ, il se trouve aux 2/5 de cette longueur, à
partir du bourrelet. Cette obliquité moindre des plis,
dépend de ce que la largeur du sinus et du bourrelet, dans
cette variété, sont moindres que chez le *Spirifer paradoxus*
type. De plus, les stries concentriques qui ornent la surface
du test sont chagrinées, granuleuses, chez *Spirifer Pellico*,

tandis qu'elles sont ici traversées par des stries longitudinales.

Le *Spirifer Hercyniæ* (Giebel in Kayser), se distingue de notre espèce, par l'absence du petit pli au milieu du sinus, et par l'absence d'ornements superficiels ; il s'en rapproche au contraire par l'étroitesse relative du sinus, et le peu d'obliquité des plis latéraux : à mon sens, ce *Spirifer* d'Erbray, est au *Spirifer Hercyniæ* du Harz, ce que le *Spirifer Pellico* est au *Spirifer paradoxus* du Rhin ; c'est-à-dire qu'il en représente un état de conservation meilleur. Les différences indiquées entre cette espèce et le *Spirifer paradoxus* sont toutefois si faibles, que je penche à n'y voir que de simples variétés : je ne vois pas la différence signalée par M. Kayser (1), dans la forme du contour frontal des ailes. Le *Spirifer pollens* Barr (2), et le *Spirifer perextensus,* Meek et Worthen (3), ne présentent avec cette espèce, que des rapports beaucoup plus éloignés, qu'il n'y a pas lieu de discuter en détail.

Spirifer cf. Nerei, Barr., var. du Harz.

(Pl. 9. fig. 2.)

Spirifer Nerei, Barrande, variété in Kayser, Alt. Fauna, d. Harzes, p. 170, pl. 23, fig. 1.

— Barrande, variété, de Kayser, syst. Sil Bohême, 1879, p. 187, pl. 124, VII.

Un échantillon unique, à l'état de moule interne, de la collection Davy, rappelle par sa forme générale, par son sinus et son bourrelet lisses, par les plis de ses ailes, le *Spirifer Nerei* du Silurien, comme aussi le *Spirifer hystericus* du Dévonien. Il rappelle principalement la variété de *Spirifer Nerei* du Harz, figurée par M. Kayser, et caractérisée par sa forme transverse, ailée, à extrémités acuminées. Deux valves également convexes ; crochets assez forts,

---

(1) Kayser, l. c. p. 169.

(2) Barrande, Syst. sil. Bohême, Brach. pl. 1, fig. 16.

(3) Meek and Worthen, Geol. Survey of Illinois, vol. 8, p. 414, pl. 10, fig. 1.

aréa de la grande valve, étendue. De chaque côté du sinus et du bourrelet 12 plis, forts, arrondis, séparés par des sillons plus étroits qu'eux. Sinus large, lisse, concave, un peu aplati au fond, et moins profond que sur la figure de M. Kayser; bourrelet lisse, convexe, ni déprimé, ni caréné. La grande valve présente des plaques dentales fortes, qui partant du crochet à la hauteur du 3° pli, atteignent plus du 1/3 de la longueur de la coquille, en se dirigeant vers le sinus.

Cette forme d'Erbray diffère spécifiquement de nos types de *Spirifer Nerei* de Konieprus, par la commissure frontale des ailes, droite, non relevée vers le bourrelet, par sa forme fortement transverse, par l'aréa moins concave, et peut être par le test qui nous est inconnu. Cette espèce diffère encore très peu du *Spirifer hystericus*, notamment de sa variété *Spirifer venus*, d'Orb., telle qu'elle a été figurée par M. Bayle (1), à bourrelet plus saillant au front, et à aréa moins grande. Elle est de même extrêmement voisine, d'une autre variété du *Spirifer hystericus*, du Taunusien des Ardennes, à plis moins nombreux que le type, désignée par M. Gosselet sous le nom de *Spirifer aff. à hystericus*, et qui

---

(1) Y a-t-il lieu de conserver les espèces nominales du Prodrome, décrites sommairement par d'Orbigny ? MM. Bayle et Œhlert qui eurent l'avantage de travailler à portée de la collection d'Orbigny, sont de cet avis ; ils ont figuré l'un et l'autre, l'espèce du Dévonien de Bretagne, qu'ils considèrent comme le type du *Spirifer venus* d'Orbigny. J'ai rapporté précédemment au *Spirifer hystericus*, le *Spirifer venus* Bayle, de Néhou (Asturies p. 251-255); mais depuis M. Œhlert a déclaré (B. S. G. F., XII, p. 432, pl. 18, fig. 3), que l'espèce de M. Bayle, ne correspond pas au vrai type de d'Orbigny, et il figure à son tour, des coquilles de St-Jean-sur-Mayenne, qu'il assimile au type de d'Orbigny, de Néhou. L'espèce figurée par M. Œhlert, sous le nom de *Spirifer venus* est certes distincte du *Spirifer hystericus*, c'est celle que j'avais indiqué dans mes travaux antérieurs sur la Bretagne, sous le nom de *Spirifer elegans* (Steininger 1853).

Nous voudrions voir refuser toute prétention de priorité, et par suite tout droit d'existence, aux noms spécifiques ou génériques, dont les types n'appartiennent pas au domaine public ; or les seuls types fossiles qui appartiennent à la critique, et soient à la disposition de tous, sont les formes à *la fois figurées et décrites*. La systématique a plus besoin *actuellement, pour progresser,* d'alléger sa synonymie, que de remonter aux anciens textes : elle doit absolument entraver la production des espèces nominales ou incomplètement décrites, conservées (?) en tiroirs, soit en Europe, ou en Amérique, ou aux Indes.

pourrait bien être celle que M. Béclard (1) a décrite sous
le nom de *Spirifer Gosseleti*. Cette espèce a aux Etats-Unis,
une forme représentative dans le *Spirifer Manni* Hall (2)
du Corniferous limestone. De meilleurs échantillons sont
nécessaires pour fixer la détermination de cette coquille
d'Erbray.

Spirifer Trigeri, de Vern.

(Pl. 9. fig. 3.)

Spirifer Trigeri,   de Verneuil, Paléont.Asie mineure, 1866, p. 26, pl. 21, fig. 1.
Cf. Spirifer Bischofi, Giebel, Sil. Fauna d. Unterharzes, p. 29, pl. 4, fig. 3, 1858.
      —   Kayser, Alt. Fauna d. Harzes, p. 172, pl. 24, fig. 4-9, 1878.

Coquille elliptique, tranverse, représentée par des
valves isolées. Petite valve assez convexe, à crochet saillant;
Bourrelet étroit peu saillant, nul près du crochet; 3 sillons,
dont le médian le plus fort, divisent ce bourrelet, en 4 plis
peu saillants, égaux, au bord frontal. De chaque côté du
bourrelet, 17 plis anguleux, obtus, dans les parties pour-
vues du test, arrondis, dans les points où le test fait défaut.

Rapports et différences : Cette coquille caractérisée par
les plis de son bourrelet, rappelle le *Spirifer Trigeri* de
Vern. (3) du Dévonien inférieur de l'ouest de la France; elle se
distingue de l'échantillon figuré par de Verneuil (4), parce
que celui-ci présente 8 plis sur son bourrelet au lieu de
4; de même mes échantillons (5) du Dévonien inférieur
d'Espagne, presentaient 7-9 plis sur le bourrelet; de Verneuil indique toutefois 4-5 plis dans le bourrelet des
échantillons d'Asie Mineure. Le *Spirifer Trigeri* parait
ainsi présenter deux variétés, différentes par le nombre

---

(1) Beclard : Bull. soc. belge de géol. T. 1, 1887, p. 81, pl. 4, fig. 1-6.

(2) James Hall, Paleont. of New-York, vol. IV, pl. 31, fig. 20-30, p. 211

(3) de Verneuil, Bull. soc. géol. de France, 2ᵉ sér. vol. VII, p. 781, 1852

(4) de Verneuil, Pal. Asie mineure, 1866, pl. 21, fig. 1.

(5) Ch. Barrois, Asturies, pl. 10, fig. 6, p. 258.

des plis du bourrelet. Elles se trouvent réunies à Gahard,
dans le Coblenzien : la variété d'Erbray est identique à
l'une de celles de Gahard. Le *Spirifer Bischofi* du Harz,
bien que très voisin, a des plis moins nombreux, arrondis,
plus irréguliers, mais les types figurés de cette espèce,
sont de même que notre échantillon, trop incomplets, pour
que l'on puisse reconnaître leur identité. Le *Spirifer aperturatus* Schlotheim (1), synonyme de *Sp. canaliferus*,
Val., se distingue de même par les plis du bourrelet.
Le *Spirifer Jouberti*, Œhl. et Dav. (2) se distingue par
ses plis dichotomes sur les ailes. Le *Spirifer Daleidensis*
Stein. (3), synonyme du *Spirifer dichotomus* Wirtgen, et
voisin du *Spirifer aperturatus* de la grauwacke du Devonshire (4), a des plis plus gros, dichotomes. Le *Spirifer
Grieri* Hall. (5), du Upper Helderberg, est plus transverse, à plis plus gros sur les ailes, plus irréguliers sur le
bourrelet.

Spirifer Jaschei, A. Rœmer.

(Pl. 9. fig. 4.)

Spirifer Jaschei, F. A. Rœmer, Harz. Beitr. I, p. 58, pl. 9, fig. 11, 1850.
       —   Kayser, Alt. Fauna d. Harzes, p.176, pl.23, fig. 15; pl. 24, fig. 1-2.
       —   ? Tschernyschew, Die Fauna des Urals, M. com. géol. St-Pé-
           tersbourg, 1885, p. 88, pl. 5, fig. 55.

Coquille petite, dont la plus grande largeur située sous
la ligne cardinale, atteint 12 mm., longueur égale les 3/4 de
la largeur. Ailes arrondies. Valves renflées, notamment
la grande, où est creusé un profond sinus, arrondi, s'étendant du crochet au bord : sa largeur égale au front le 1/3

---

(1) Schlotheim, Nacht. Petrefk. pl. 17, fig. 1. 1822.
(2) Œhlert et Davoust, Bull. soc. géol. de France, 3ᵉ sér. T. VII, pl. 14, fig. 5,
p. 709.
(3) Steininger, geogn. Beschreib. d. Eifel, p. 71.
(4) Davidson, Brit. devon. Brach. p. 26, pl. 6, fig. 9.
(5) James Hall Paleont. of New-York, vol. 4, pl. 28, fig. 17-23. p. 194.

18

de la largeur de la valve ; de chaque côté du sinus, 2 plis arrondis, bien marqués, et un troisième obscur. L'aréa triangulaire n'est pas limitée à sa partie supérieure par une arête tranchante et passe insensiblement à la partie ventrale; sa hauteur égale 1/5 du diamètre transverse de la coquille. Petite valve présentant un bourrelet, arrondi, nettement limité par deux forts sillons ; de chaque côté de ce bourrelet, deux gros plis arrondis, séparés par des sillons larges concaves. La surface du test est ornée notamment près du bord, de stries concentriques, ainsi que de stries longitudinales moins visibles.

Rapports et différences : L'unique échantillon de cette espèce, que j'aie pu étudier, ne se distingue par aucun caractère important du *Spirifer Jaschei*, jeune, figuré par M. Kayser: l'aréa seule n'est pas aussi verticale que dans le type. Le *Spirifer tiro* Barr. (1), est extrêmement voisin, sinon identique à l'espèce d'Erbray, qui est un peu plus convexe et a son sinus plus recourbé au front. On ne peut guère non plus en distinguer le *Spirifer raricosta*, Conrad (2), du Upper Helderberg.

Spirifer subcabedanus, nov. sp.

(Pl. 9. fig. 5.)

Coquille transverse, à longueur égale au 2/3 de la largeur, et dont la largeur maxima (11 mm.), est en dessous de la ligne cardinale. Grande valve convexe, présentant un sinus profond, commençant au crochet, détérioré sur notre unique échantillon, mais probablement partagé par un pli médian; de chaque côté du sinus, 6 plis anguleux, non tranchants, traversés par de forts plis d'accroissement. Crochet recourbé ; aréa concave, égalant transversalement les 2/3 de

---

(1) Barrande, Haid. Abh. 1847, p. 175, pl. 16, fig. 8 ; — et Syst. sil. Bohème, 1879, pl. 4, fig. 10-12.

(2) Conrad, in Hall, Pal. of New-York. p. 192, pl. 30.

la coquille, non limitée à sa partie supérieure par une arête tranchante. Ailes arrondies aux extrémités. Petite valve peu renflée, à crochet peu saillant; bourrelet divisé en deux parties par un sillon longitudinal, un peu moins profond que ceux qui séparent les plis latéraux, et qui commence au crochet; de chaque côté du bourrelet 5 plis anguleux, séparés par des sillons de même forme et de même largeur que les plis. Commissure frontale presque droite, à petits zigzags, égaux devant le sinus et sur les côtés. De fortes stries d'accroissement rendent les plis un peu variqueux près du bord frontal.

Deux autres échantillons de la collection Davy, une grande et une petite valve séparées, doivent peut-être, se rapporter à titre de variété à cette espèce. Nous donnons ici la figure de la grande valve (fig. 5^d). Ces échantillons se rapprochent du type précédent par leur forme transverse, leur aréa, leurs plis anguleux à fortes stries d'accroissement, leur pli et leur sillon, dans le sinus et le bourrelet; ils s'en distinguent par le nombre plus grands des plis 8-9, au lieu de 5-6, plis plus fins par conséquent, bien que la taille des individus sont au contraire plus forte (diamètre transverse 18 mm.).

Rapports et différences : Cette espèce, notamment la seconde variété, se rapproche surtout du *Spirifer Cabedanus* Vern. (1) du Dévonien inférieur des Asturies. Ce *Spirifer* s'en distingue toutefois, par le nombre plus grand de ses plis, 12 de chaque côté, par l'égalité du sillon et du pli du sinus-bourrelet avec les autres sillons et plis, enfin par l'aréa plus transverse, les ailes anguleuses. *Spirifer subcabedanus* a des rapports plus éloignés avec *Spirifer chama* Eichw. (2) du Silurien de Russie, et *Spirifer contractus* Barr. (3) de Bohême, G.

---

(1) de Verneuil, Bull. soc. géol. de France, T. 2, pl. XV, fig. 3, p. 473.

(2) Eichwald, in de Verneuil, Pal. de Russie d'Europe, p. 139, pl. V, fig. 1.

(3) Barrande, Syst. sil. Bohême, T. V, pl. 74, case VI.

Spirifer robustus, Barr.

(Pl. 9. fig. 6.)

Spirifer robustus, Barrande, Haid. Abhandl, Bd. 1, 1847, p. 162, pl. 15, fig. 1.
     —   Barrande, Syst. Sil. Bohême, Brach. pl. 5, fig. 1 ; pl. 124, fig. 4.

Coquille épaisse, transverse, à plus grande largeur (32 mm.), en dessous de la ligne cardinale; longueur égale aux 5/6, et épaisseur aux 4/6, de la largeur. Grande valve très convexe, à sinus profond, débutant au crochet, et atteignant au front le 1/3 de la largeur totale. Ailes arrondies aux extrémités; commissure droite, formant un fort sinus frontal. Crochet très renflé, recourbé sur l'aréa, vaste, triangulaire, se raccordant par des surfaces courbes à la partie dorsale de la valve. Petite valve très convexe, moins toutefois que la précédente, et montrant un bourrelet à partir du crochet; le bourrelet est étroit, et n'atteint sa largeur que très près du front, où cette valve est échancrée profondément par le sinus de l'autre valve. Surface ornée de stries concentriques d'accroissement onduleuses, très marquées au bord, et visibles même sur le moule.

L'intérieur de la grande valve présente 2 très petites plaques dentales, entre lesquelles le septum médian prend un grand développement; il se prolonge jusqu'aux 3/4 de la longueur de la coquille. Il est formé de deux lamelles longitudinales accolées, que l'on peut assez facilement séparer, et qui montrent alors à leur surface, une série de stries parallèles, concentriques au bord postérieur de ce septum, à concavité tournée vers le bord frontal.

Rapports et différences : L'assimilation avec le *Spirifer robustus* de F, probable d'après la ressemblance extérieure des formes, me paraît établie par l'identité des caractères internes, tels qu'ils sont indiqués sur les planches 5 et 124, de Barrande. Une comparaison directe que j'ai pu faire de l'espèce d'Erbray, avec une préparation d'un *Spirifer robustus* de Bohême, montrant son appareil interne si particulier, est venue d'ailleurs me fixer sur leur identité.

Spirifer Davousti, Vern.

(Pl. 9. fig. 7.)

Spirifer Davousti..............	de Verneuil. Bull. Soc. géol. de France. 2ᵉ ser. vol. VII, p. 781, 1850.
—	de Verneuil, Paléont. Asie-Mineure, 1866, p. 19, pl. 21, fig. 2.
—	Bayle, Explic. de la carte géol. de France, 1878, pl. 15, fig. 1.
—	Œhlert, Annal. Sci, géol. 1887, p. 36, pl. 3, fig. 42-48.
Spirifer subsinuatus..............	F. A. Rœmer, Harz. Beitr. III, p. 3, pl. 2, fig. 5, 1855.
—	Giebel, Sil. Fauna Unterharzes, p. 31, pl. 4, fig. 11, 1858.
Spirifer togatus, *var. subsinuatus*,	Kayser, Harz. 1878, p. 162, pl. 21, fig. 1-2-7.
Spirifer subsinuatus..............	Barrande, Syst. Sil. Bohême, p. 185.

Une petite valve isolée, ne nous montre aucun caractère appréciable qui permette de la distinguer du *Spirifer Davousti* du Dévonien de Bretagne, qui nous est connu par un type de Sablé, que nous devons à l'obligeance de notre ami M. Œhlert. C'est une grande coquille, transverse, convexe, à bourrelet arrondi, peu saillant, continu du crochet jusqu'au front, et mieux délimité près du bord frontal, où sa largeur égale le tiers de celle de la coquille.

Une grande valve également isolée, se rapporte à cette espèce par son crochet recourbé, aréa très concave à grande ouverture triangulaire, deux fois plus large que haute. Le sinus peu profond commence à la pointe du crochet; il est un peu moins large au bord que sur les figures de de Verneuil et M. Bayle. La plus grande largeur de cette valve est en dessous de la ligne cardinale; les plaques dentales sont fortes, très divergentes, et égales en longueur au tiers de la longueur de la coquille, comme sur notre type de Sablé.

Surface couverte de stries fines, serrées, au nombre de 3 par millimètre, près du bord; il y a en outre de nombreuses stries fines concentriques, inégalement profondes.

Rapports et différences : Nos deux valves isolées ne suffisent pas à faire connaître complètement cette espèce, et de meilleurs échantillons sont désirables, quoi que son identité avec l'espèce dévonienne, nous paraisse bien probable. MM. de Tromelin et Lebesconte avaient cité à Erbray, *Spirifer togatus* Barr., auquel on peut en effet aussi comparer cette espèce, ainsi qu'au *Spirifer plicatellus* Linné ; Barrande et M. Kayser ont déjà fait ressortir les différences qui séparent le *Spirifer togatus* Barr., du *Spirifer plicatellus* Linn.(1), assez voisin ; l'espèce d'Erbray se distingue du *Spirifer togatus* et du *Spirifer secans* Barr.,(2), de Bohême, par sa forme générale moins allongée transversalement, et par son bord frontal moins entaillé par le sinus, qui se relève moins brusquement et moins haut. La faible convexité relative du bourrelet est le caractère qui rapproche cette variété de *Spirifer Davousti* de Bretagne, du *Spirifer subsinuatus*, A. Rœm., du Harz, et l'éloigne des types de *Spirifer togatus* Barr. de Bohême.

Spirifer Jouberti, Œhl. et Dav.

(Pl. 9. fig. 8.)

Spirifer Jouberti, Œlhert et Davoust, Bull. soc. géol. de France, T. VII, 1879, p. 709, pl. XIV, fig. 5.

Une grande valve unique et incomplète, présente les caractères de l'espèce dévonienne de MM. Œhlert et Davoust. Elle est faiblement bombée, et ornée sur toute sa surface de plis anguleux, pincés et inégaux, une ou deux fois dichotomes, et atteignant tous au bord frontal, une grosseur uniforme. Les plis du sinus aussi bien que ceux des ailes sont ainsi dichotomes ; le sinus est peu profond, peu distinct sur les côtés, les plis au nombre de 3 près du crochet, sont au nombre de 8 au front. On compte 14 plis sur chaque aile, dans sa portion frontale. Crochet assez petit légèrement recourbé ; aréa triangulaire, limitée à sa

---

(1) Linné, in Davidson, Monog. Sil. Brach. pl. 9.

(2) Barrande, Syst. sil. Bohême. pl. 6-123.

partie supérieure par une crète tranchante. Plaques dentales, petites, divergentes.

Rapports et différences : De meilleurs échantillons seraient nécessaires, pour discuter les relations de cette espèce·avec les formes voisines : il y a lieu d'espérer qu'une connaissance plus complète des *Spirifers* à plis dichotomes, du Dévonien inférieur, permettra de réunir cette forme de l'Ouest, aux *Spirifer Daleidensis* Stein. (1), de la grauwacke du Rhin, et *Spirifer dichotomus* Wirtgen (2), figurés sous divers noms, par Schnur (3), M. Kayser (4), M. Béclard (5). M. Kayser (6) a fait remarquer l'irrégularité de dichotomie des plis de cette espèce, qui nous paraît en constituer le caractère spécifique principal.

Spirifer Œhlerti, nob.

Spirifer undiferus, Œhlert, non Rœmer, Bull. soc. géol. de France, T. V. 1877. p. 595.

M. Lebesconte a trouvé dans le calcaire blanc d'Erbray, deux grandes valves d'un *Spirifer*, identiques à des formes de St. Germain-du-Fouilloux (*Etage de Néhou*), que je possède, et qui ont été désignées par M. Œhlert, sous le nom de *Spirifer undiferus*. Nos échantillons sont identiques aux coquilles beaucoup mieux conservées de la Mayenne ; cette espèce bretonne est par contre bien distincte des types figurés sous ce nom par M. F. Rœmer (7), et par Schnur (8), et mérite réellement un nom nouveau. Je n'ai pu figurer cette espèce, dont je n'ai eu connaissance qu'après le tirage de mes planches.

---

(1) Steininger, Geogn. Beschreib. d. Eifel, 1853, p. 71.
(2) Wirtgen, Verhandl. naturhist. Vereins Rheinl. u. Westf, T. XI, 1854, p. 478.
3) Schnur, Brach. d. Eifel, pl. 14, fig. 5e.
(4) Kayser, Alt. Fauna d. Harzes, pl. 35, fig. 4-7.
(5) Béclard, Bull. soc. belge de géol. T. 1, 1887, p. 77, pl. 3, fig. 8-12.
(6) Kayser. Alt. Fauna d. Harzes, p. 174.
(7) C. F. Rœmer : Rhein. Uebergangsgeb. p. 73, pl. IV, fig. 6.
(8) Schnur : Brach. d. Eifel, pl. 13, f. 8-d-f, p, 36.

Spirifer transiens, Barr.

(Pl. 9. fig. 9.)

Spirifer transiens, Barrande, Syst. Sil. Bohême, pl. 3, fig. 8-10.

La petite valve figurée ici, appartient au Musée de Nantes, c'est l'échantillon rapporté par Cailliaud à *Spirifer naïadum* Barr., de Bohême. Coquille transverse, angles cardinaux arrondis ; valve faiblement bombée, présentant un bourrelet peu élevé, accompagné de 7 plis de chaque côté, arrondis, à relief très faible. Ces plis comme le bourrelet, n'existent que dans la moitié marginale de la coquille ; la moitié umbonale est lisse, présentant des stries concentriques, et des stries radiaires fines au nombre d'environ 6, dans l'espace correspondant à chacun des plis marginaux. Le bourrelet est large au bord, égal en étendue aux 3 plis voisins.

Rapports et différences : Cette espèce ne m'est connue que par l'unique valve dorsale exposée au Musée de Nantes, et provenant de la collection Cailliaud (1) ; elle a été rapportée avec doute, par lui, au *Spirifer naïadum* Barr. (1), mais elle s'en distingue nettement par sa forme moins transverse, son bourrelet moins saillant, lisse, non plissé, et par les plis des ailes plus larges, moins nombreux. Elle a des rapports avec *Spirifer undiferus* Rœmer (3), mais son bourrelet est plus aplati que dans le *Spirifer undiferus* de Néhou, et plus étroit que dans le *Spirifer undiferus* de Ferques et de Chimay ; de meilleurs échantillons permettront sans doute, d'identifier cette espèce, aux fragments du Hercynien du Harz, figurés par M. Kayser (4), qui nous paraissent distincts du *Spirifer sericeus* A. Rœmer (5). Ses

---

(1) Cailliaud, Bull. soc. géol. de France, T. XVIII, 1861, p. 332.

(2) Barrande, Syst. sil. Bohême, pl. 5, 75, 138.

(3) F. Rœmer, Rhein. Ueberg. p. 73, pl. 4, fig. 6a.

(4) Kayser, Alt. Fauna d. Harzes, pl. 21, fig. 6, pl. 24, fig. 18-19.

(5) A. Rœmer, Harz. Beitr. III, p. 4, pl. 2, fig. 6.

relations avec le *Spirifer indifferens var. transiens*, Barr.
sont très intimes ; et si l'on rapporte à l'état de conservation de la coquille, la moindre importance de ses stries
tranverses, il me paraît impossible de la séparer de cette
espèce, en l'absence de la grande valve, qui nous est
inconnue.

Spirifer sericeus, A. Rœmer.

(Pl. 9. fig. 10.)

Spirifer sericeus, F. A. Rœmer, Harz. Beitr. III, p. 4, pl. 2, fig. 6, 1875.
      —   Giebel, Sil. Fauna, d. Unterharzes, p.31, pl. 4, fig. 15-17, 1858
      —   Kayser, Alt. Fauna d. Harzes, p. 163, pl. 21, fig. 4-9, 1878.

Coquille épaisse, transverse, à plus grande largeur un
peu en dessous de la ligne cardinale : Largeur 30 mm.,
longueur égale aux 5/6 de la largeur, épaisseur atteignant
moins des 4/6 de la largeur. Angle apical 115°. Grande valve,
la plus convexe, à sinus peu profond, visible seulement sur
la moitié marginale de la coquille ; il atteint au bord 1/3 de
la largeur totale. Ailes arrondies aux extrémités. Commissures peu ondulées, formant un faible sinus frontal. Crochet
court, assez fort ; aréa basse, peu étendue, se raccordant
par une arête très obtuse aux côtés de la coquille. Petite
valve convexe, à bourrelet peu marqué, invisible dans la
moitié umbonale. Ligne cardinale droite, arrondie sur les
côtés. Surface ornée de fins plis concentriques, serrés, très
visibles jusque près du crochet, dans les parties bien conservées ; ils se montrent, dans ce cas, traversés par des
stries radiaires, fines, obsolètes, dont le croisement avec
les plis concentriques détermine des papilles.

Rapports et différences : Cette espèce très rare à Erbray
se rapproche bien plus de l'espèce du Harz, que de toutes
les espèces lisses et striées de Bohême, que je connaisse.
Elle a des relations éloignées avec le *Spirifer curvatus* du
Dévonien.

19

Genus **CENTRONELLA**, Billings.

Les coquilles de la famille des *Terebratulidés*, lisses ou plissées, à test poncturé, ont un crochet perforé, un deltidium et un appareil brachial formant un ruban recourbé : la disposition de ce ruban, sur laquelle repose actuellement la diagnose des genres de cette famille, m'étant inconnue dans les coquilles d'Erbray, rapportées ici au genre *Centronella*, leur détermination générique n'a aucune précision. On pourrait les rapporter aussi bien aux *Waldheimia* (*Mac Andrewia*) de Davidson. Je me suis décidé en faveur de ce genre *Centronella*, d'abord parce que les recherches de M. Œhlert (1) ont établi son existence et son beau développement spécifique dans ce bassin dévonien de l'Ouest de la France, ensuite, parce qu'on en retrouve certains caractères parmi ces brachiopodes d'Erbray. Ce sont des coquilles térébratuliformes, lisses, à crochet saillant, foramen ovalaire, séparé de la ligne cardinale par un deltidium de deux pièces ; test poncturé, qui les sépare des *Meristella* ; pas de cônes spiraux, ce qui les distingue des *Retzia*. Je n'ai pu trouver de traces des lamelles spirales, conservées pourtant chez les *Spirifers*, *Athyris*, *Meristella* d'Erbray, sur les six préparations de *Centronella*, faites dans ce but : l'appareil brachial plus réduit du genre *Centronella* doit disparaître plus facilement. Les moules internes présentent deux fortes plaques dentales sur la grande valve et une·petite incision médiane sur la petite valve, correspondant peut-être au petit septum indiqué sur la fig. 9, pl. 1, deM. Œhlert.

Centronella? Œhlerti, nov. sp.

(Pl. 10. fig. 1.)

Coquille ovale, piriforme, à valves convexes, la grande

---

(1) Œhlert : Sur Centronella Guerangeri, Bull. Soc. d'Études scientifiques d'Angers, 1883, 2 pl..— Id.: sur deux Centronelles du dévonien de France, ibid., 1885, 1 pl.

valve la plus profonde. Épaisseur maxima et plus grande largeur, au milieu de la coquille. Angle apical 75°. Arêtes cardinales droites, n'atteignant pas la plus grande largeur de la coquille, se confondant par une courbe insensible avec les commissures latérales ; commissure palléale horizontale. Surface lisse, présentant au bord des stries d'accroissement, ainsi que des stries rayonnantes faibles, notamment sur les échantillons un peu altérés. Test ponctué.

Grande valve, à crochet effilé, avec foramen petit et deltidium. Surface uniformément convexe, et s'abaissant régulièrement sur les côtés jusqu'à la commissure. Un échantillon présente une surface palléale verticale, aplatie, à angle droit avec le reste des valves, et au milieu de laquelle s'ouvre la commissure ; je ne crois pas que cet échantillon unique, de taille un peu plus grande que les autres, doive servir de type à une espèce nouvelle : il est figuré (pl. 10, fig. 1 e. f). Le moule montre 2 fortes plaques dentales divergentes.

Petite valve, un peu moins convexe, sans bourrelet, montrant un septum médian superficiel, atteignant la moitié de la longueur.

Dimensions : Longueur 13 mm. ; largeur 10 mm. ; épaisseur 6 mm. Le grand échantillon à caractères un peu aberrants, atteint 16 mm. de longueur.

Rapports et différences : Cette espèce rappelle bien, par sa forme générale, les échantillons jeunes de *Merista calypso* Barr (1), elle appartient toutefois à un genre différent, par sa structure interne et son test ponctué. Elle présente des relations de même nature avec *Meristella læviuscula* Sow. (2). Elle se distingue de *Terebratula nucella*, A. Rœm. (3), par son angle apical plus aigu, et sa commissure

---

(1) Barrande, Syst. sil. Bohême, pl. 12, case III.

(2) Sowerby, in Davidson, Monog. Sil. Brach., pl. X, fig. 28-31.

(3) F.-A. Rœmer, Harz. Beitr. III, p. 117, pl. 16, fig. 4.

frontale horizontale ; de *Terebratula Schulzii*, Vern. (1) d'Espagne, par sa forme moins allongée. La grande variété ne peut être distinguée de la *Cryptonella rectirostra* Hall. (2) du Hamilton group ; la connaissance de leurs caractères internes pourra seule permettre de les réunir.

Centronella ? Juno, nov. sp.

(Pl. 10. fig. 2.)

Coquille pentagone, plus longue que large, à valves également convexes, atteignant leur plus grande épaisseur et leur plus grande largeur au milieu, qui est aplati. Angle apical 85°. Arêtes cardinales droites, légèrement convexes, se confondant par une courbe insensible avec les commissures latérales, vers la plus grande largeur de la coquille ; commissure frontale horizontale, échancrée au milieu, et donnant ainsi à la coquille l'aspect caractéristique des *Zeilleria* du Lias. Surface lisse, ornée de stries d'accroissement concentriques, fines, très marquées près des bords ; test poncturé.

Grande valve à crochet recourbé, pointu, caréné sur les côtés, à petit foramen, et deltidium triangulaire. Surface convexe dans la région umbonale, prolongée en deux cornes dans la région frontale par l'existence d'un sinus médian, large, plus ou moins profond, et commençant au tiers antérieur de la coquille, ou plus près encore du front.

Petite valve complètement semblable à l'autre, avec un sinus et des cornes identiques et opposées à celles de la grande valve. Le moule interne montre à la grande valve, les traces de deux fortes plaques dentales divergentes, et sur la petite valve trois nervures superficielles rayonnantes, la médiane un peu plus profonde, atteignant le milieu de la longueur, et entre lesquelles sont des impressions allongées, peu profondes, des adducteurs.

---

(1) De Verneuil, Bull. Soc. géol. de France, T. VII, p. 173, pl. 3, fig. 7.

(2) James Hall, Paleont. of New-York, vol. 4, p. 394, 61, fig. 1-8.

Dimensions : Longueur 18 mm. ; largeur 15 mm. ; épaisseur 9 mm.

Rapports et différences : Cette espèce présente de si frappantes analogies avec *Meristella Juno* Barr. (1), de E, par sa forme générale, son front, et jusqu'aux nervures, visibles sur les moules internes, que c'est à regret que je dois les distinguer. L'espèce d'Erbray se sépare du genre *Meristella* par son test poncturé et par l'absence de cônes spiraux, invisibles sur trois préparations que j'ai faites à cet effet. Elle présente des relations presque aussi intimes avec la *Meristella bella* Hall. (2), du Lower Heldelberg, qu'avec la *Meristella Juno* de Bohème ; on ne peut non plus la rapporter à *Merista imitatrix* Barr (3), ni à *Atrypa compressa* Barr. (4), formes voisines, mais à caractères internes différents.

Centronella ? imitatrix, nov. sp.
(Pl. 10. fig. 3.)

Espèce très voisine de la précédente, dont elle se distingue par sa forme transverse, plus large que longue et son épaisseur moindre. Angle apical 180°. Le moule interne présente aussi un caractère distinctif dans les plaques dentales de la grande valve, plus courtes et plus écartées que dans l'espèce précédente. Entre ces deux formes, je ne possède pas de passages.

Dimensions : Longueur 19 mm. ; largeur 23 mm. ; épaisseur 10 mm.

Genus **CRYPTONELLA**, Hall.

Cryptonella ? Cailliaudi, nov. sp.
(Pl. 10. fig. 4.)

Coquille sub-pentagone, plus large que longue ; valves

(1) Barrande, Syst. sil. Bohême, pl. 136, case V. VI; non pl. 16.
(2) James Hall. Paleont. of New-York, vol. 3, pl. 40, fig.
(3) Barrande, Syst. sil. Bohême, pl. 136, case IV.
(4) Barrande, Syst. sil. Bohême, pl. 85 fig. .

très inégalement convexes, la petite la plus profonde. Épaisseur maxima au quart de la longueur, vers le crochet; largeur maxima plus près du crochet que du front. Arêtes cardinales concaves, passant par une courbe insensible aux commissures latérales ; commissure frontale fortement relevée par le sinus de la grande valve. Angle apical très ouvert. Surface lisse, montrant des impressions longitudinales sur les moules ; structure du test fibreuse.

Grande valve à crochet fin, peu recourbé, excavé sur les bords ; foramen assez petit, ouverture deltoïdienne élevée. Surface renflée près du crochet, s'aplatissant graduellement vers les bords, et présentant au bord frontal un sinus, qui s'étend jusqu'au milieu de la longueur de la valve.

Petite valve à crochet saillant, très bombée, presque carénée dans sa partie umbonale, déprimée au pourtour. Pas de bourrelet. Bord frontal relevé par le sinus de la grande valve.

Dimensions : Longueur 3 à 5 mm. ; largeur 3 à 6 mm. ; épaisseur 2 à 3 mm.

Rapports et différences : Cette petite espèce, si répandue dans certains points du calcaire d'Erbray (le Musée de Nantes en possède 40 échantillons), est d'un classement difficile, ses caractères internes nous étant inconnus. Extérieurement, elle rappelle nombre des petites coquilles térébratuliformes de Bohême, rapportées par Barrande au genre *Atrypa* : *A. assula*, Barr (1). La var. *lævigata* Maurer (2), en est notamment très voisine, par sa forme transverse, sa grande valve déprimée ; elle s'en distingue par ses crochets moins gibbeux et par son ouverture deltoïdienne invisible. *Atrypa compressa* Barr (3), présente encore la même forme générale, mais a sa grande valve convexe. Je la rapporte provisoirement aux *Cryptonella* de M. Hall (4), en raison

---

(1) Barrande, Syst. sil. Bohême, pl. 93.
(2) Maurer, Fauna d. Kalk. von Waldgirmes, Darmstadt, 1885, p. 180, pl. 8 fig.6.
(3) Barrande, Syst. sil. Bohême, pl. 85.
(4) James Hall, Paleont. of New-York, vol. IV, pl. 61, fig. 9-27.

de la structure de son test, de la forme du crochet, avec son foramen et son ouverture deltoïdienne.

Genus **MEGALANTERIS**, Suess.

Coquilles térébratuliformes, lisses, sans plis, remarquables par leurs grandes dimensions, puisqu'elles atteignent jusqu'à 0,10 centimètres, de longueur. Ce genre est bien caractérisé par son test poncturé, et son appareil apophysaire long et réfléchi, décrit en détail par M. Suess (1), dont la figure se trouve reproduite par MM. F. Rœmer (2) et Œhlert (3). Ces grosses coquilles, si répandues dans le Dévonien inférieur de l'Ouest de la France, ont de singulières analogies de forme extérieure avec diverses espèces américaines de la même époque, mais appartenant au genre *Amphigenia*, *A. elongata* Vanuxem (4), *A. curta* Meek et Worthen (5).

Megalanteris Deshayesi, Cailliaud.
(Pl. 10. fig. 6.)

Terebratula Deshayesi, Cailliaud, Bull. soc. géol. de France, T. XVIII, 1861, p. 333, fig. A. B.
Meganteris sp .... Kayser, Alt. Fauna, d. Harzes, p. 141, pl. 28, fig. 1-3.

Coquille ovale, allongée, dont l'épaisseur atteint la moitié de la longueur. Bords tranchants, droits, commissures horizontales. Surface lisse, poncturée, à très fines stries d'accroissement concentriques. Angle apical 130°.

Grande valve un peu plus épaisse que l'autre, à crochet petit, peu recourbé, perforé d'un foramen arrondi, très petit, séparé de la charnière par un deltidium.

---

(1) E. Suess, Classif. d. Brach, 1856, pl. 2, fig. 18.

(2) F. Rœmer, Lethæa paleoz., pl. 23, fig. 6.

(3) Œhlert, Man. de Conch , fig. 1112, p. 1319.

(4) Vanuxem, in Hall, Pal. of. New-York, vol. 4, pl. 59.

(5) Meek and Worthen, Illinois Survey, vol. 3, p. 402, pl. 8, fig. 1.

Petite valve lisse. Il ne m'a pas été possible de préparer l'appareil interne des échantillons d'Erbray ; les moules internes présentent des septums et des impressions musculaires allongées, identiques à ceux qui ont été figurés par Cailliaud et M. Kayser.

Dimensions : Longueur 70 mm. ; largeur 56 mm. ; épaisseur 40 mm.

Megalanteris inornata, d'Orb.

(Pl. 10. fig. 5.)

Meganteris inornata........ d'Orbigny, 1847, Prodrome, p. 92, n° 860.
Meganteris Archiaci........ F. Rœmer, Lethæa paleozoica, Stuttgart, 1876, pl. 23, fig. 6.
Non Meganteris inornata... Bayle, Explic. carte géol. de France, 1878, pl. X, fig. 6-9.

Cette forme, moins commune à Erbray que la précédente, s'en distingue par sa forme beaucoup moins épaisse, mais plus transverse, aussi large ou plus large que longue. Angle apical très grand, presque égal à deux droits. Surface couverte de stries d'accroissement concentriques très fines, et de stries rayonnées moins fines, visibles sur les côtés de la coquille.

Rapports et différences : Cette espèce me paraît identique aux formes de l'Eifel désignées par M. Suess et M. Rœmer sous le nom de *Megalanteris Archiaci*, mais ses relations avec le type d'Espagne du *Megalanteris Archiaci* me paraissent plus douteuses. Ces formes, dont on doit d'ailleurs d'excellentes figures à de Verneuil (1) et à M. Bayle (2), se distinguent surtout par leur angle apical plus aigu. Je propose, en conséquence, de réserver le nom de *Megalanteris Archiaci* à la forme d'Espagne, de de Verneuil, et d'affecter à la forme large de Bretagne et du Rhin, le nom de *Megalanteris inornata* de d'Orbigny. Les échantillons de la Mayenne et de la Sarthe, si bien étudiés par

(1) De Verneuil, Bull. Soc. géol. de France, T. VII, p. 175, pl. 4, fig. 2.
(2) Bayle, Explic. carte géol. de France, vol. IV, 1878, pl. X, fig. 6-9.

M. Œhlert (1), se rapporteraient , à en juger par les figures données, à notre *M. Archiaci*; tandis que je sépare dans ce mémoire, sous des noms différents, une forme large et une forme longue, M. Œhlert considère, et probablement avec raison, cette espèce, comme assez variable dans ses proportions, étant parfois aussi longue que large, parfois plus longue que large. On trouve dans le *coblenzien* de Gahard, la *M. Archiaci* et la *M. inornata*, à l'exclusion de la *M. Deshayesi*, propre à Erbray.

Genus CRANIA, Retzius.

Crania occidentalis, nov. sp.

(Pl. 10. fig. 7.)

Coquille calcaire, non cornée, petite, conique, oblique ; sommet aigu , recourbé, postérieur ; bouche elliptique. Hauteur très faible, égale au 1/6 de la longueur. Côté antérieur de la coquille convexe, côté postérieur concave. Surface lisse, ornée au bord de fines stries concentriques lamelleuses.

Dimensions : Hauteur 5 mm. ; longueur 6 mm. ; largeur 2 mm.

Rapports et différences : Cette espèce, représentée par deux échantillons de petite taille, est difficile à distinguer de la plupart de ses congénères. Elle présente la forme extérieure de la *Discina rugata* Giebel (2), du Harz, à laquelle on devra peut-être la réunir. Elle a des relations intimes avec *Crania gregaria*, Hall (3), du Hamilton group, et *Crania Leoni*, Hall (4), du Chemung group.

---

(1) Œhlert, Annal. Sci. géol. 1887. p. 20, pl.2, fig. 1-10.
(2) Giebel, Sil. Fauna d. Unterharz. p. 52, pl. 2, fig. 66, 1858.
   Kayser, Alt. Fauna, d. Harzes, p. 206, pl. 30, fig. 21.
(3) James Hall, Paleont. of New-York, vol. 4, pl. 3, fig. 24.
(4) James Hall, l. c., p. 30, pl. 3, fig. 25-30.

PTEROPODA.

Tentaculites scalaris, Schlt.

Tentaculites scalaris, v. Schlotheim, Petrefactenk, p. 377, pl. 29, fig. 9.

Coquille allongée , conique , atteignant généralement
1 centimètre de longueur, ornée d'anneaux en forme de
gradins anguleux, dont là pente raide est tournée vers la
pointe de la coquille, et la pente douce vers la bouche. Nos
échantillons concordent pleinement avec les figures 9 b. c.
d. e. de Sandberger (1).

Tentaculites annulatus, Schlt.

Tentaculites annulatus, v. Schlotheim, Petrefactenk, p. 377, pl. 29, fig. 8.

La forme générale de cette espèce ne diffère guère de la
précédente, dont elle se distingue par ses anneaux transverses, non anguleux, minces et séparés par de larges intervalles concaves, lisses, comme l'indiquent les figures de
Schlotheim.

Je n'ai point reconnu les autres espèces : *Tentaculites
longulus*, *T. striatus*, citées à Erbray, par MM. de Tromelin et Lebesconte (2). Toutefois, l'échantillon rapporté par
Cailliaud à *Tentaculites scalaris*, var., et conservé au
Musée de Nantes, se rapproche, en effet, beaucoup plus
du *Tentaculites longulus* Barr., que du *Tentaculites scalaris*
Schlt. C'est de même, une coquille droite, svelte, allongée ;
mais sa taille est plus grande (longueur 13 mm. ; largeur 1
mm.), les anneaux sont beaucoup plus étroits que les rainures
interjacentes. Ces rainures ne montrent pas de stries longitudinales ; on ne peut donc comparer cette espèce aux *Tentaculites acuarius*, *Tentaculites Geinitzianus*, du Harz. Cet
unique échantillon étant lisse dans une grande partie de son

---

(1) Sandberger : Verstein. Rhein. Sch. Nassau, 1856, p. 248, pl. 21, fig. 9.

(2) Bull. Soc. géol. de France, 3ᵉ sér., T. IV, 1877, p. 30.

étendue, il y a lieu d'attendre des spécimens mieux conservés, pour décrire cette espèce, si elle est réellement nouvelle.

ANNELIDA

Cornulites sp.

Cornulites sp., Kayser, Alt. Fauna, d. Harzes, p. 117, pl. 31, fig. 10. .

M. Lebesconte possède un mauvais fragment d'un fossile, annelé, identique à la figure de droite, des *Cornulites* figurés par M. Kayser.

LAMELLIBRANCHIATA.

Genus CONOCARDIUM, Bronn.

Ce genre intéressant, dont la position systématique dans la famille des *Lithocardidæ* de M. Munier-Chalmas (1), a été fixée par M. Œhlert (2), est représenté à Erbray par un très grand nombre d'espèces, très voisines de celles qui ont été distinguées en Bohême, par Barrande. La position du mollusque dans sa coquille a été l'objet d'opinions très divergentes, bien que la place du ligament ne laisse guère subsister de doute à ce propos; je considérerai donc dans ces descriptions, l'extrémité baillante de la coquille comme postéro-ventrale et servant au passage des siphons, comme l'a indiqué Mac Coy (3) en 1844, en comparant cette extrémité à l'ouverture postérieure baillante des *Mya* et des *Pholas*.

Le test des *Conocardium* d'Erbray, présente comme ceux de Bohême, une épaisseur extraordinaire, atteignant 2 à 3 mm., du côté postérieur ; cette épaisseur est due à

---

(1) Munier-Chalmas, Bull. Soc. géol. de France, Comptes-rendus somm, p. 26, 1882.

(2) Œhlert : Ann. sciences géol. T. XIX, p. 15, 1887.

(3) F. Mac Coy : Synopsis of the characters of the carbonif. Limestone fossils of Ireland, 1844, p. 57.

l'existence d'une couche extérieure épineuse, formée de petits prismes alignés suivant des côtes rayonnantes, et formant, par compression réciproque, un dallage serré. Cette couche externe manque sur nos échantillons, où on ne la retrouve qu'à l'état de lambeaux isolés ; nos descriptions s'appliquent donc toujours aux échantillons décortiqués, privés de la couche externe du test, que nous décrivons ensuite. Les ornements de la couche interne du test, présentent d'ailleurs de bons caractères spécifiques ; nous les suivrons ici en décrivant successivement, de la partie antérieure à la partie postérieure de la coquille, les parties suivantes : 1° *le rostre*, 2° *le talus antérieur cordiforme*, 3° *carène antérieure*, 4° *région médiane*, 5° *crête médiane*, 6° *talus postérieur*, 7° *sinus postérieur*, 8° *renflements aliformes coniques*, formant l'extrémité postérieure, où ils accompagnent la surface d'insertion du ligament. Le test de toutes nos espèces est orné de côtes radiaires et de stries concentriques ; les côtes sont rayonnantes sur la région médiane et le talus postérieur, elles sont obliques et flabellées sur le talus antérieur.

Conocardium bohemicum, var. longula, Barr.

(Pl. 11. fig. 1.)

Conocardium bohemicum, Barrande, Syst. Sil. Bohême, p. 66, pl. 197, case 2

Coquille de taille moyenne, subtrigone, allongée, très bombée dans la région médiane et comprimée en avant et en arrière. Partie antérieure tronquée, à talus cordiforme, légèrement concave, sur son pourtour, séparée de la région médiane par une carène antérieure mousse, obtuse, peu tranchée ; elle est munie d'un rostre, brisé sur tous nos échantillons au nombre de quinze, et qui est strié longitudinalement à la base. Région médiane de la coquille fortement renflée, présentant une crête obtuse, correspondant à l'épaisseur maxima de la coquille ; à partir de cette crête arrondie, le talus postérieur est déclive vers l'arrière, le renflement conique est aliforme et béant à son extrémité, qui est tronquée. Cette partie est nettement séparée du talus postérieur par un sinus anguleux, très marqué et très profond sur les moules internes, ainsi que sur les coquilles dépourvues de leur couche externe; cette dépression est nivelée sur les coquilles dont le test est conservé, par suite du développement de la couche extérieure écailleuse, plus épaisse en ce point que dans tout le reste de la coquille. La couche externe du test atteint en ce point 2 mm. sur l'un de nos échantillons ; elle est formée de petits pavés juxtaposés, terminés en sommet de pyramide.

Ligne cardinale sub-rectiligne, arquée. Ligne palléale brisée, à sommet correspondant à la plus grande hauteur de la coquille, et à l'extrémité de la crête médiane. La commissure des valves du côté antérieur est concave, close et légèrement denticulée ; du côté postérieur, elle est moins concave, baillante, fortement denticulée. Il existe sur le talus cordiforme de 6-9, petites côtes obliques, convergeant vers les crochets, flabellées, les 3 côtes centrales arrivant seules jusqu'au crochet. A la limite de la région médiane et du talus antérieur, on observe une côte plus large que les autres, elle correspond à la carêne antérieure précitée, et diffère en outre, de toutes les autres côtes qui ornent le test, en ce qu'elles sont opposées sur les deux valves, tandis que les autres côtes sont alternes : ce fait, particulièrement bien visible du côté frontal, nous montre dans cette côte, l'homologue de la frange, qui caractérise une section des *Conocardium* (*C. artifex, C. ornatissimum, C. aptychoïdes*, etc.), de Bohême (1), et d'Amérique (2). Région médiane ornée de 7 à 8 côtes ; région postérieure portant 7 à 8 côtes plus étroites que celles de la partie médiane. Renflements aliformes ornés d'environ 10 côtes rayonnantes,

____

(1) Barrande, Syst. sil. Bohême, Lamellib., p. 67.

(2) James Hall, Paleont. of New-York, vol. V, Part. 1, pl. 67.

minces, filiformes, espacées, traversées par des stries concentriques, plus marquées et plus continues que sur le reste de la coquille, et donnant ainsi à cette partie une disposition réticulée.

Dimensions : Longueur sans le rostre 25 à 15 mm. ; hauteur 19 à 13 mm. ; épaisseur 15 à 10 mm.

Rapports et différences : Cette variété bien représentée à Erbray, où elle a déjà été reconnue par MM. de Tromelin et Lebesconte, me semble identique aux figures de Barrande ; elle diffère du type de l'espèce par la moindre longueur de sa partie médiane relativement à sa hauteur. Le *Conocardium bohemicum* de Bohême présente jusqu'à 24 côtes sur ses régions médiane et postérieure, nombre qui ne m'a pas paru dépasser 15, sur les échantillons d'Erbray, bien que cette espèce ait également été citée à Erbray, par MM. de Tromelin et Lebesconte.

Conocardium bohemicum var. depressa, Barr.

(Pl. 11. fig. 2.)

Conocardium bohemicum, Barrande, Syst. Sil. Bohême, Lamellibranches, 1881, pl. 197, case 1.

Coquille très voisine de la précédente (*C. longula*), dont elle se distingue surtout par son épaisseur moindre. Partie antérieure à talus cordiforme, légèrement excavée sur son pourtour, portant 6 à 10 plis rayonnants, flabellés, séparés de la région médiane de la coquille, par une carène peu tranchée ; rostre brisé sur mes échantillons. Région médiane de la coquille, peu renflée, ne présentant pas à l'arrière la crête médiane, distincte dans la *var. longula ;* la région médiane passe insensiblement au talus postérieur, et l'ensemble de ces deux parties porte un même nombre de plis rayonnants (15-17), que chez *C. longula*. Le premier pli correspondant à l'arête antérieure est opposé dans les deux valves, tandis que les autres plis sont alternes. Prolongement aliforme orné de plis rayonnants et de plis concentriques, mieux marqués que sur le reste de la coquille, où on les

observe cependant sur les côtes ; cette région est aliforme,
tronquée , béante, elle est séparée par un sinus de la région
postérieure.

Dimensions : Longueur sans le rostre, 14 mm. à 15 mm. ;
hauteur 12 mm. à 13 mm. ; épaisseur 7, 5 mm. à 8 mm.

Rapports et différences : Cette espèce, voisine de la précédente, s'en distingue par sa taille plus petite, son épaisseur relative moindre, l'absence de crête médiane, par suite
de laquelle la région médiane passe insensiblement au
talus postérieur.

Conocardium quadrans, Barr.

(Pl. 11. fig. 3.)

Conocardium quadrans, Barrande, Syst. Sil. Bohême, Vol. VI, pl. 200, case 2.

Coquille de taille moyenne, trapézoïdale, gibbeuse. Région antérieure obliquement tronquée . à talus cordiforme,
plan au bord, puis relevé en forme de cône, qui donne lieu
à la formation du rostre, plus développé que dans la plupart
des autres espèces. Talus antérieur orné de 10-12 côtes
arrondies, flabellées, séparées par des intervalles étroits, et
dont les trois médianes arrivent seules jusqu'au crochet ;
ces côtes sont traversées par des stries concentriques, qui
se continuent seules en approchant du rostre. Région
médiane de la coquille, montrant du côté frontal une section quadrangulaire, caractéristique de l'espèce, et due à ce
que les talus antérieurs et postérieurs, sont disposés normalement à cette région. Carène antérieure tranchée. Une
côte différente des autres (l'homologue de la frange), et
opposée sur les deux valves, correspond aussi dans cette
espèce à la carène antérieure. Entre cette carène et la crête
médiane, la région médiane est ornée de 8 côtes, plus
larges que les 7 côtes du talus postérieur. Prolongements aliformes, convexes, baillants, séparés par un sinus,
du talus postérieur ; ils portent environ 10 côtes superficielles étroites, traversées par des stries concentriques plus

fortes que sur le reste de la coquille , et donnant à cette partie un aspect treillisé.

Ligne cardinale droite, suivant une ligne un peu brisée. Commissure frontale denticulée ; commissure des valves close , légèrement concave en avant , béante et concave en arrière.

Dimensions : Longueur sans le rostre 13 à 14 mm. ; hauteur 14 à 15 mm. ; épaisseur 13 mm.

Rapports et différences : Cette espèce, voisine par son ornementation de *Conocardium bohemicum*, s'en distingue facilement par son épaisseur, la section transverse quadrangulaire de sa partie médiane à talus latéraux plans , verticaux, ainsi que par sa ligne cardinale plus droite et son rostre plus détaché. Elle se rapproche, par la forme de sa section transverse, du *Conocardium clathratum*, figuré par de Verneuil et d'Archiac (1), avec laquelle d'ailleurs, on ne peut la confondre.

Conocardium Marsi, Œhlert.

(Pl. 11. fig. 4.)

Conocardium Marsi, Œhlert, Annal. Sci. géol. T. XIX, art. n° 1, 1887, p. 15, pl. 1, fig. 23-31.

Coquille de petite taille, subtrigone , très bombée dans la région médiane et comprimée en avant et en arrière ; talus antérieur cordiforme, brusquement déclive, convexe, nettement délimité, peu proéminent, à l'exception du rostre, et occupant la hauteur et l'épaisseur maxima de la coquille. Côtes flabellées, arrondies, peu saillantes, au nombre de 8 , arrivant jusqu'au crochet, à l'exception de 2 ou 3 ; elles sont traversées par des stries concentriques, prolongées sur le rostre. Région médiane oblique, arquée, nettement limitée en avant par la carène antérieure , tranchante, homologue de la frange, et de

---

(1) D'Archiac et de Verneuil, Trans. geol. Soc. London, vol. VI, pl. 36, fig. 7 p. 374.

chaque côté de laquelle les côtes sont pinnées. La carène porte une côte opposée sur les deux valves ; les côtes de la région médiane sont alternes, au nombre de 5, saillantes, déprimées au sommet, séparées par des intervalles plans, de même largeur que les côtes. Crête médiane absente ; région médiane reliée insensiblement au talus postérieur, plus allongé que le talus antérieur et formant un angle aigu. Côtes rayonnantes au nombre de 8, plus longues que sur la région médiane, tandis que l'intervalle qui sépare ces côtes aplaties, diminue, et n'est plus représenté que par un sillon très étroit. Le sinus peu profond, vague, correspond à la huitième côte postérieure, peu distincte des deux premières côtes de l'aile ; ces renflements aliformes coniques qui accompagnent la surface d'insertion du ligament, sont couverts de fines stries rayonnantes que traversent, comme sur tout le reste des valves, les stries d'accroissement. Crochets petits, dirigés vers l'avant ; ligne cardinale sub-rectiligne, légèrement courbée à son extrémité postérieure. Contour palléal, à côtés sub-rectilignes, très inégaux ; plus court et légèrement concave du côté antérieur.

Dimensions : Longueur sans le rostre 11 mm. ; hauteur 9 mm. ; épaisseur 8 mm.

Rapports et différences : Cette forme ne m'a paru comparable à aucune des espèces de Bohème, elle est plus différente encore du *Conocardium aliforme* Sow, du Carbonifère, tel que le décrit de Koninck (1). Ses plus grandes analogies sont avec les espèces dévoniennes, avec le *Conocardium Marsi*, Œhlert, dont il ne diffère que par son contour palléal légèrement concave antérieurement ; avec le *Conocardium clathratum* d'Orb. (2), si peu distinct du précédent. Il diffère du *Conocardium retusum* Maurer (3), par sa forme

---

(1) De Koninck, Faune carbon. de Belgiqne, p. 107, pl. 18, fig. 15-17.

(2) D'Orbigny, Prodrome de Paléont., p. 80, N° 616 ; — et Goldfuss, Pet. Germ., p. 213, pl. 142. fig. 1 g.

(3) Maurer, Fauna d. Kalk. v. Waldgirmes, Darmstadt, 1885, p. 227, pl. 9, fig. 22-26.

moins transverse, du *Conocardium nasutum* Hall. (1), par sa ligne cardinale arquée et la disposition de ses plis.

Conocardium nucella, Barr.

(Pl. 11. fig. 5.)

Conocardium nucella, Barrande, Syst. Sil. Bohême, Lamellibranches, 1881, pl. 199, case 1.

Coquille de petite taille , subtrigone, très bombée dans la région médiane, tronquée en avant, comprimée et très étendue en arrière. Talus antérieur limité nettement de la région médiane par une carène tranchante ; talus cordiforme, convexe, peu proéminent, terminé par un rostre et orné de 7 à 8 côtes radiaires, flabellées, dont les médianes atteignent seules le crochet. Ces côtes sont larges, arrondies, peu saillantes, séparées par des sillons très étroits ; elles sont traversées par des stries concentriques bien marquées, qui se continuent seules vers le rostre. Région médiane oblique , convexe, correspondant à la hauteur et à la largeur maxima de la coquille ; elle est limitée en avant par une côte différente des autres, correspondant à la carène, et opposée sur les deux valves. La région médiane de la coquille est convexe, le talus postérieur est concave, ces deux parties n'étant pas séparées par une crête médiane saillante, passent insensiblement de l'une à l'autre. La région médiane porte 11 côtes arrondies, séparées par des sillons de même largeur qu'elles. Le talus postérieur se prolonge très loin vers l'extrémité postérieure de la coquille ; il est orné de 8 à 9 côtes, larges, déprimées, séparées par d'étroits sillons. Prolongements aliformes formant un angle très aigu, séparés du talus postérieur par un sinus peu profond ; ces prolongements coniques, arqués, portent 10 larges côtes rayonnantes, peu saillantes, séparées par d'étroits sillons peu profonds et traversées par de très fines stries d'accroissement. Contrairement à ce que

---

(1) James Hall, Paleont. of. New-York, vol. V, p. 410, pl. 67, fig. 12-20.

— 163 —

l'on observe dans les espèces précédentes, les côtes rayonnantes sont très bien marquées sur l'aile toute entière, et
les stries concentriques y sont plus fines que sur le reste
de la coquille ; c'est sur le talus postérieur que ces stries
atteignent leur plus forte saillie.

Crochets petits, dirigés en avant ; ligne cardinale longue,
arquée. Contour palléal à côtés convexes en arrière, droits
en avant. Commissure des valves denticulée en arrière.

Dimensions : Longueur sans le rostre 12 à 13 mm. :
hauteur 8 mm. ; épaisseur 7 mm.

Rapports et différences : Cette espèce se distingue des
Conocardium précédents, par l'absence de crête médiane,
par l'allongement considérable de son talus postérieur, par
les côtes serrées du talus antérieur, et celles des prolongements aliformes ; elle se rapporte à la fois à *C. nucella* de
Bohème, par sa forme et par son ornementation. Elle rappelle également *C. prunum* Barr (1), forme moins transverse, à carène antérieure moins tranchée ; ainsi que
C. attenuatum Hall (2), des États-Unis.

Conocardium Œhlerti, nov. sp.

(Pl. 11, fig. 6.)

Coquille de taille moyenne, subtrigone, gibbeuse, carénée, tronquée en avant, très étendue en arrière. Talus
antérieur plan-convexe, à rostre brisé, séparé de la région
médiane par la carène antérieure tranchante ; 9-10 côtes
convexes, larges, séparées par de très étroits sillons ; disposition flabellée, les 4 centrales arrivant seules jusqu'au
crochet. Stries concentriques fines. Carène antérieure
tranchante, correspondant à la hauteur et épaisseur maxima
de la coquille. Région médiane plane, présentant en avant,
sur la carène, une côte opposée sur les deux valves, puis

---

(1) Barrande, Syst. sil. Bohème, Lamellibranches, 1881, pl. 198, case 11.
(2) J. Hall, Paleont. of New-York, vol. 5, p. 410, pl. 67, f. 1-11.

7 côtes alternes de chaque côté ; ces côtes sont arrondies, séparées par des intervalles plans-convexes, plus larges qu'elles, striés longitudinalement et transversalement. Crête médiane absente, la région médiane passant insensiblement au talus postérieur, déclive, concave, très étendu sur l'arrière de la coquille ; ce talus postérieur est orné de 7 larges côtes planes, séparées par d'étroits sillons, et traversées par des stries concentriques plus fortes que dans les régions antérieures. Prolongements aliformes passant insensiblement aux talus postérieurs, pas de sinus, pas de côtes sur ces prolongements coniques, ornés de fortes rides concentriques, plus grosses que dans toutes les autres espèces.

Crochets petits dirigés en avant ; ligne cardinale longue, légèrement arquée en arrière. Commissure des valves droite ou légèrement convexe en arrière, concave en avant.

Dimensions : Longueur sans le rostre 20 mm. ; hauteur 10 mm. ; épaisseur 9 mm.

Rapports et différences : Cette espèce, voisine du *C. nucella*, auquel on pourrait la réunir, comme variété, est caractérisée par sa taille plus forte, sa région médiane plane, à intervalles costaux plus larges que les côtes rayonnantes, l'absence de son sinus, et ses prolongements aliformes à fortes rides concentriques. Elle rappelle *C. normale* (1) d'Amérique, à talus extérieur moins convexe, et à côtes plus nombreuses.

Conocardium reflexum, Zeiler.

(Pl. 11. fig. 7.)

C. reflexum, Zeiler, Verst. d. Alt. rhein. Grauwacke, Verh. d. nat. Vereins, XIV, 1857, p. 48, pl. 3, f. 4-8.

Coquille de taille moyenne, subtrigone, transverse, carénée. Talus antérieur convexe, développé, cordiforme, à rostre brisé sur nos échantillons. Côtes flabellées larges,

---

(1) James Hall : Pal. New-York, vol. V, p. 411, pl. 68, fig. 17-19.

peu convexes, peu saillantes, au nombre de 10, séparées
par des sillons étroits et traversées par des stries concentriques, fines, serrées, ondulées. 5 côtes arrivent jusqu'au crochet. Carène antérieure anguleuse, opposée sur
les deux valves, et ne correspondant pas à leur épaisseur
maxima. Région médiane convexe, gibbeuse, correspondant à l'épaisseur et à la hauteur maxima de la coquille ;
elle est ornée de 8-9 côtes plano-convexes, radiaires, séparées par des intervalles plano-convexes de même largeur,
chaque intervalle présente en son milieu une mince côte
convexe, simple strie près du crochet, devenant plus épaisse
vers le bord frontal. Ces côtes sont traversées par des
stries concentriques, serrées, beaucoup plus fines que dans
les autres espèces. Pas de crète médiane. Talus postérieur,
déclive, plan, orné de 10-12 côtes convexes, moins larges
que celles de la partie médiane, et séparées par des intervalles étroits très profonds ; ces côtes sont légèrement ondulées ou variqueuses et traversées par de très fines stries
concentriques. En approchant de l'aile, les côtes du talus
postérieur deviennent plus larges et s'aplatissent. Sinus
peu profond. Prolongements aliformes présentant d'abord
1 ou 2 côtes rayonnantes, passant plus loin à des stries,
traversées à leur tour, par des stries concentriques et par des
ondulations peu marquées du test. Crochets saillants, dirigés en avant ; ligne cardinale droite ; côté palléal antérieur
droit ou légèrement convexe, côté palléal postérieur droit,
peu affecté par le sinus. Commissure postérieure très dentelée.

Dimensions : Longueur sans le rostre 20 mm. ; hauteur 14 à 16 mm. ; épaisseur 13 à 16 mm.

Rapports et différences : Cette espèce présente de telles
analogies avec celle de la grauwacke du Rhin, par sa taille,
sa forme, sa carène anguleuse, son talus antérieur convexe,
développé, cordiforme, orné de 10 côtes plus serrées que
celles de la région médiane, que je crois devoir les assimiler, bien que la description donnée soit insuffisante, et que

je ne connaisse pas le type. Cette forme d'Erbray, a encore de très proches relations, par sa carène anguleuse, ses côtes, et par le passage insensible du talus postérieur au prolongement aliforme, avec *C. nasutum,* Wenj. (1).

Conocardium vexatum, Barr.

(Pl. 11. fig. 8.)

Conocardium vexatum, Barrande, Syst. Sil. Bohême, Lamellibranches, 1881, pl. 195, case 1, fig. 1-3.

Coquille de petite taille, aussi large que longue, subtrigone, carénée, convexe en avant, peu étendue en arrière. Talus antérieur convexe, très développé, à rostre brisé ou nul, orné de 15 côtes larges, convexes, peu saillantes, creusées au milieu par une fissure abrupte, séparées par de minces sillons, et traversées de fortes stries concentriques, ondulées; 12 ou 13 de ces côtes flabellées se prolongent jusqu'au crochet. Carène antérieure opposée sur les deux valves, correspondant à la plus grande épaisseur et hauteur de la coquille; au delà de cette carène, la région médiane, oblique, très courte, brusquement déclive en arrière, porte 5 côtes étroites, saillantes, déprimées au sommet, séparées par des intervalles plans, égaux en largeur aux côtes; ces côtes sont pinnées sur la carène antérieure. Crête médiane nulle; la région médiane passant insensiblement au talus postérieur, plan à convexe, peu étendu vers l'arrière, orné de 6 côtes identiques à celles du talus antérieur, mais un peu moins larges et traversées par des stries concentriques moins fortes. Sinus peu profond. Prolongements aliformes couverts de stries fines, rayonnantes, traversées par de fines stries d'accroissement concentriques. Crochets petits, dirigés en avant; ligne cardinale droite, côté palléal antérieur convexe; côté palléal postérieur droit. Couche externe du test conservée sur le talus postérieur, où elle est formée par de petits éléments prismatiques,

(1) Wenjukoff, Fauna d. devon. N. W. und Cent. Russland, pl. 8, fig. 20, p. 173, St. Pétersbourg 1886.

accolés, à surface plane, donnant à l'ensemble l'aspect d'un parquetage régulier.

Dimensions : Longueur sans le rostre 12 mm. ; hauteur 12 mm. ; épaisseur 8 mm.

Rapports et différences : Cette espèce est très caractérisée par sa forme aussi large que longue et par la réduction considérable, presque totale de sa région médiane. Elle se rapproche par sa hauteur et sa surface côtelée de *C. Vilmarense* Vern, et Arch. (1), et de *C. brevialatum* Sandb. (2), dont la séparent toutefois nettement, sa carène et sa région médiane, à caractères propres. La description du *C. Hainense*, Maurer (3), ne permet pas de lui assimiler ce *Conocardium* d'Erbray, comme je serais porté à le faire, d'après l'examen des figures, et comme la comparaison directe des échantillons pourra le nécessiter. Je crois pouvoir l'assimiler à une forme de Bohême *C. vexatum* (G), malgré l'état de conservation imparfait du type, parce que cette forme nous présente les traits les plus caractéristiques de notre espèce. Sa ligne cardinale plus droite, son aile mieux détachée, permettent de la distinguer de *C. Ohioense*, Hall. (4).

Genus CYPRICARDINIA, J. Hall.

Cypricardinia crenicostata, A. Rœmer.
(Pl. 11. fig. 9.)

C. crenicostata, A. Rœmer, Harz. Beitr. I, p. 60, pl. 9, f. 19.
    —   Kayser, Alt. Fauna des Harzes, 1878, p. 129, pl. 20, f. 2.
C. lamellosa,   Kayser (non Hall), Alt. Fauna des Harzes, 1878, p.128, pl.20, f.3.
C. crenicostata, Maurer, Fauna d.Kalk. von Waldgirmes, 1885, p. 232, pl. 9, f.34.
C. elongata,   Maurer, (non Arch. et Vern.), Fauna d. Kalk. v. Waldgirmes, 1885, p. 230, pl. 9, fig. 27-29.
C. nitidula,   Barrande, Syst. Sil. Bohême, Lamellibranches, p. 71, pl. 257, case 4.

---

(1) De Verneuil et d'Archiac : Trans. geol. Soc. of London, vol. 6, p. 375, pl. 36. fig. 9-10.

(2) Sandberger : Verst. d. Rhein. Sch. in Nassau, 1850, p. 257, pl. 27, fig. 7.

(3) F. Maurer : Fauna d. Kalk. von Waldgirmes, 1885, p. 229, pl. 9, fig. 21.

(4) J. Hall : Pal. of New-York, vol. V, p. 411, pl. 68, fig. 2-3.

Coquille petite, assez épaisse, un peu plus longue que large, biconvexe, très inéquilatérale et inéquivalve ; la valve droite étant la plus renflée et le crochet faisant saillie au delà de celui de la valve opposée ; les deux valves marquées sur toute leur étendue, par de forts sillons concentriques. Crochets épais, saillants, recourbés en avant ; ligne cardinale droite, légèrement arquée. Les deux valves sont traversées par un sinus oblique, continu depuis les crochets jusque sur le bord frontal, et rapproché du côté antérieur ; la surface présente en outre, en arrière, une crête umbonale, au delà de laquelle se trouvent un sinus, puis une aile postérieure. Côté antérieur très court, légèrement tronqué vers les crochets, et convexe près du bord palléal. Côté postérieur plus long et plus large que le côté opposé ; aile postérieure bien développée, inégalement étendue chez divers individus, parfois presque aussi large que la région médiane de la coquille, dont elle est séparée par un sinus profond. Épaisseur et hauteur maxima correspondant à la crête umbonale. Bord palléal sinueux.

Les valves opposées sont inégales et dissemblables dans leur taille, leur bombement, leur contour et leurs ornements, aussi ont-elles été souvent décrites, pensons-nous, sous des noms différents. La valve droite est la plus grande, la plus convexe, son crochet est plus fort, sa crête umbonale plus saillante ; elle est ornée de grosses rides concentriques, au nombre de 2 par mm., et traversées par des stries rayonnantes fines, plus ou moins bien conservées, n'existant plus parfois qu'au bord des ondes concentriques, (tel nous paraît être le cas, du type de A. Rœmer, reproduit par M. Kayser). Valve gauche, moins convexe, crochet moins saillant, à crête umbonale plus comprimée ; elle est ornée de grosses rides concentriques au nombre de 3 par mm., jamais traversées par des stries rayonnantes.

Dimensions : Longueur 6 à 13 mm. ; hauteur 5 à 10 mm. ; épaisseur 5 à 8 mm.

Rapports et différences : La valve droite de cette espèce

nous paraît identique, quand ses ornements radiaires sont un peu usés à *C. crenicostata* Rœmer; la valve gauche nous rappelle aussi franchement la *C. lamellosa* (Hall in Kayser). Si le mauvais état de conservation de ces types du Harz, laisse forcément un peu de doute sur cette assimilation, c'est sans aucune hésitation que nous identifions l'espèce d'Erbray à *C. nitidula* de Bohême, dont les caractères et les variétés ont été parfaitement interprétés par M. Barrande. (1) Je ne puis, d'ailleurs, distinguer mes échantillons de *C. nitidula* de Bohême, des *Cypricardinia* d'Erbray.

Le terrain dévonien rhénan a fourni, de son côté, plusieurs espèces de *Cypricardinia* bien voisines : la *C. lamellosa*, Phill. (2), voisine de la valve gauche de l'espèce d'Erbray, en diffère par son sinus moins profond, et l'égalité (?) de ses valves ; la *C. crenistria*, Sandb. (3), présente des relations aussi proches avec la valve droite de notre espèce : on peut se demander s'il n'y a pas lieu de réunir toutes ces espèces, ainsi que peut-être aussi la *C. (Pterinea) elegans*, Gold. (4)? — Par contre, la *C. squamifera* Phill., in A. Rœmer (5), diffère nettement par sa faible épaisseur et sa forme si comprimée. La *C. elongata*, d'Arch. et de Vern. (6), est différente par sa forme transverse et son sinus très réduit ou nul. La *Cypricardinia alveolaria*, Œhlert (7), diffère par son élégante ornementation à mailles réticulées, et par la moindre inégalité de ses deux valves.

MM. de Tromelin et Lebesconte (8) ont cité à Erbray une série d'Acéphalés de petite taille, de 6 mm. de longueur, qu'ils ont rapporté au genre *Grammatomysia*: c'est probablement à notre *C. crenicosta*, qu'il faut ratta-

---

(1) Barrande, Syst. sil. Bohême, Lamellibranches, pl. 257.
(2) Phillips, in Sandberger, Verst. d. Rhein. Schichten. in Nassau, 1850, p. 262, pl, 27, fig. 13.
(3) Sandberger, l. c., p. 263, pl. 28, fig. 5.
(4) Goldfuss in de Verneuil, Asie Mineure 1866, pl. 20, fig. 7, p. 33.
(5) F. A Rœmer : Harz, Beitraege I, p. 33, pl. 5, fig 4.
(6) D'Archiac et de Verneuil, Trans. of the geol. Soc. London, p. 374, pl. 36, fig. 14.
(7) Œhlert, Bull. soc. géol, de France, T, XVI. 1888. p. 660, pl. 15, fig. 2.
(8) De Tromelin et Lebesconte : Bull. soc. géol. de France, III, vol. 4, p. 31.

cher les quatre espèces nominales qu'ils énumèrent dans leur liste. C'est certainement au genre *Cypricardinia*, si parfaitement compris et établi par M. Hall, qu'appartiennent ces élégantes petites coquilles bivalves, assez abondantes à Erbray.

Cypricardinia gratiosa, Barr.

(Pl. 11. fig. 10.)

C. gratiosa, Barrande, Syst. Sil. Bohême, Lamellibranches, pl. 257, case 1.

Coquille transverse et très inéquilatérale, dont je ne possède qu'une valve droite. Côté antérieur très court, légèrement tronqué vers le crochet et convexe près du bord palléal. Côté postérieur plus long et un peu plus large que le côté opposé, portant en arrière une crête umbonale, subanguleuse, avant de s'abaisser brusquement vers l'aile, qui est courte. Ligne cardinale presque droite, bord palléal, sinueux. Crochets aigus, saillants. Surface présentant l'indication d'un sinus oblique, très peu marqué, plus rapproché de l'extrémité antérieure que de l'extrémité postérieure. Grosses rides ou ondes concentriques, au nombre de 8, paraissant lisses, sans stries, ni réticulations.

Dimensions : Longueur 6 mm., hauteur 4 mm., épaisseur de la valve droite 2, 5 mm.

Rapports et différences : Cette espèce voisine par sa taille et par sa forme générale de la *C. gratiosa* Barr., s'en distingue par l'absence du treillis qui orne dans cette espèce, l'intervalle des rides concentriques. On peut attribuer la disparition de cette ornementation superficielle à l'état de conservation de notre échantillon, qui ne nous permet pas de trancher cette question, et qui ne saurait servir de type pour une espèce nouvelle.

Genus CARDIOLA, Brod.

Cardiola minuta, Kayser.

(Pl. 11. fig. 11.)

C. minuta, Kayser, Alt. Fauna des Harzes, 1878, p. 124, pl. 19, f. 11-12.

Coquille ovale, sub-quadrangulaire; crochet fort, anté-

rieur. Bord antérieur un peu déprimé ; bord postérieur
arrondi, convexe. Surface ornée d'environ 20 plis rayonnants convexes, séparés par des sillons étroits, droits,
légèrement arqués du côté antérieur. Rares rides d'accroissement, pas de stries concentriques visibles.

Dimensions : Longueur 7 mm., hauteur 7 mm.

Rapports et différences : Cette espèce ne nous est connue
que par une valve gauche isolée ; sa détermination doit donc
être tenue pour d'autant plus douteuse, que le type de
M. Kayser est lui-même assez mal caractérisé.

Genus PTERINEA, Goldfuss.

Pterinea striatocostata, Giebel.

(Pl. 10. fig. 8.)

Pterinea striatocostata, Giebel, Silur. Fauna d. Unterharzes, p. 27, pl. 5, fig.
15-18, 1858.
— ? sp........... Kayser, Alt. Fauna des Harzes, 1878, p. 135, pl. 19, fig. 4.

Coquille aussi longue que large, inéquilatérale, inéquivalve
oblique, assez bombée. Les deux valves sont inégales quant à
l'épaisseur, mais diffèrent peu quant à la forme, elles sont également couvertes de stries rayonnantes ; la valve gauche la
plus convexe, présente des plis d'accroissement, irréguliers,
plus forts, et un crochet plus recourbé en avant. Crochets
presque terminaux, dépassés seulement par l'oreillette antérieure courte, presque perpendiculaire à la ligne cardinale,
et séparée de la coquille par une dépression assez prononcée,
surtout sur la valve gauche. Cette oreillette antérieure
paraît arrondie à son extrémité, elle est renflée. Oreillette
postérieure atteignant l'extrémité de la coquille, déprimée,
triangulaire, séparée par une dépression oblique du reste de
la coquille, brusquement renflée ; la terminaison de cette
oreillette manque sur notre échantillon, mais d'après les
lignes d'accroissement, elle devait être peu acuminée, et ne
dépassait guère le bord palléal.

Test mince, orné de côtes rayonnantes, fines, légèrement saillantes, un peu inégales, séparées par des intervalles plans, plus larges qu'elles. Ces côtes sont au nombre
de 2 par mm., près du bord, et au nombre de 3 par mm.;
sur les oreillettes, où elles sont donc plus serrées ; le nombre
des côtes s'accroit en approchant du bord, par intercalations. Elles sont traversées par de fines stries d'accroissement, qui paraîssent lamelleuses en certains points de la
coquille. En outre de ces fines stries concentriques, les 2
valves montrent 2-3 grandes ondes concentriques, d'accroissement. Les parties du test, légèrement décortiquées, montrent des côtes rayonnantes planes, creusées
en leur milieu par un étroit sillon : la coquille devient ainsi
dans ces parties, très finement striée.

Dimensions : Longueur 35 mm., largeur 35 mm., épaisseur de la valve droite 11 mm., épaisseur de la valve gauche
16 mm.

Rapports et différences : Je rapporte cette coquille, au
genre *Pterinea* de Goldfuss, tel qu'il me semble compris par
M. James Hall; elle se distingue du genre *Ptychopteria*,
Hall, parce que son oreillette antérieure n'est pas aigüe, et
du genre *Leiopteria*, Hall, par les côtes rayonnantes de son
test.

Cette espèce me paraît identique à la coquille du Harz
figurée sans nom par M. Kayser (1), bien qu'il la considère
comme synonyme de *Pt. striatocostata*, Giebel : le mauvais
état de conservation de ce type, rend l'assimilation un peu
douteuse. Cette espèce me paraît représentée en Bohême
par *Pt. expulsa*, Barr. (2), bien voisine, sinon identique.
Le calcaire blanc de Konieprus contient plusieurs autres
espèces voisines, mais faciles à distinguer : *Avicula spoliata*
Barr. (3), a la même forme générale, mais diffère nette-

---

(1) Kayser : Alt. Fauna des Harzes, 1878, p, 135, pl. XIX, fig. 4.
(2) Barrande, Syst. Sil. Bohême, Lamellibranches, pl. 218, fig. 13-14.
(3) Barrande, Syst. Sil. Bohême, Lamellibranches, pl. 219, case 4.

ment par la disposition de l'oreillette antérieure et par son ornementation ; *Pt. confortans* Barr. (1), plus allongée, et oblique ; *Pt. normata*, Barr. (2), à oreillette postérieure plus courte ; *Pt. perdita* Barr. (3), s'éloigne davantage par sa forme générale et son ornementation. C'est probablement cet échantillon, que MM. de Tromelin et Lebesconte (4), ont désigné sous le nom d'*Avicula pollens*, dans leur liste d'Erbray.

Citons parmi les formes dévoniennes les plus voisines, *Avicula subcrinita* Vern. (5), plus tranverse, et ornée de stries un peu différentes ; *Avicula rudis*, Phillips (6) insuffisamment connue ; *Avicula intermedia*, Œhlert (7), plus allongée transversalement, plus oblique, et à côtes moins serrées. En Amérique, *Ptychopteria salamanca*, Hall (8), se distingue par sa forme plus transverse, et son oreillette antérieure aigüe.

Genus LIMOPTERA, J. Hall.

Limoptera bohemica, Barr. sp,

(Pl. 10. fig. 9.)

Limoptera bohemica, Barr. sp., Syst. Sil. Bohême, 1881, pl. 219, 222.

Coquille de grande taille, sub-quadrangulaire, faiblement oblique, et bombée. Crochet obtus, antérieur, dépassant la ligne cardinale, qui est droite. Valve gauche, la seule

---

(1) Barrande, Syst. Sil. Bohême, Lamellibranches, pl. 218, fig. 11-18.

(2) Barrande, Syst. Sil. Bohême, Lamellibranches, pl. 125, fig. 4-9 ; excl. pl. 222, fig. 17-20.

(3) Barrande, Syst. Sil. Bohême, Lamellibranches, pl. 125, fig. 1-3.

(4) de Tromelin et Lebesconte, Bull. soc. géol. de France, III. Tome 4, p. 31.

(5) de Verneuil, Bull. soc géol. de France, 2ᵉ sér. T. XII, p. 1004, pl. 29. fig. 5

(6) J. Phillips : Pal. fossils, pl. 22, fig. 85.

(7) Œhlert, Mém. soc. géol. de France, T. 2. p. 21, pl. 3, fig. 1.

(8) James Hall : Pal. New-York, p. 131, pl. 23, fig. 17-20.

que je possède, déprimée de chaque côté du crochet, de manière à constituer deux oreillettes ; oreillette antérieure brisée sur mon échantillon ; oreillette postérieure séparée du reste de la coquille par un sinus, les stries concentriques ondulées suivant le contour de la coquille, et qui ornent l'oreillette, permettent de reconnaître qu'elle devait être légèrement acuminée et à peu près de même longueur que le bord palléal. Bord palléal arrondi, creusé en un sinus peu accusé, sous l'oreillette postérieure.

Surface ornée de côtes rayonnantes arrondies, très légèrement flexueuses, qui partent du crochet et atteignent le bord de la coquille, sans se dichotomiser. Entre ces plis s'intercale souvent un pli secondaire, plus fin, qui égale parfois près du bord les plis rayonnants de premier ordre. La surface du test présente en outre quelques ondes concentriques, et de fines stries d'accroissement, régulièrement espacées de 1 mm., près du bord. Les côtes sont un peu élargies, noueuses, aux points de croisement des stries concentriques ; les stries concentriques disparaîssent sur l'aile postérieure, où elles ne sont plus représentées que par ces renflements variqueux des côtés.

Dimensions : Longueur 55 mm., largeur 70 mm.

Rapports et différences : Cette coquille se rapporte au genre *Limoptera*, Hall (1), du Dévonien inférieur d'Amérique, comme j'ai pu m'en assurer par la comparaison des types de ma collection. Je crois devoir l'identifier à une espèce de Bohême (*L. bohemica*), dont je possède également un type en collection. Cette espèce d'Erbray se distingue de *Limoptera ala* Barr. sp. (2), par ses côtes rayonnantes moins nombreuses, plus fortes, et par son épaisseur plus grande en avant. Elle est probablement identique à la *Pterinea* innommée du Harz, citée par Giebel (3), et dont

---

(1) James Hall, Pal. of New-York, pl. 26-27.

(2) Barrande : Syst. Sil. Bohême, Lamellibranches, pl. 205, 217, 218, 281.

(3) Giebel, Sil. Fauna d. UnterHarzes, 1858, p. 27

M. Kayser (1) a figuré un échantillon incomplet. La *Limoptera incerta* Œhlert sp. (2), du Dévonien de Normandie, se distingue légèrement de cette espèce par ses côtes rayonnantes plus espacées. On peut enfin la comparer aux espèces des couches de Ludlow, décrites par Mac Coy (3), avec lesquelles elle présentent des relations plus éloignées.

Genus ACTINOPTERIA, Hall.

Actinopteria manca, Barr. sp.

(Pl. 12. fig. 1.)

Avicula? Myalina ? manca, Barr. Syst. Sil. Bohème, Lamellibranches, 1881, pl. 222, fig. 8-9.

Coquille allongée, transverse, oblique, dont le corps est bombé relativement aux oreillettes. Longueur maxima en dessous des oreillettes, vers le milieu de la coquille. Oreillette antérieure rudimentaire, mal conservée sur les deux valves gauches que je possède ; oreillette postérieure, médiocrement développée, égale à la moitié de la longueur de la coquille. Le sinus de cette oreillette est large, peu profond; celui de l'oreillette antérieure sépare nettement celle-ci du corps de la coquille. Crochet très saillant, renflé, recourbé en avant sur la ligne cardinale, qui est droite. Bord palléal formant une courbe elliptique.

Surface du test couverte de fortes stries d'accroissement, ou lamelles très distinctes, plus saillantes à mesure qu'on s'éloigne du crochet; elles sont traversées par des côtes rayonnantes arrondies, peu convexes, visibles seulement au milieu du corps de la coquille. Elles donnent aux lamelles concentriques un aspect noueux, denticulé.

Dimensions : Longueur au niveau des oreillettes 23 mm.,

---

(1) Kayser : Alt. Fauna des Harzes, 1878, p. 138, pl. 19, f. 1.

(2) Œhlert : Mém. soc. géol. de France, 3ᵉ sér. T. 2, p. 26, ol. 4, fig. 2.

(3) F. Mac Coy : Brit. paleoz. fossils, II, pl. I. J.

longueur au milieu de la coquille 38 mm., largeur 20 mm.

Rapports et différences : Je crois pouvoir rapporter cette coquille au genre *Actinopteria* de M. Hall, quoique les caractères de sa charnière me soient inconnus. Elle me paraît en outre identique par sa forme générale, comme par l'apparence remarquable de son test, fortement lamelleux à *Avicula ? Myalina ? manca*, Barr. Elle se distingue facilement de *Avicula pusilla* Barr. (1), par sa forme transverse, et les fortes lamelles concentriques de son test ; et de *A. gratior* Barr. (2) par ses lamelles noueuses, et ses côtes rayonnantes. Elle diffère davantage des formes dévoniennes d'Espagne, *Avicula Schulzii* Vern. (3), *Avicula lævis*, Gold. (in de Verneuil) ; de Russie, *A. Vorthii*, de Vern. (4) ; et de Bretagne, *Avicula Gervillei* Œhlert (5). Plusieurs *Liopteria* récentes de M. Œhlert (6), *L. Leucosia, L. picta,* rappellent cette espèce, par la forme des valves et leur mode d'ornementation.

<h3 style="text-align:center">Genus MODIOMORPHA, Hall.</h3>

Modiomorpha submissa, Barr. sp.

(Pl. 12. fig. 2.)

Modiomorpha submissa,	Barr. sp., Syst. Sil. Bohême, Lamellibranches, 1881, pl. 258, case IV, f. 1-7.
? *Pleurophorus modiolaris,*	Rœmer in Kayser, Alt. Fauna des Harzes, p. 119, pl. 20, fig. 10.

Coquille équivalve, allongée, transverse, très inéquilatérale, bombée antérieurement. Crochets petits, obtus , près

---

(1) Barrande, Syst. Sil. Bohême, Lamellibranches, 1881, pl. 205, case I.

(2) Barrande, Syst. Sil. Bohême, pl. 217, fig. 8.

(3) de Verneuil, Bull. soc. géol. de France, 2ᵉ sér. T. XII, p. 1005, pl. 28, fig. 7 ; pl. 29, fig. 4.

(4) De Verneuil, Géol. de la Russie, vol. 2, p. 322, pl. 21, fig. 1.

(5) Œhlert : Mém. soc. géol. de France, 3ᵉ sér. T. 2, 1881, p. 22, pl. 3, fig. 4.

(6) Œhlert : Bull. soc. géol. de France, T. XVI, p. 643, pl. XIV, fig. 2 ; pl. XV, fig. 3.

de l'extrémité antérieure. Côté antérieur court, présentant sa plus grande convexité au milieu, plus près des crochets que du bord palléal. Côté postérieur très long et très large, évasé, arrondi à son extrémité. Ligne cardinale droite, subarquée, élevée, légèrement comprimée, plus courte que la longueur de la coquille. Surface présentant une concavité ou sinus oblique, continu du bord umbonal antérieur, au bord palléal postérieur, et limité en avant comme en arrière, par un renflement mousse, ou carène oblique très arrondie. La carène postérieure se termine au bord palléal, un peu en avant de l'extrémité postérieure; l'espace compris entre cette carène et la charnière est comprimé. Bord palléal sinueux, légèrement rentrant devant le sinus. La surface est ornée de fins sillons concentriques, peu profonds, inégalement espacés; elle porte en outre quelques stries d'accroissement irrégulières.

Dimensions : Longueur 41 mm., largeur umbonale 17 mm., largeur maxima 24 mm., épaisseur 15 mm.

Rapports et différences : Je crois devoir rapporter avec M. Beushausen (1), au genre *Modiomorpha* de M. Hall, les coquilles dévoniennes, généralement attribuées jusqu'ici aux genres *Modiolopsis* Hall, du Silurien, ou *Pleurophorus* King, du Permien. Cette espèce me paraît identique à *Modiolopsis submissa* Barr., quoique son sinus soit un peu mieux marqué; elle se distingue de *M. antiqua*, Barr. (2), par son côté postérieur plus oblique, plus large; de *M. imperita*, Barr. (3), par son sinus plus oblique, et par l'absence de côtes rayonnantes; de *M. interpolata* Barr. (4), par son sinus plus oblique, plus postérieur. Le *M. Verneuili* Œhlert (5), du Dévonien de Normandie, diffère par sa ligne

---

(1) Beushausen : Beitr. z. K d. Oberharzer Spiriferenss., K. p.cuss. geol. Landesanstl., Berlin 1884. p. 63, pl. 2.

(2) Barrande, Syst. Sil. Bohême, Lamellibranches, p. 260.

(3) Barrande, l. c., pl. 267.

(4) Barrande, l. c., pl. 258.

(5) Œhlert, Mém. soc. géol. de France, 1881, 3e sér. T. 2. p. 28, pl. 14, fig. 6.

cardinale droite, plus longue, et son côté postérieur plus large ; Le *M. Esopei* Œhlert (1), diffère par sa convexité et son côté antérieur plus large ; le *Pleurophorus lamellosus* Sandb. (2) diffère par sa ligne cardinale plus arquée, son côté postérieur plus étroit, et son sinus moins marqué, caractères qui rapprochent bien cette espèce de *M. ferruginea* de M. Œhlert. On devra peut être assimiler notre *Modiomorpha submissa* d'Erbray, à la *Pullastra modiolaris* du Harz, A. Rœmer (3), bien que la figure en diffère notablement ; la nouvelle figure qu'en donne M. Kayser (4) se rapproche en effet beaucoup de notre type, et la comparaison des échantillons permettrait probablement de les réunir. Je ne saurais non plus la distinguer de *Modiomorpha eximia* Beush. (5), incomplètement connue il est vrai.

Genus **GUERANGERIA**, Œhlert.

Guerangeria Davousti, Œhlert.

(Pl. 11. fig. 12.)

Guerangeria Davousti, Œhlert, Bull, soc. d'études scientifiques d'Angers, 1880, 1 pl.

Coquille allongée, transverse, à côtés inégaux ; crochets sub-terminaux, et très bien indiqués. Valves convexes ; à côté antérieur très court, subcordiforme, creusé sous le crochet qui est recourbé ; côté postérieur très long, convexe, arrondi à son extrémité. Bord palléal, droit, présentant une légère sinuosité à peine perceptible en son milieu. Surface ornée de stries d'accroissement, dont quelques unes sont très accusées, abruptes.

---

(1) Œhlert, Bull. soc. géol. de France T. XVI, 1888, p. 654, pl. 16, fig. 2.

(2) Sandberger, Rhein. Sch. Nassau, 1850-56, p. 267, pl. 28, fig. 4.

(3) F. A. Rœmer : Beitr. Harz. I, p. 60, pl. 9, f. 21, 1850.

(4) Kayser, Alt. Fauna. Harzes, p. 119, pl. 20, fig. 10.

(5) Beushausen, Oberharzer Spiriferenss., K. preuss. geol. Landesanstl. Berlin 1884, p. 63, pl. 2, fig. 17.

Dimensions : Longueur 15 à 23 mm., largeur 10 à 14 mm., épaisseur 7 à 8 mm.

Rapports et différences : Je ne puis distinguer cette forme, de *Guerangeria Davousti,* du Dévonien de Brûlon, décrit par M. Œhlert ; (1) elle se distingue du *G. Gahardiana* Œhl., par son côté postérieur moins aigu, et ses fortes ondes d'accroissement. Ce genre me paraît d'ailleurs assez répandu dans le terrain dévonien : c'est à lui, et probablement à cette même espèce, qu'il faut rapporter la coquille du Harz, figurée par M. Kayser (2), et rapportée par lui avec doute, au genre *Megalodon ;* j'en dirai autant de quelques unes des espèces rangées par M. Beushausen (3) dans le genre *Myoconcha* de Sowerby. Il y aura lieu de comparer ce genre *Guerangeria* au genre *Phtonia* de M. Hall (4), si voisin par sa forme extérieure, quand on connaîtra la charnière de ce dernier. Le genre *Palæanatina* Hall, diffère extérieurement par son crochet subcentral, moins antérieur.

Genus **PARACYCLAS**, Hall.

Paracyclas Lebescontei, nov. sp.

(Pl. 11. fig. 13.)

Coquille sub-circulaire, comprimée, inéquilatérale, rappelant par sa forme générale les *Lucines.* Côté antérieur le plus court, à contour arrondi vers le bord palléal, oblique vers les crochets. Coté postérieur plus long, subaliforme, anguleux à la rencontre du bord palléal et de la ligne cardinale, qui est presque droite. Crochets petits. Bord palléal

---

(1) Œhlert; Bull. soc.géol. de France, T. XVI, p. 655. pl. 16, fig. 6. 1888.

(2) Kayser : Alt. Fauna d. Harzes, p. 130, pl. 20, fig. 9.

(3) Beushausen : Oberharzer Spiriferensandstein ; Abh. d. k. Preuss. geol. Landesanstalt, Berlin, 1884, p. 67.

(4) James Hall, Paleont. of New-York, Lamellibranchiata, pl. 78, fig. 1-4.

convexe. Surface ornée de lignes d'accroissement concentriques, en relief, ondulées, arrondies, régulières, plus obtuses vers le bord postérieur ; ces lignes concentriques se bifurquent parfois sur leur circuit ; elles sont traversées par des stries rayonnantes très nettes, au nombre de 4 par mm., et crénelées elles-mêmes par de fines stries concentriques.

Dimensions : Longueur 16 mm., largeur 16 mm.

Rapports et différences : Cette coquille se rapporte assez bien au genre *Paracyclas* de M. Hall (1), par sa forme générale circulaire, et ses ornements concentriques parfois bifides, mais nous n'en connaissons point les caractères internes. Elle ressemble moins, extérieurement, aux genres *Cypricardella* (= *Microdon*) Hall, et *Palæaneilo* Hall (2), dont plusieurs espèces allemandes figurées par M. Beushausen (3), rappellent l'ornementation de notre espèce. Parmi les lamellibranches de Bohême, on trouve des analogies chez les *Lunulicardium* (*L. aberrans*, Barr. *L. flectens*, Barr.) ; mais c'est parmi les *Dalila*, que l'on trouve les plus proches relations : *D. insignis* Barr. (4), ne diffère de *Paracyclas Lebesconlei*, que par sa convexité, et son sommet tronqué ; *D. resecta* Barr. (5) est un peu plus distincte par ses lignes concentriques moins fortes.

VARIA

En outre des Lamellibranches étudiés plus haut, on en a trouvé un certain nombre d'autres à Erbray, qui m'ont semblé trop incomplets, et insuffisants pour une description précise : tels sont des débris très douteux du musée de Chateaubriant, qui appartiennent peut-être au genre *Panenka* ; M. Lebesconte possède une coquille voisine de *Edmondia sola*, Barr.

---

(1) James Hall : Pal. of. New-York, Vol. 5, p. XXXVIII.
(2) James Hall, l. c., vol. V. pl. 48.
(3) Beushausen, Beitr. z. Kennt. d. Oberharzer Spiriferenss. Jahr. des Kœn. Preuss. gœl. Landesa., Berlin 1884, p. 76, pl. 3-4.
(4) Barrande, Syst. Sil. Bohême, Lamellibranches, pl. 50, fig. 23.
(5) Barrande, l. c. pl. 301, fig. 17.

GASTROPODA.

Genus HELMINTHOCHITON, J. W. Salter, (1)

Helminthochiton Lebescontei, nov, sp
(Pl. 15. fig. 15.)

Plaque anguleuse, plus large que longue, scutiforme, subtriangulaire ; en toit, dont les deux moitiés font entre elles un angle de 80° et dont le faîte est une carène obtuse. Partie antérieure légèrement concave , arquée , à angles arrondis, à bords tranchants, et donnant attache de chaque côté à une forte apophyse d'insertion, semi-lunaire. Partie postérieure acuminée. Bords latéraux droits, faiblement sinueux. Test épais ; surface ornée de plis d'accroissement irrégulièrement espacés , transverses , reproduisant les sinuosités du bord antérieur. Ces plis sont fortement accusés sur les bords marginaux, où ils correspondent aux inflexions de ces parties; ils s'effacent rapidement en s'élevant vers la carène, qui est lisse.

Dimensions : Longueur d'une pièce 12 mm ; largeur 14 mm.

Rapports et différences : Cette pièce présente bien les caractères des plaques médianes du genre *Chiton*, connu dans les formations paléozoïques de l'Ouest de la France, depuis que M. Œhlert (2) a créé son genre *Saymaplaxus*, pour des pièces de Viré. Elle rappelle le *Helminthochiton* du Dévonien du Harz, figuré par Rœmer (3) sous le nom de *Bellerophon expansus ;* mais on l'en distingue facilement par sa projection de forme plus triangulaire, et par son bord antérieur moins échancré. Elle diffère davantage du *Chiton*

---

(1) J. W. Salter, Quart. journ. geol Soc. 1848, Vol. 3, p. 48.

(2) Œhlert, Mém. Soc. géol. de France, T. 2, 1881, p. 14.

(3) F. A. Rœmer, Verst. d. Harz, 1843, p. 32, pl. IX, fig. 5.

corrugatus Sandb (1) et se distingue des nombreux *Hel-minthochiton* du carbonifère (2), par le développement de ses apophyses d'insertion, qui rappellent presque celles des *Rhombichiton*. Elle diffère du genre *Chelodes*, Davidson et King, (3), de Gotland, à plaques plus longues que larges, et dépourvues de lames suturales, comme les *Sagmaplaxus* de la Mayenne.

Genus HERCYNELLA ? Kayser. (4).

J'ai rapporté avec doute, dans ma notice préliminaire sur Erbray, au genre *Hercynella*, si caractéristique de la faune hercynienne du Harz, et de l'étage F de Bohême, quatre coquilles d'Erbray, assez mal conservées. On sait que ce genre est caractérisé, d'après M. Kayser, par sa coquille en cône surbaissé, à sommet excentrique, d'où part une carène oblique, dirigée indifféremment à droite ou à gauche, et atteignant le bord. En avant de cette carène est une faible dépression, correspondant à une légère sinuosité du bord. Test orné de stries concentriques et de plis rayonnants toujours visibles au bord, même sur les moules. M. Kayser dans un récent voyage à Lille, où il m'a fait le plaisir de visiter ma collection, m'a fait savoir que ces coquilles n'appartenaient pas d'après lui, à son genre *Hercynella* : il y aura donc lieu de les rattacher aussi au genre *Platyceras*, à moins que de meilleurs échantillons ne permettent de les considérer comme les types d'un genre nouveau.

Hercynella ? dubia, nov. sp.

(Pl. 12. fig. 3.)

Coquille de taille moyenne, en cône très surbaissé,

---

(1) Sandberger, V. Rhein. Nassau, p. 238, pl. 26, fig. 22.
(2) De Koninck, Foss. carbonif. de Belgique, 1883, pl. 50-53.
(3) Davidson et King, Quart. journal. geol. soc. 1874. p. 167 ; d'après Lindstrom, 1884, p. 48.
(4) Kayser, Alt. Fauna des Harzes, 1878, p., 101, pl. 17.

oblique, à côtés lisses, convexes, à sommet aigu, sub-marginal. Ouverture circulaire, ondulée. Hauteur ne dépassant guère le tiers du diamètre de la bouche. Le côté postérieur est beaucoup plus court que le côté antérieur, il n'atteint que le tiers de sa longueur ; il est convexe, présente une légère torsion, et une carène bien marquée sur l'un de nos deux échantillons. Elle est tournée vers la gauche. Les autres côtés sont convexes, lisses, plus longs. Test inconnu.

Dimensions : Hauteur 10 mm ; longueur 29 mm ; largeur 27 mm.

Rapports et différences : Cette espèce se distingue de toutes les coquilles rapportées aux *Platyceras* dans ce mémoire, par son aplatissement, et le peu de développement du côté postérieur, tordu, caréné. Je ne puis la rapporter cependant à *Hercynella,* faute d'en connaître le test et le contour exact de la bouche , qui ne m'a pas montré la sinuosité caractéristique.

Hercynella ? incerta, nov. sp.

(Pl. 12. fig. 4.)

Coquille conique, très surbaissée, presque plane, à bords très ondulés ; forme très dissymétrique. Ouverture circulaire, ondulée ; sommet peu saillant, excentrique. Hauteur égale au tiers du diamètre transverse. Le test de cette coquille était mince , il est plissé de fortes ondes concentriques plus ou moins larges et profondes ; il est orné, en outre , de fines stries concentriques et de plis radiaires dans la région marginale.

Dimensions : Hauteur 7 mm ; longueur 20 mm ; largeur 18 mm.

Rapports et différences : Cette espèce se rapproche assez des *Hercynella,* par les caractères de son test, notamment de la *Hercynella nobilis,* Barr., de **F**, mais les deux seuls échantillons que je connaisse, et qui sont d'ailleurs incomplets, ne m'ont pas montré la carène, ni la sinuosité marginale, caractéristiques du genre. Elle présente aussi une très grande ressemblance avec un autre fossile du Harz, figuré par M. Kayser (1), et comparé par lui à *Capulus* et à *Crania ?* — L'existence du genre *Hercynella* à Erbray est certes plus que douteuse.

Genus PALAEACMAEA, Hall, 1873 (2).

Je rapporte à ce genre, des coquilles voisines des formes du carbonifère de Belgique, décrites par de Koninck (3), et rapportées par lui au genre *Lepetopsis* (Whitfield) (4). Coquilles patelliformes, ovales, à sommet subcentral, situé un peu en arrière de la partie médiane ; nucléus brisé, impression musculaire inconnue sur mes échantillons. Elles appartiennent peut-être aux *Fissurella* (cf. *Fissurella elongata*, Mac Coy), mais la perforation du sommet n'est due sur mes échantillons, qu'à une troncature accidentelle ; elles se distinguent des *Helcion*, à bord crenelé, à sommet recourbé, et à côtes rayonnantes.

Palaeacmaea annulata, nov. sp.

(Pl. 12. fig. 5.)

Coquille de taille moyenne, conique, à sommet aigu, subcentral, non recourbé, situé au tiers postérieur. Angle apical 90° + 70°. Ouverture elliptique, un peu acuminée en avant. Hauteur égale à la moitié du diamètre longitudinal. Côté postérieur le plus court, plan, les autres côtés légèrement concaves. Test annelé par une série d'anneaux concaves, séparés par des crêtes aigües, égales, équidistantes au bord, et espacées de 2.5 mm., plus serrées près

---

(1) Kayser, Alt. Fauna, d. Harzes, 1878, pl. 17, fig. 1.
(2) James Hall, 23ʳᵈ Report of the State museum of New-York, p. 242.
(3) de Koninck, Faune du calc. carb. de Belgique, Gastéropodes. Bruxelles 1883. p. 191.
(4). Whitfield. Bull, amer. mus. nat. hist., vol. 1, p. 67. 1882.

du sommet; ils sont au nombre de 12. Le test est, en outre, orné entre ces crêtes, de stries concentriques fines.

Dimensions : Hauteur 15 mm.; longueur 38 mm.; largeur 26 mm.

Rapports et différences : Cette espèce se rapproche par ses forts anneaux concentriques, et par ses stries concentriques intercalaires du *Palaeacmaea? solarium* du calcaire de Gotland (1), qui se distingue par sa taille plus petite, et sa forme génerale, plus symétrique, et plus obtuse.

Genus METOPTOMA, Phillips. (2).

Je rapporte à ce genre, une forme qui n'en est pas bien éloignée, mais dont je ne connais pas les caractères internes. C'est une coquille conique, déprimée, équilatérale, à contour elliptique, tronqué en arrière ; sommet excentrique, légèrement incliné en arrière et plus voisin du côté postérieur que de l'antérieur. Surface ornée de plis concentriques. Cette coquille diffère des *Platyceras*, par sa forme symétrique, équilatérale, et par la non obliquité de son sommet; des *Palaeacmaea* par la troncature de son bord postérieur; des *Fissurella* par l'absence d'une fente antérieure; des *Discina* par la struture de son test. Elle présente, toutefois, un sinus postérieur que je ne connais pas chez les *Metoptoma* types : l'absence de documents suffisants m'empêche de considérer cette coquille comme le type d'un nouveau genre.

Metoptoma Davyi, nov. sp.
(Pl. 12. fig. 6.)

Coquille de taille médiocre, en cône surbaissé, un peu plus longue que large, de forme elliptique, tronquée en arrière. La troncature postérieure présente une faible sinuosité, correspondant à un petit sinus de ce côté de la

---

(1). Lindström. Sil. gastr. of Gotland, 1884. p. 59. pl. 19. f. 3. 4.
(2) J. Phillips. Illustrations of the Geol. of Yorkshire, 1836, T. 2. p. 223.

coquille. Le sommet est situé au quart postérieur de la
longueur et n'est pas recourbé. Vue de profil, la partie
umbonale est conique, la partie marginale s'étale et devient
presque plate. La surface est ornée de minces plis concentriques qui se recourbent de chaque côté dans le sinus postérieur. Test mince.

Dimensions : Hauteur 2 mm., longueur 13 mm., largeur
12 mm.

Rapports et différénces : Cette espèce rappelle la *Patella
lævigata* Münster (1), d'Elbersreuth, mais s'en distingue par
son sinus et sa troncature postérieures. Elle présente la
plus grande ressemblance avec certaines *Discines,* notamment *Discina gibba,* Lindström (2), du Silurien moyen.

Genus PLATYCERAS, Conrad, (Capulus).

Les *Capulus*, Mont., donnent à la faune d'Erbray, un
cachet essentiel, par leur abondance et la variété de leurs
formes ; et si l'usage, préconisé par quelques auteurs, de
désigner les étages par leurs fossiles, tels que *l'Astartien*,
le *Virgulien*, avait prévalu, c'est certes, au nom de *Capulien*, que l'on devrait donner la préférence pour désigner
cette phase de la période paléozoïque. En Bohême, comme
dans la Loire-Inférieure, dans le Harz comme dans la vallée de Belaja (Oural), et dans les Monts Helderberg (États-
Unis), le nombre des coquilles capuloïdes est également
remarquable ; ces animaux pullulaient dans les mers de
cette époque, qui correspond ainsi, au maximum du développement du groupe.

Les *Capulus* (*Platyceras*) firent leur apparition dans le
Silurien inférieur, atteignent leur apogée dans le Capulien,
et diminuent déjà en Europe dans le Coblenzien et le
Dévonien supérieur ; le nombre des espèces carbonifères
est de beaucoup inférieur à celui de l'un et de l'autre des

---

(1) Münster, Beitr. Petref. 3, 1840, p. 81, pl. 14, fig. 26.
(2) Lindström, Fragmenta silurica, 1880, p. 21, pl. 13. fig. 89-41.

deux terrains qui l'ont précédé ,et ils avaient sans doute disparu à l'époque permienne. Les *Capulus* (sensu stricto) peu nombreux, des terrains secondaires, sont différents des *Platyceras,* paléozoïques, leur nombre va en augmentant à l'époque tertiaire.

La détermination des *Capulides* du Capulien présente des difficultés toutes particulières , sur lesquelles ont insisté tous ceux qui s'en sont occupés en Europe et en Amérique : ces difficultés sont dues, d'une part, à la simplicité de structure de ces coquilles, et d'autre part, à l'extrême variabilité de ces espèces, variabilité commune d'ailleurs, à tous les genres, au moment de leur apogée, qui toujours correspond au maximum de plasticité du type. M.Hall a admis un grand nombre d'espèces parmi les *Capulus*; M. Kayser n'admet, au contraire, qu'un très petit nombre d'espèces, auxquelles il rattache de nombreuses variétés; sans entrer ici, dans la discussion stérile, des limites naturelles de ces groupes, je décrirai séparément les formes que je puis distinguer facilement les unes des autres. Peut-être devra-t-on réduire plus tard le nombre de ces espèces ; elles auront servi, dans ce cas, à montrer la richesse et la variété des formes d'Erbray, et permis de les comparer avec celles de la Bohême, de l'Allemagne et de l'Amérique.

Toutes ces coquilles sont caractérisées par leur forme irrégulière, conique, urcéolée, à sommet aminci et très souvent tourné en spirale ; leur bouche est large, généralement un peu irrégulière, ovale ou arrondie, à bords plus ou moins plissés et irréguliers. L'impression musculaire est invisible sur nos échantillons d'Erbray; cette impression,observée sur des formes américaines par Meek et Worthen (1), leur avait paru trop voisine de celle des *Capulus* actuels, pour permettre de distinguer génériquement les formes paléo-

(1) Meek et Worthen, Contrib. to the paleontology of Illinois, p. 251; Proceed. of the Acad. of natur. Sc. of Philadelphia, T. XVIII, p. 262-263.

zoïques, mais M. Œhlert (1) ayant reconnu des différences sensibles chez des espèces de la Mayenne, les rangea dans le genre *Acroculia Phill.* (= *Platyceras* Conrad).

Les *Platyceras* paléozoïques peuvent être répartis entre les sections suivantes :

a) Espèces à sommet tourné en spirale contigue ; *Neritoïdei* de de Koninck, ou *Acroculia* proprement dits.

b) Espèces à sommet recourbé, non enroulé en spirale : *Pileopsidei* de de Koninck, ou *Orthonychya* de Hall.

Ou encore :

a) Espèces à surface hérissée de pointes ou d'épines (*Spinosi*). *Platyceras* proprement dits.

b) Espèces à surface ornée de plis concentriques (*Annulati*).

c) Espèces à surface lisse, ou à fines stries d'accroissement concentriques (*Lævigati*).

d) Espèces à surface ornée de plis rayonnants (*Plicati*).

e) Espèces à surface ornée d'ondes rayonnantes assez fortes, pour donner à la section transverse une forme polygonale (*Undulati*).

f) Espèces à surface treillisée (*Cancellati ?*) = *Igoceras* Hall.

Ces sections permettent d'établir le tableau suivant, à double entrée, où sont groupées toutes les formes d'Erbray :

	Spinosi.	Annulati.	Lævigati	Plicati.	Undulati.	Cancellati.
Acroculia.			contorta, nob		verrucosa, nob.	
Orthonychia		undulata.	dubia. trigonalis. extensa. inequilateralis. Protei.	aculeata. conoïdea. costata.	Zinkeni, Rœm. acuta. acutissima.	campanulata

---

(1) Œhlert, Bull. soc. géol. de France, T. XI, 1883, p. 602, pl. 16.

Ce tableau montre la prédominance remarquable des *Orthonychia* , dans le Capulien, sur les *Acroculia,* qui l'emporteront, au contraire, sur ceux-ci, dans l'Eifelien. La pauvreté des *Spinosi* et des *Undulati* est extrêmement frappante à Erbray, si l'on compare cette faune de Capulus à celles de Bohême et du Harz où les *Undulati* sont prédominants; elle est plus instructive encore si on la compare à la faune des groupes d'Helderberg. C'est dans le Lower-Helderberg, en effet, d'après M. Hall (1), que la faune des Gasteropodes capuloïdes atteint son plus bel épanouissement, mais chez les *Capulus* de cette époque, les épines sont inconnues, les ornements sont des plis ou des stries concentriques, radiaires , ou treillisés. Les formes ondulées se développent plus tard; c'est dans le groupe d'Oriskany qu'apparaissent les formes noueuses ou épineuses, qui atteignent enfin leur apogée dans le Helderberg supérieur.

L'étude de ces Gastéropodes rapproche donc la faune d'Erbray du Lower-Helderberg, plutôt que du Upper Helderberg.

Le développement des *Capulus* a marché de pair, dans des mers très éloignées, à cette époque, qui correspond à l'apogée de ce groupe; les modifications spécifiques ou variétales sont cependant très grandes dans les diverses provinces. Dans le Harz , région la plus rapprochée , M. Kayser en cite 14 espèces, dont 5 seulement se trouvent en Bretagne, bien que j'y aie distingué 18 espèces différentes : il y a moins de la moitié des espèces communes aux deux régions.

Platyceras Hercynicum, Kays. sp.

Capulus hercynicus, Kayser, Alt. Fauna d. Harzes, 1878, p. 89, pl. 14 et 15.

M Kayser groupe sous ce nom spécifique toute une

---

(1) James Hall, Paleont. of New-York, vol. 3, p. 292, 308, 468, 1859.

série de variétés, distinguées avant lui dans le Harz, par Giebel et A. Rœmer, sous des noms spéciaux : *Platyceras Bischofi, P. acutum P. acutissimum, P. Selcanum.* On trouve à Erbray la plupart de ces variétés, que je préfère ici étudier séparément, les unes après les autres, pour donner une idée de la richesse et de la variété de ces formes, à cette époque.

Platyceras Selcanum, Giebel. (1).

(Pl. 12. fig. 7.)

Capulus Selcanus, Giebel, Sil. Fauna d. Unterharzes, p. 20, pl. 3, fig. 8.
—   Kayser, Alt. Fauna d. Harzes, p. 89, pl. 14, fig. 1-2, Cœt.excl.

Coquille de taille moyenne, conoïde, à côtés lisses, convexes, à sommet sub-aigu, sub-central, non recourbé. Angle apical 90° + 82°. Hauteur égale à la base, ou un peu plus petite, égalant les 5/6 du diamètre de base. Le côté postérieur un peu plus court et un peu moins conxexe que le côté antérieur. La surface cônique est légèrement resserrée vers l'ouverture ; elle présente des parties un peu déprimées. Ouverture arrondie ; surface du test lisse, ornée de stries concentriques d'accroissement très fines.

Rapports et différences : Cette forme est identique à des espèces de Bohême (F) de ma collection ; elle est voisine de *Platyceras pyramidatum* Hall (2) du Lower Helderberg.

Platyceras undulatum, nov. sp.

(Pl. 12. fig. 8.)

Coquille de grande taille, conique, légèrement oblique,

---

(1) Je donne d'abord l'angle apical pris d'avant en arrière, le second chiffre est la valeur angulaire prise de droite à gauche. La hauteur est mesurée verticalement au plan de la bouche. Dans les descriptions de ces espèces, je considérerai toujours la coquille comme reposant horizontalement sur sa bouche, la pointe du crochet étant dirigée vers l'arrière. On pourra ainsi distinguer le coté droit et le coté gauche de la coquille, ainsi qu'un coté antérieur et un coté postérieur : ces derniers seront toujours plus symétriques que les cotés latéraux.

(2) James Hall, Pal. of New-York, vol. 3, pl. 64 ; et Illinois Survey, vol. 3, pl. 7, fig. 11.

à côtés ondulés par de fortes ondulations concentriques. Sommet sub-aigu, sub-marginal, non recourbé ; ouverture sub-circulaire. Angle apical 60° ᐩ 55°. Hauteur égale au plus petit diamètre de la base. Côté antérieur de la coquille convexe, côté postérieur beaucoup plus court et légèrement concave ; côtés latéraux, inégaux, moins convexes que le côté antérieur. Surface du test couverte de stries concentriques d'accroissement, fortes, profondes, au nombre de quatre par mm.

Dimensions : Hauteur 46. mm. ; diamètre longitudinal 48 mm. ; diamètre transversal 46 mm.

Rapports et différences : L'*Acroculia Bischofi* A. Rœm.(1) est la forme du Harz la plus voisine, quoique nettement distincte par sa forme campanulée, son angle apical plus grand, ses côtes rayonnantes, et ses ondes concentriques moins nettes. Il diffère du *Platyceras undatum*, Hall (2), du Upper-Helderberg, parce qu'il est moins recourbé, et que ses ondes sont plus profondes, sur le côté concave que sur le côté convexe, tandis que le contraire a lieu chez l'espèce américaine; celle-ci a, en outre, des ondes discontinues, tendant à se segmenter en tubercules distincts.

Platyceras dubium, nov. sp.

(Pl. 13. fig. 1.)

Coquille de taille moyenne, conique, oblique, à côtés lisses, convexes, inégaux, ondulés irrégulièrement. Sommet aigu, sub-central ; ouverture elliptique, circulaire, à bords ondulés. Hauteur égale à environ la moitié de la base. Cette coquille se distingue surtout par l'irrégularité de ses côtés, présentant des ondulations informes, rentrantes ou saillantes. Surface du test lisse, couverte de fines stries d'accroissement.

---

(1) F. A. Rœmer : Hartz. Beitr. III, p. 118, pl. 17, fig. 10, 1855. — Giebel. Sil. Fauna d. Unterharzes, p. 18, 19, pl. 3, fig. 14, 1, 3. 13, 1858. — Kayser, Alt. Fauna d. Harzes, p. 89, pl. 14. 15, fig. 10, 11, 1878.

(2) James Hal) Pal. of New-York. vol. V, 1879. p. 17, pl. 7, fig. 12.

Dimensions : 10 mm. ; longueur 22 mm. ; largeur 19 mm.

Rapports et différences : Cette forme ne correspond peut-être qu'à de mauvais échantillons de *Platyceras Selcanum* Gieb., à surface irrégulierement bosselée et ondulée? Telle est l'opinion de M. Kayser (1), qui figure dans le Harz des coquilles identiques ; comme toutefois cette variété se trouve à la fois, dans le Harz, à Erbray, et en Bohême, dans l'étage F, je la considérerai comme une espèce indépendante. Elle rappelle enfin, par sa forme générale, des coquilles du carbonifère belge, rapportées par de Koninck (2), au genre américain *Lepetopsis* (*L. cuspidatus*).

Platyceras trigonale, nov. sp.

(Pl. 13. fig. 2.)

Coquille de grande taille, pyramidale, à côtés lisses, plans-convexes, à sommet excentrique, postérieur. Angle apicial 70°+55°. Ouverture trigone, arrondie, aplatie en arrière, rostrée en avant. Hauteur plus petite que la base, comme 7 : 8. Côté postérieur le plus court, plan-convexe, relié aux côtés latéraux également plans-convexes, par des surfaces très bombées ; la coquille présente ainsi la forme d'une pyramide trigonale, a arêtes arrondies. Côté antérieur très convexe, gibbeux en avant du crochet. Test épais, lisse, couvert de fines stries d'accroissement concentriques,

Dimensions : Hauteur 37 mm. ; longueur 41 mm. ; largeur 42 mm.

Rapports et différences : Cette espèce est caractérisée par sa forme générale en pyramide trigonale, qui la distingue de toutes celles qui me sont connues, même du *Platyceras Lorierei* Vern., à section pentagonale, si souvent cité dans le dévonien de l'Ouest de la France, et dont on doit à M. Œhlert (3) une bonne description.

---

(1) Kayser, Alt. Fauna, d. Harzes, p. 90, pl. 15, f. 11.

(2) De Koninck, Calc. carb. de Belgique, Gastéropodes, 1883, pl. 48, fig. 45, 46, p. 192.

(3) Œhlert, Mém. soc. géol. de France, 3ᵉ sér., T. 2, 1881, p. 14, pl. 2, fig 1.

Platyceras inequilaterale, nov. sp.

(Pl. 12. fig. 9.)

Coquille de grande taille, sub-conoïde, campanulée, légèrement oblique, à côtés lisses, convexes, à sommet sub-aigu, excentrique, non recourbé. Ouverture elliptique. Angle apical $90°+70°$. Hauteur plus petite que le grand axe de la base, et plus grande que le diamètre transverse de cette base, égalant environ les 6/7 du grand axe de base.

Côté postérieur de la surface conique, plus court et moins convexe que le côté antérieur ; côté droit très convexe, côté gauche déprimé, ou réciproquement, de sorte que la projection du sommet sur le plan de l'ouverture est tantôt à droite, tantôt à gauche, du diamètre antéro-postérieur. L'ensemble du cône présente une torsion vers la droite. Surface du test lisse, ornée de stries concentriques d'accroissement peu visibles, fines.

Rapports et différences : Cette espèce se distingue de la précédente, par son ouverture elliptique et son inéqualité-ralité. La forme du Harz la plus voisine est *Acroculia Bischofi*, Rœm. (1), dont elle ne présente pas toutefois les ondes rayonnantes ; elle se rapproche davantage de la figure 10, Pl. XV, donnée par M. Kayser. Elle rappelle aussi de très près, par sa forme dissymétrique, les *Platyceras platyostomum* Hall (2), et *Platyceras plicatum*, Hall) (3), du Lower Helderberg, ainsi que *Platyceras spirale* Tscher, (4) de l'Oural.

---

(1) F. A. Rœmer, Harz. Beitr. III, p. 118, pl. 17, fig. 10, 1855.

(2) James Hall, Paleont. of New-York, vol. 3, pl 61, fig. 1.

(3) James Hall, Paleont. of New-York, vol. 3, pl. 64, fig. 1-5.

(4) Tschernyschew : Unt. Devon. am. W. Ural, Saint-Pétersbourg, pl. 3, fig 28, 1885.

Platyceras extensum, nov. sp.

(Pl. 12. fig. 10.)

Coquille de taille moyenne, conoïde, à côtés lisses, convexes ; sommet central, non recourbé. Ouverture elliptique. Angle apical 100° + 75°. Hauteur plus petite que la base, n'atteignant pas la moitié du plus grand diamètre de base. Côté antérieur de la coquille le plus convexe, les autres moins bombés. Test absent, probablement lisse ; les ornements n'ayant laissé aucune trace sur le moule.

Dimensions : Hauteur 15 mm. ; longueur 31 mm. ; largeur 23 mm.

Rapports et différences : Cette forme se rapproche plus des *Lepetopsis* d'Amérique de M. Whitfield (1), et du carbonifère de Belgique (*L. ellipticus, L. conoïdeus,*, de Koninck) (2), que de toutes les espèces de *Platyceras* qui me sont connues ; les caractères du *Lepetopsis* type, de Spergen Hill, donnés par M. Whitfield, sont d'ailleurs, invisibles sur la plupart des échantillons du carbonifère belge, qui me paraissent de vrais *Platyceras (Orthonychia)*.

Platyceras Protei, Œhlert.

(Pl. 12. fig. 11.)

Acroculia Protei, Œhlert, Bull. soc. géol. de France, T. XI, 1883, p. 608, pl. XVI, fig. 1-5.

Coquille conique, sub-globuleuse, à crochet postérieur, dont notre échantillon unique, à l'état de moule, ne montre plus que la place. Ouverture circulaire, déprimée en arrière. Hauteur plus grande que le diamètre de base, comme 8 : 7. Côté antérieur le plus développé, convexe ; côté postérieur plus court que le précédent, aplati, mon-

---

(1) Whitfield, Bull. Amer. Museum, of. nat. hist., vol. 1, p. 67, 1882.

(2) De Koninck, Calc. carb. de Belgique, 1883, Gastéropodes, 4e part., p. 191, pl. 48, fig. 3-8.

trant en arrière du crochet une partie rentrante, qui correspond peut-être à une empreinte musculaire. Entre cette partie et le bord, ce moule présente en outre, des sillons et des renflements irréguliers, que je n'ai observé sur aucun autre échantillon.

Dimensions : Hauteur 40 mm ; longueur 35 mm ; largeur 36 mm.

Rapports et différences : Notre unique échantillon, dépouillé de son test, n'est pas assez bien conservé pour que sa détermination soit tout à fait certaine; il se rapproche beaucoup, en tous cas, de l'espèce trouvée par M. Œhlert, dans le Dévonien de la Mayenne. On ne peut le distinguer non plus de certaines coquilles de F de Bohême, encore inédites. Il appartient au groupe des *Platyceras calantica, P. obesum,* Hall (1) du Lower Helderberg.

Platyceras aculeatum, nov. sp.

(Pl. 13. fig. 3.)

Coquille allongée, conique, aigüe, en forme de corne droite, à section polygonale arrondie. Crochet aigu droit ou très peu recourbé, sub-central. Ouverture polygonale sub-circulaire. Angle apical 30°. Hauteur dépassant le double du diamètre de la base. Côté postérieur un peu plus court que le côté antérieur, peu différent toutefois : cette coquille est en forme de cône aigu, passant à une pyramide à 5 ou 7 faces, par le développement de bandes déprimées, plates, mal délimitées et continues du crochet à la bouche. Surface du test couverte de plis rayonnants peu saillants, gros, inégaux, larges de 1 à 1.5 mm. ; ces plis laissent une trace visible sur le moule interne de la coquille.

Dimensions : Hauteur 40 mm. ; longueur 18 mm. ; largeur 17 mm.

---

(1) James Hall, Paleont. of New-York, vol. 3, p. 328, pl. 62, fig. 1-5, 6-7.

Rapports et différences : Cette espèce se distingue surtout des précédentes par les plis rayonnants qui ornent son test; son ornementation rappelle un peu celle du *Platyceras plicatum* Hall (1), du Lower Helderberg, dont les plis sont fins, cancellés, et la forme générale moins aigüe.

Platyceras conoïdeum, nov. sp.
(Pl. 13. fig. 4.)

Coquille de grande taille, conique, oblique, à côtés lisses, convexes, à sommet aigu, excentrique, non recourbé. Angle apical 70°+55°. Ouverture circulaire, déprimée en arrière. Hauteur égale au plus grand diamètre de la base. Le côté postérieur le plus court est plan ou même légèrement déprimé en son milieu; les autres côtés sont convexes, lisses, plus longs; la surface conique est resserrée vers l'ouverture. Surface du test couverte de fines stries d'accroissement, fines, irrégulières, à peine visibles, et portant en outre, des plis rayonnants, irréguliers, arrondis, très peu saillants, larges de 1 à 2 mm., et limités à la région de la coquille voisine de l'ouverture.

Dimensions : Hauteur 45 mm. ; longueur 40 mm. ; largeur 45 mm.

Rapports et différences : Cette espèce devra probablement être réunie à *Platyceras Selcanum*, dont elle se distingue par sa taille plus forte, son angle apical plus aigu, et surtout par les plis rayonnants qui ornent son bord, et qui sont invisibles chez *Platyceras Selcanum*. Elle se rapproche beaucoup aussi du *Capulus rigidus*, Maurer (2).

Platyceras costatum, nov. sp.
(Pl. 13. fig. 5.)

Coquille de taille moyenne, conique, renflée, campanu-

---

(1) James Hall, Pal. of New-York, vol. 3, p. 334, pl. 64, fig. 1-5.
(2) Maurer, Kalk von Waldgirmes, Darmstadt, 1885, p. 242, pl. X, fig. 25.

lée, à côtés convexes; sommet aigu, sub-central, non recourbé. Angle apical 70+60. Ouverture arrondie, sub-circulaire. Hauteur un peu moindre que le diamètre de base, 7 : 8. Côté postérieur convexe, plus court que les autres côtés, tous renflés, et plus bombés que chez les autres espèces. La surface conique est ainsi dilatée en forme de cloche.

Le test manque sur nos échantillons; il était couvert de côtes rayonnantes et de sillons, plus profonds que dans les autres espèces, car ils ont laissé leur trace sur les moules internes ; les côtes présentent une largeur de 1 à 2 mm., et se suivent irrégulièrement du crochet au bord, où elles forment leur plus grande saillie.

Dimensions : Hauteur 21 mm. ; longueur 24 mm. ; lar geur 24 mm.

Rapports et différences : Cette espèce se distingue de toutes les autres par ses nombreuses côtes rayonnantes, séparées par de profonds sillons. Elle se distingue nettement du *Platyceras plicatum*, Hall (1), à ornementation analogue, par sa forme générale.

Platyceras Zinkeni, F. A. Rœmer.

(Pl. 13. fig. 6.)

Acroculia Zinkeni, F. A. Rœmer, Verstein, Harzgeb. p. 17, pl. 7, fig. 4, 1843.
— Kayser, Alt. Fauna, d. Harzes, p. 93, pl. 15, fig. 5-7.

Coquille de petite taille, en forme de bonnet, comprimée latéralement, très concave en arrière, très convexe en avant, et présentant de ce côté une forte carène. Sommet aigu très recourbé en arrière, tourné du côté droit, non enroulé. Ouverture elliptique, sub-trigone. Hauteur plus grande que la base, d'environ un dizième. Côté postérieur déprimé, concave, aplati ; côtés latéraux convexes ; côté antérieur portant une carène saillante, un peu tordue vers

---

(1) James Hall, Paleont. of New-York, vol. 3, p. 344, pl. 64, fig. 1-5.

la droite. Surface du test lisse, à faibles stries concentriques d'accroissement.

Dimensions : Hauteur 10 mm. ; longueur 9 mm. ; largeur 8 mm.

Rapports et différences : Cette espèce me semble identique à *Acroculia Zinkeni* du Harz, décrite par Rœmer et M. Kayser; ainsi qu'à une espèce de F, de Bohême, que je possède. Elle a des rapports avec *Pileopsis compressa* Gold. (1), de l'Eifel, également caréné, mais à crochet enroulé, ainsi qu'avec *Platyceras carinatum* Hall (2) ; mais elle est moins enroulée que les variétés du Hamilton group, et à bouche moins dilatée que celles du Upper Helderberg group. Elle rappelle *Platyceras cf. unguiforme*, Hall, de l'Oural, tel qu'il est décrit par M. Tschernyschew (3), et ne saurait être confondue avec le *Platyceras Dentalium*, signalé par M. Œhlert (4), dans le Dévonien de Néhou, ni avec *Capulus aries*, Maurer (5), ni avec le *Capulus marginatus* Barr. in Maurer (6).

Platyceras acutum, A. Rœmer.

(Pl. 13. fig. 7.)

Acroculia acuta, F. A. Rœmer, Harz. Beitr. III, p. 118, pl. 17, fig. 11, 1855.
    —   Kayser, Alt. Fauna d. Harzes, p. 91, pl. XIV, fig. 5-13, 1878.

Coquille allongée, conique, aigüe, oblique, à côtés ondulés par des plis rayonnants. Crochet recourbé. Ouverture sub-circulaire, irrégulière, ondulée. Angle apical 30°. Hauteur dépassant le double de la base. Côté postérieur de la coquille légèrement concave ; côté antérieur convexe ;

---

(1) Goldfuss, Pet. Germ., vol. 3, pl. 167, fig. 18.

(2) James Hall, Paleont. of New-York, vol. V, 1879, p. 5, pl. 2, fig. 12-29.

(3) Tschernyschew, Unt. Devon am W. Urals, Saint-Pétersbourg, 1885, pl. 1, fig. 8.

(4) Œhlert, Mém. soc. géol. de France, 3e sér., T. 2, 1881, p. 15. pl. 2, fig. 2.

(5) Maurer, Kalk von Waldgirmes, Darmstadt, 1885, p. 239. pl. X, fig. 15.

(6) Maurer, l. c., p. 238.

côtés latéraux inégaux, l'un convexe, l'autre concave : le côté concave présente des sillons creux et des côtes rayonnantes sur toute la hauteur de la coquille ; les sillons étant au nombre de deux sur mon échantillon. Ils sont un peu déviés sur la gauche la coquille, qui correspond ici à la concavité.

Dimensions : Hauteur 47 mm. ; longueur 20 mm. ; largeur 18 mm.

Rapports et différences : Cette coquille est identique à des formes de Bohême de ma collection, ainsi qu'à l'espèce citée du Harz de Rœmer, Giebel et M. Kayser, dont je ne puis la distinguer. Elle est représentée dans le Lower Helderberg par *Platyceras elongatum* Hall (1).

Platyceras acutissimum, Gieb.

(Pl. 13. fig. 8.)

Acroculia acutissima, Giebel, Sil. Fauna Unterharzes, p. 19, pl. 3, fig. 9, 1858.
      —   Kayser, Alt. Fauna d. Harzes, p. 89, pl. 14, fig. 14, p. 91.

Coquille allongée, conique, aigüe, oblique, lisse, en forme de corne, à section polygonale arrondie. Crochet aigu, peu recourbé. Ouverture polygonale, sub-circulaire. Angle apical 26°. Hauteur 3 à 4 fois plus grande que le diamètre de la bouche ; côté postérieur droit, légèrement concave près du crochet, les autres côtés plans-convexes, ornés de sillons rayonnants, obsolètes, larges, peu profonds, qui donnent à la coquille sa section grossièrement polygonale. Surface du test lisse, munie de faibles stries concentriques d'accroissement, ondulées.

Dimensions : Hauteur 46 mm. ; longueur 14 mm. ; largeur 14 mm.

Rapports et différences : Cette espèce me paraît identique à *Acroculia acutissima* Giebel, du Harz ; elle présente des relations plus éloignées avec des formes de l'Oural : *Capu-*

---

(1) James Hall, Paleont. of New-York, vol. 8, p. 335, pl. 64, fig. 6-10.

lus irregularis, C. pileolus Eichwald (1), et *Platyceras cornutum* Tscher. (2).

Platyceras uncinatum, F. A. Rœmer.

(Pl. 13. fig. 9.)

Acroculia uncinata, F. A. Rœmer, Harz. Beitr. II, p. 101, pl. 15, fig. 15, 1852.
— Giebel, Sil. Fauna d. Unterharzes, p.20, pl.3, fig. 19,20, 1858,
Capulus uncinatus, Kayser, Alt. devon. Abl. d. Harzes, p. 92, pl. 15, fig. 1-3.
4-9, 1878.

Coquille de petite taille, conique, oblique, sub-trigone, à sommet aigu, recourbé, sub-central. Angle apical 60+50. Ouverture elliptique, un peu échancrée en arrière, et se rapprochant ainsi des *Metoptoma*. Hauteur moindre que le plus grand diamètre de la base. Côté postérieur concave, aussi long que le côté antérieur très convexe; côtés latéraux présentant des dépressions sillonales, obtuses. Surface du test couverte de stries d'accroissement concentriques; quelques-unes plus fortes que les voisines, rappellent l'aspect du type de Rœmer.

Dimensions : Hauteur 7 mm ; longueur 8 mm ; largeur 6 mm.

Rapports et différences : Cette espèce se rapproche notamment des figures citées, 4, 9, de M. Kayser; elle rappelle le polymorphe *Capulus Hainensis*, Maurer (3), du dévonien du Nassau, ainsi que le *Capulus proavus* Eichwald (4)? de l'Oural.

Platyceras campanulatum, nov. sp.

(Pl. 13. fig. 10.)

Coquille de grande taille campanulée, oblique, à côtés

---

(1) Eichwald, Lethæa Rossica, I, p. 1101, pl. 51, fig. 15; pl. 50. fig. 11.

(2) Tschernyschew, Unt. devon am W. Urals, Saint-Pétersbourg, pl. 3, fig. 29, 1885.

(3) Maurer, Kalk von Waldgirmes, Darmstadt, 1885, p. 239, pl. X, fig. 16-20.

(4) Eichwald, Lethaea Rossica, I. p. 1002, pl. 51, fig. 14.

lisses, convexes, notamment près du crochet ; les côtés se rapprochent vers la bouche, qui est ainsi resserrée. Ouverture circulaire. Sommet excentrique, postérieur, renflé. Angle apical 100° + 110°. Hauteur plus petite ou égale au diamètre de base ; le côté antérieur plus long et beaucoup plus convexe que les autres. Surface du test, ornée de petits plis concentriques de 0.05 mm, séparés par des sillons linéaires, et traversés par des sillons linéaires rayonnants, ondulés, obliques, qui donnent à la surface une structure treillisée. Ces ornements ne laissent pas de traces à la surface du moule interne qui est lisse, et ne présente que quelques anneaux concentriques obsolètes, en approchant du bord.

Dimensions : Hauteur 33 mm ; longueur 37 mm ; largeur 37 mm.

Rapports et différences : Cette espèce voisine de *Platyceras Selcanum, P. conoïdeum*, s'en distingue par sa forme campanulée, en casque, rétrécie vers la bouche, et les ornements cancellés de sa surface, qui rappellent ceux d'une variété de *Platyceras elongatum* figurée par M. Hall (1).

Platyceras contortum, nov. sp.

(Pl. 14. fig. 1.)

Coquille de grande taille, ventrue, enroulée, comprimée latéralement, composée de trois tours de spire très convexes, dont le dernier mesure environ les 3/4 de la hauteur totale. Suture très profonde, creusée en gouttière ; spire peu développée, nettement déroulée. Ouverture grande, sub-ovale, plus longue que large ; bords sinueux ; labre mince, échancré au bord du dernier tour, par un sinus arrondi. Pas d'ombilic. La surface de la coquille est couverte d'un grand nombre de stries d'accroissement, sinueuses comme le labre ; elles sont flexueuses et traversées sur le côté antérieur de la coquille par deux et parfois

______

(1) James Hall, Paleont. of. New-York, vol. 3, p. 335, pl. 65, fig 5.

trois sillons, qui déterminent entre eux la formation de bourrelets longitudinaux.

Dimensions : Hauteur totale 43 mm ; longueur de l'ouverture 32 mm ; largeur 28 mm.

Rapports et différences : Cette espèce est voisine de *Pileopsis lineata* Gold. (1), par sa spire ; elle présente de très intimes relations avec plusieurs espèces du Lower Helderberg, telles que *Platyceras Billingsi*, Hall (2), *Platyceras trilobatum* Hall (3), auxquelles on devra peut-être la réunir. Le *Platyceras disjunctus* Giebel (4), est la forme du Harz la plus voisine, car le développement et la profondeur des sillons rayonnants diffèrent beaucoup sur nos échantillons ; elle se distingue par sa largeur moindre, sa spire relativement plus grande, et moins oblique. Le *Capulus haliotis* d'Orb. (5), est distinct par sa spire non déroulée. Le *Platystoma naticopsis var. undulata*, Œlh. (6), dont nous connaissons de bons échantillons de la Baconnière, ainsi que des moules internes de cette même localité, appartient au même genre que notre *Platyceras contortum* : les deux espèces sont d'ailleurs voisines, le *Platystoma naticopsis, var. undulata*, se distinguant principalement par le développement plus grand de sa spire, et par les ondulations qui ornent sa surface. Le *Platyceras contortum* n'est pas bien éloigné de notre *Strophostylus Giebeli*, et on trouvera peut-être entre eux des passages ; on pourrait aussi songer à ranger ces formes dans le genre de *Diaphorostoma* Fischer, mais nous n'avons pu dégager suffisamment la bouche de nos échantillons d'Erbray, pour élucider les relations ou les différences, des diverses sections des *Platyceras*.

----

(1) Goldfuss, Pet. Germ., p. 10, pl. 168, fig. 2.

(2) James Hall, Pal. of New-York, vol. 3, p. 315, pl. 57, fig. 1.

(3) James Hall, Pal. of New-York, vol. 3, p. 316, pl. 57, fig. 5.

(4) Giebel, Sil. Fauna, d. Unterharz, p. 25, pl. 3, f. 4, 1858.

(5) D'Orbigny, Prodrome, 1847, p. 31 = Nerita haliotis Sow. 1839, in Murch., Siluria, pl. 12, fig. 16.

(6) Œhlert, Mém. soc. géol. de France, 3ᵉ sér. T. 2, pl. 1. fig. 11, p. 13, 1881.

Platyceras verrucosum, nov. sp.

(Pl. 14. fig. 2.)

Coquille de grande taille, ventrue, enroulée, dissymétrique, aplatie du côté droit, étalée du côté gauche, composée de trois tours de spire convexes, dont le dernier mesure près des 3/4 de la hauteur totale. Suture profonde, en gouttière; spire peu développée. Ouverture grande, sub-pentagonale, plus longue que large, à bords sinueux. Surface du test couverte de stries d'accroissement fines, concentriques; le dernier tour, très convexe, porte en outre, sur sa face antérieure, de grosses nodosités allongées, alignées suivant trois à cinq séries rayonnantes.

Dimensions : Hauteur 48 mm ; longueur 33 mm ; largeur 31 mm.

Rapports et différences : Toutes les relations de cette espèce sont avec des coquilles du Upper Helderberg, le *Platyceras nodosum,* Hall (1), très voisin, se distingue par la disposition irrégulière de ses nodules, par sa spire plus déroulée ; le *Platyceras dumosum* Conrad (2) présente des différences de même ordre, le *Platyceras undatum* Hall (3), à crochet non enroulé, s'éloigne déjà davantage. A Saint-Cassian, le *Pileopsis pustulosa* Münster (4) dérive de ce groupe.

Genus STROPHOSTYLUS, Hall.

Strophostylus, James Hall. Paleont. of. New-York, 1859, Vol. 3, p. 303.

Coquille globuleuse, gibbeuse, à tours contigus, non ombiliquée. Spire courte, peu développée ; dernier tour très grand. Labre mince. Lèvre interne striée en spirale. Le genre *Diaphorostoma* Fischer (5), plus connu sous le

---

(1) James Hall, Pal. of. New-York, vol. V, 1879, p. 17, pl. VII, fig. 4.5.

(2) Conrad, in JamesHall, Pal. of New-York, vol. V, p. 14, pl. 8, fig. 3 ; — ibid., pl. 5, fig. 11-16.

(3) James Hall, Pal. of New-York, vol. V, p. 17, pl. 8, fig. 1-2.

(4) Münster in Goldfuss, Pet. Germ., pl. 168, fig. 10, p. 12.

(5) Fischer. Man. de Conchyl, 1885, p. 756.

nom de *Platystoma* Conrad (1), occupe une position intermédiaire entre les *Strophostylus* et les *Platyceras*. Ce genre
ne différerait des *Strophostylus*, d'après les diagnoses de
M. Hall, que parce que le labre serait uni à angle droit au
bord columellaire, et que ce bord serait épais, aplati,
au lieu d'être strié. Mais M. Hall (2), reconnaît aussi bien
que M. Lindstr m, et tous ceux qui se sont occupés de ces
genres, qn'il y a entre eux les passages les plus insensibles ;
M. Lindstrom ayant même figuré une espèce, *Platyceras
cornutum*, Linds. (3), dont les diverses variétés présentent
les caractères reputés génériques des *Strophostylus, Diaphorostoma, Platyceras*, il n'y a plus lieu de discuter sur les
limites de ces genres. Toutes ces coquilles appartiennent
à un même genre naturel, que nous désignerons avec
M. Lindström, sous le nom de *Platyceras*. Provisoirement
nous considérerons cependant les *Strophostylus* comme une
section, de même valeur que *Acroculia*, ou *Orthonychia*, où
nous rangerons les formes de *Platyceras* à tours contigus,
munies d'une columelle, et à labre non sinueux. Une révision monographique des *Platyceras* donnerait les plus intéressants résultats au point de vue phylogénique.

Platyceras (Strophostylus) naticoïdes, A. Rœmer.

(Pl. 14. fig. 3.)

Acroculia naticoïdes.... F. A. Rœmer, Harz. Beitr.II, p. 101, pl. 15, fig. 16, 1852.
Capulus naticoïdes .....Giebel, Sil. Fauna Unterharzes, p. 26, pl. 3, fig. 7, 1858.
Prœnatica gregaria.....Barrande, M. S.
Platyostoma naticoïdes, Kayser, Alt. Fauna d. Harzes, p. 100, pl. 16, fig. 4.

Coquille de dimensions variables, ventrue, atteignant
une grande taille, plus longue que large, composée de trois
tours de spire à développement rapide. Les premiers tours
s'enroulent à peu près dans un même plan, et le dernier
qui les enveloppe n'en laisse apercevoir qu'une faible par-

(1) Conrad, Journ. of the Acad. of nat. sci., vol. 8, p. 275 — 1842.
(2) J. Hall. Pal. of New-York, vol. V. Part. 2, p. 129.
(3) G. Lindström : Gast. of Gotland, p. 63, pl. 2, fig. 29—5 ; pl. 3, fig. 6—9, 19—26.

tie : il forme les 5/6 de la hauteur totale. Suture linéaire.
La spire n'est pas régulièrement convexe, les tours étant
plus renflés du côté de l'ouverture, et déprimés du côté du
crochet. L'ouverture est très grande, ovale, transverse et
un peu oblique ; son bord columellaire non épaissi est tordu
en spirale ; son bord externe est tranchant, légèrement
anguleux vers son extrémité antérieure où il se rencontre
avec le bord columellaire, en s'infléchissant. Le test est
mince, orné d'une innombrable quantité de fines côtes
d'accroissement, très serrées, obliques, parallèles entre
elles; quelques-unes sont plus grosses, lamelleuses. Les bons
échantillons, et surtout ceux de petite taille, montrent en
outre, de petites stries tranverses, très superficielles, ondulées, discontinues, distantes de 1/2 millimètre.

Dimensions des plus grands échantillons : hauteur 56 mm ;
longueur de l'ouverture 46 mm ; largeur 52 mm.

Rapports et différences : Ces coquilles sont identiques
par leur forme générale, et même par l'ornementation de
leur surface à *Prœnatica gregaria*, de F, des collections de
Bohême ; mais cette espèce manuscrite de Barrande, tombe
en synonymie avec *Acroculia naticoïdes* de Rœmer, comme
l'a reconnu M. Kayser. Elle est représentée en Amérique
par *Strophostylus Fitchi*, Hall (1) du Lower Helderberg,
qui en est extrêmement voisin, sinon identique ; elle rappelle également *Platyceras Gebhardi*, Conr.,du grès d'Oriskany.

Platyceras (Strophostylus) orthostoma, nov. sp.

(Pl. 15. fig. 1.)

Coquille de dimensions variables, atteignant une assez
grande taille, plus longue que large, composée de 2 1/2
tours de spire à développement rapide. Spire courte, non
saillante, suture faible ; le dernier tour très ample est
presque égal à la hauteur totale de la coquille, et recouvre

---

(1) J. Hall, Pal. of New-York, p. 306, pl. 67, fig. 2.

en majeure partie les tours qui l'ont précédé. Les tours ne
sont pas régulièrement convexes, mais renflés, presque
carénés du côté de l'ouverture, et au contraire, aplatis du
côté du sommet. Vue de face, du côté de la spire (fig. 1 b.),
la coquille présente une surface plane, où la spire fait à
peine saillie de 1/2 millimètre. La forme de l'ouverture est
semi-elliptique, ovale en avant, tronquée et droite en
arrière; le bord externe est tranchant, le bord interne
tordu en spirale. La surface porte des stries obliques d'accroissement, concentriques, et de deux ordres; les unes
très fines, régulières, ondulées, visibles à la loupe; les
autres plus grosses, lamelleuses, irrégulières, visibles à
l'œil nu.

Dimensions des plus grands échantillons : Hauteur 36 mm;
longueur de l'ouverture 35 mm ; largeur 30 mm.

Rapports et différences : Cette espèce se distingue de
Strophostylus naticoïdes par la disposition à angle droit du
bord postérieur de sa bouche, ainsi que par sa spire moins
saillante. Elle se rapproche par ces caractères de *Platyostoma turbinata* Hall (1), du Upper Helderberg, et de *Pileopsis ampliata* Gold (2), de l'Eifel ; elle me paraît enfin identique à l'espèce de l'Oural, figurée par M. Tschernyschew (3),
et rapportée par lui avec doute à *Platyostoma cf. Billing-
sii* de Hall.

Platyceras (Strophostylus) naticopsis, Œhlert

(Pl. 14. fig. 4.)

Platystoma? *naticopsis*, Œhlert, *Bull. soc. géol. de France*, 3e sér. T. V. p. 588,
pl. IX, fig. 10, 1877.
Strophostylus Lebescontei nobis, *Ann. soc. géol. du Nord*, T. XIV, 1887, p. 163.

Coquille de taille médiocre, globuleuse, transverse, à
spire assez bien développée, composée de trois tours, dépas-

---

(1) James Hall, Paleont. of New-York, vol. 5, p. 27, pl. IX, fig. 12-24.
(2) Goldfuss, Pet. Germ., p. 11, pl. 168, fig. 5
(3) Tschernyschew, Mém. com. géol. d. Russie, vol. 3, N° 3, pl. 4, fig. 34.

sant le dernier de 2 millimètres. Suture faible, pas profonde. Dernier tour très ample, atteignant presque la largeur de la hauteur totale de la coquille ; il est très convexe
et à peine aplati du côté de la suture. Ouverture très
grande, ovale, oblique, plus large que longue ; bord externe
tranchant, bord interne tordu en spirale. La surface présente aux bords de la suture une série de plis transverses,
qui disparaissent bientôt, se confondant vers leur extrémité
antérieure avec les plis d'accroissement ; tout le tour est
orné de nombreux plis d'accroissement concentriques, fins,
lamelleux, parmi lesquels on en remarque de plus accusés,
à peu près équidistants.

Dimensions : Hauteur totale 25 mm ; longueur de l'ouverture 15 mm ; largeur 23 mm.

Rapports et différences : Une belle série de *Strophostylus
naticopsis* du calcaire coblenzien de Gahard, m'a permis de
reconnaître l'identité de cette forme d'Erbray, avec l'espèce
de M. Œhlert. Bien que M. Œhlert eût indiqué la grande
variabilité de cette espèce, tantôt globuleuse, tantôt comprimée, de dimensions petites ou grandes, j'avais d'abord
pensé pouvoir distinguer sous un nom spécial *S. Lebescontei*,
la variété d'Erbray : je crois aujourd'hui devoir les réunir.
L'espèce étrangère la plus voisine que je connaisse, est
Strophostylus globosus Hall (1) du Lower Helderberg.

Platyceras (Strophostylus) Giebeli, Kays. sp.

(Pl. 14. fig. 5.)

Platystoma Giebeli...Kayser, Alt. Fauna d. Harzes, 1878, p. 99, pl. 16, fig. 1-3.
Strophostylus Cheloti, Œhlert, Bull. société scient. d'Angers, 1887, p. 6. pl. 6. fig. 8

Coquille de dimensions très variables, atteignant parfois une grande taille, ovoïde, enroulée, plus longue que
large, composée de trois tours de spire convexes, dont le
dernier mesure environ les 7/8 de la hauteur totale. Suture

---

(1) James Hall. Pal. of New-York, vol. 3, p. 305, pl. 55, fig. 8.

profonde. Spire peu développée, à tours contigus. Dernier tour ventru, régulièrement arrondi du côté dorsal, oblique par rapport à l'axe longitudinal de la coquille. Ouverture grande, ovale, plus longue que large ; bord columellaire moins convexe que le bord externe, sans callosité, et bien distinct de celui des *Naticopsis*. Labre mince, tranchant, présentant au bord une faible sinuosité, également indiquée par les ornements du test. Surface du test couverte de fines stries d'accroissement, obliques, concentriques, devenant sinueuses près de l'ouverture.

Dimensions : Hauteur totale 60 mm ; longueur du dernier tour 53 mm ; largeur 46 mm. — Notre plus petit échantillon ne dépasse pas 14 millimètres de hauteur totale.

Rapports et différences : Cette espèce me paraît identique par sa forme générale et par ses ornements, à la forme du Harz décrite par M. Kayser sous le nom de *Platystoma Giebeli*. Elle rappelle aussi *Platyceras Billingsi*, *Platyceras trilobatum*, des États-Unis, et surtout le *Strophostylus Fitchi* Hall (1), du Lower-Helderberg, elle se distingue de notre *Platyceras contortum*, par sa spire non déroulée et l'absence de bourrelets longitudinaux sur son dernier tour. Je ne crois pas qu'il soit possible de distinguer de cette forme, le *Strophostylus Cheloti*, Œhl., de la Mayenne : les échantillons d'Erbray se rapportent exactement aux figures de M. Œhlert. Nos figures se distinguent davantage il est vrai, mais la raison en réside principalement dans l'orientation différente qui leur a été donnée ; notons de plus que notre figure 5 c a été déplacée par le lithographe, il faudrait reporter l'axe longitudinal du dessin, vers le N. E., comme l'indique la flèche, pour faire ressortir l'obliquité de la bouche, par rapport à l'axe longitudinal de la coquille.

---

(1) J. Hall, Paleont. of. New-York, vol. 3. p. 306, pl. 67. fig. 2.

BELLEROPHONTIDAE

Les *Bellerophons* dont la position systématique a été si longtemps ballottée des Céphalopodes, aux Hétéropodes, et à diverses familles de Gastéropodes, ont des relations évidentes avec les *Tremanotus*, que Meek (1), et M. Liudström (2), ont bien mis en lumière. Les affinités qui réunissent d'autre part les *Tremanotus*, aux *Haliotis* et aux *Pleurotomaria*, prouvent que les *Bellerophontidæ*, doivent être rangés près des *Fissurellidæ* et des *Haliotidæ*, entre ces groupes et les *Pleurotomaridæ*.

Genus TUBINA, Barr. M. S.

Coquille largement ombiliquée, discoïde, sub-symétrique, à tours disjoints, peu nombreux, ressemblant à un *Gyroceras*. Bouche étalée en trompette; fente du labre remplacée au dernier tour par cinq rangées de trous, qui paraissent bouchés par un mince dépôt calcaire ; le filet qui les encadre ne devait pas se prolonger en tube creux ou en épine, car il existe également sur les tours intérieurs. Cette coquille appartient à la famille des *Bellerophontidæ*, et vient se placer au voisinage des *Tremanotus* Hall (1), des *Salpingostoma* F. Rœmer (2), et des *Tubina* Barr. (manuscrit) : on peut la considérer comme le type d'un genre nouveau.

Elle se distingue des *Tubina* parce que ceux-ci portent 3 rangées de trous au lieu de 5, des *Tremanotus* parce qu'ils n'ont que 1 rangée de trous, des *Salpingostoma* parce qu'ils n'ont qu'une seule fente. La forme discoïde, symétrique de la coquille, l'éloigne des *Phymatifer*, Évomphales épineux de de Koninck (3).

---

(1) James Hall : 20 th. Report State Museum, New-York, 1868.

(2) F. Rœmer, Lethæa geogn. paleoz., 1876, pl. 5, fig. 12.

(3) De Koninck, Gaster. carb. de Belgique, 1881.

Tubina Ligeri, nov. sp.
(Pl. 15. fig. 2.)

Coquille de taille moyenne, discoïde, biconcave, rappelant la forme de certains *Gyroceras*. Tours de spire peu nombreux, convexes, séparés, ou au moins nullement embrassants, dans leur enroulement. Ombilic très large, très ouvert, égal au 1/5 de la largeur totale ; permettant de voir tous les tours de la spire. Ouverture grande, arrondie, subcarrée, aussi haute que large. La surface est ornée de plis spiraux, sub-égaux, équidistants, au nombre de 17 ; le pli impair situé au milieu de la partie dorsale, correspond au sillon des *Porcellia*, il porte des épines creuses : les deuxième et quatrième plis de chaque côté, de ce pli médian, sont de même épaisseur ; tous les autres plis sont lisses, arrondis. La surface est lisse dans l'ombilic ; les plis spiraux sont traversés sur le reste de la coquille, par des stries d'accroissement, obliques, régulières, espacées de 1/2 millimètre.

Dimensions : Hauteur 13 mm ; largeur 25 mm.

Genus BELLEROPHON.

Bellerophon pelops, Hall.
(Pl. 15. fig. 14.)

Bellerophon pelops, Hall, Pal. of. New-York, Vol, V, p. 95, pl. 22, fig. 7-14, 1861.

Coquille globuleuse, dont les tours se recouvrent de façon à laisser entre eux un ombilic vaste, égal au quart du diamètre total, et permettant d'apercevoir les autres tours de spire. Tours très larges, déprimés, six fois plus larges que hauts, et un peu carénés sur les côtés de la coquille, entre le dos et l'ombilic. Bande du sinus repré-

---

(1) Meck. On the affinities of the Bellerophontidae, Proceed. Chicago Acad. Sci. vol. 1, p. 9.

(2) Lindström : Sil. Gast. of Gotland., p. 69, 1884.

sentée par une carène étroite, bien marquée. Test orné de stries d'accroissement transverses, assez fortes, très visiblement recourbées dans la bande du sinus, où elles forment de petites imbrications ; ces stries s'écartent en divergeant de la bande du sinus vers l'avant. La bouche manque dans l'unique spécimen trouvé, de sorte que les dimensions relatives des diverses parties ne peuvent être données ici, avec certitude ; la forme de la bouche, avec sa callosité recouvrant l'ombilic, constitue un des principaux caractères de l'espèce de M. Hall, que nous ne pouvons retrouver dans la coquille d'Erbray.

Dimensions : Hauteur 18 mm ; diamètre 18 mm.

Rapports et différences : Cette espèce se distingue facilement de toutes celles qui sont citées dans le Dévonien de l'Ouest, dans les mémoires de M. Œhlert ; elle se rapproche davantage du *Bellerophon lineatus* Gold. (1), du Givétien d'Allemagne, par ses dimensions et ses ornements, et n'en diffère que par son ombilic beaucoup plus ouvert. Malgré l'état incomplet de notre échantillon, j'ai peu de doutes sur son identité avec l'espèce du Schoharie-grit (base du Upper Helderberg) ; je possède, en outre, un *Bellerophon* de Konieprus (F), qui me paraît également identique à cette espèce d'Erbray.

Genus PLEUROTOMARIA

Pleurotomaria (Phanerotrema) Cailliaudi, nov. sp.

(Pl. 15. fig. 3.)

cf. Pleurotomaria occidens, Œhlert, Bull. soc. géol. de France, 3ᵉ ser. T. V, p. 585, pl. IX, fig. 6.

Coquille de grande taille, composée de cinq tours de spire très renflés, dont le dernier est très développé. Bouche oblongue, subrhomboïdale ; bord columellaire caché sur

---

(1) Goldfuss, in Sandberger, V. Rhein. S. in Nassau, p. 179 pl. 21, fig. 5 a. 5 b. 5.

l'échantillon. Toute la surface est couverte de plis spiraux, étroits, arrondis, distants de 1/2 millimètre, traversés par des stries d'accroissement irrégulières, rapprochées les unes des autres. Les tours de spire sont divisés par une bande élevée assez large, placée vers le tiers postérieur du dernier tour, et vers la moitié des autres, dont une partie est recouverte par l'enroulement.

Dimensions : Hauteur 35 mm ; largeur 22 mm.

Rapports et différences : Cette coquille diffère du type dévonien de la Baconnière de M. Œhlert, en ce que la partie des tours située en arrière de la bande est moins aplatie et parce que ses plis sont un peu plus renflés, noueux, aux points de croisement des stries transverses ; je ne sais si ces différences sont suffisantes pour les séparer spécifiquement ? *Pleurotomaria Cailliaudi* rappelle de plus loin une forme du Lower-Helderberg, la *Pleurotomaria labrosa* Hall (1) ; elle se distingue de *Pleurotomaria occidens* Hall (2) du Niagara group, par son tour convexe en arrière de la bande, non caréné, par sa bouche non anguleuse (fig. 10), de forme très différente, par ses plis spiraux plus réguliers, mieux marqués, ne manquant jamais dans la partie antérieure (pl. XV, fig. 11). Cette coquille se rapporte à la section des *Incisæ* de M. Lindström, ainsi qu'à *Phanerotrema*, Fischer (3), par la région de la bande du sinus saillante, par sa spire courte, et son dernier tour élevé.

Pleurotomaria (Euomphalopterus) subalata , Vern.

(Pl. 15. fig. 6.)

Evomphalus subalatus, de Verneuil, Bull. soc. géol. de France, 2ᵉ ser. T. VII, p. 779. 1850.
    — Œhlert, Mém. soc. géol. de France, 3ᵉ ser. T. 2, p. 10 pl. 1, fig. 8, 1881.
    — Tschernyschew, West. Abh. des Urals, St-Pétersbourg. 1885, p. 21, pl. 4, fig. 36.

Coquille conique, de taille moyenne, composée de 4 à

---

(1) James Hall, Pal. of. New-York, vol. 3, p. 339, pl. 66.

(2) James Hall, 20 th. Report state Museum, New-York, 1867, p. 392, pl. XV fig 11-12; pl. XXV, fig. 9-10.

(3) Fischer, Man. de Conch., p. 851.

6 tours convexes en leur milieu, déprimés à leur partie
supérieure, qui se trouve couverte par une expansion
lamelleuse du tour précédent. Cette expansion lamelleuse
correspondant à la bande du sinus, forme à elle seule, plus
du tiers de la largeur du tour, elle en atteint la moitié sur
un échantillon. Ombilic profond, étroit, n'égalant que le
1/5 du diamètre de la base. Ouverture oblique, elliptique,
plus large que haute. L'expansion lamelleuse des tours a
souvent disparu sur nos échantillons, la coquille a alors
un aspect différent, scalariforme, décrit et figuré par
M. Œhlert.

Dimensions : Hauteur 15 mm., largeur 25 mm., hauteur
de l'ouverture 8 mm., largeur de la même 12 mm. Angle
apical 111°. Ces mesures varient sur nos divers échantillons, plus ou moins déformés, et de taille très variables,
depuis 16 mm. jusqu'à 45 mm. de diamètre transversal.

Rapports et différences : Cette espèce déjà reconnue à
Erbray par MM. de Tromelin et Lebesconte, y paraît assez
répandue (sept échantillons); je ne sais la distinguer des
échantillons dévoniens de Brulon (Sarthe), décrits par
M. Œhlert; c'est toutefois au genre *Pleurotomaria*, qu'il
convient de la rapporter. La *Pleurotomaria depressa* Kayser (1), du Harz, caractérisée par le méplat de la partie
supérieure de ses tours, est probablement un échantillon
de cette espèce, devenu scalariforme par la disparition de
son expansion en forme d'aile. C'est à M. Lindström (2),
auquel on doit une si belle révision des *Pleurotomaridæ*,
que revient le mérite d'avoir reconnu la véritable nature
de l'expansion lamelleuse qui orne les tours des coquilles
de cette section des *Alatæ* : elle n'est autre chose que la
bande du sinus, dont la bordure a pris de chaque côté un
développement extrême. C'est pour ce groupe des *Pleuro-*

---

(1) Kayser, Alt. Fauna d. Harzes, p. 107, pl 17, fig. 8.

(2) Lindström : Sil. Gast. of Gotland, Stockholm. 1884, p. 92.

tomaridæ que M. F. Rœmer (1) avait proposé son genre
Euomphalopterus.

Genus MURCHISONIA, Arch. et Vern.

Murchisonia Davyi, nov. sp.
(Pl. 15. fig. 4.)

Coquille allongée, ayant probablement plus de 30 tours
de spire, et mesurant un angle apical de 20°. Tours arrondis,
sub-anguleux, séparés par une suture bien distincte, très
bas, et trois fois plus larges que longs. Les tours sont divisés
en deux parties inégales par une bande carénale, composée
de deux bourrelets arrondis, accolés, divisés par un faible
sillon ; la partie antérieure du tour est moitié plus petite
que la partie postérieure, en arrière de la carène. Outre ces
deux bourrelets carénaux, il existe deux autres bourrelets
analogues, qui accompagnent de chaque côté la suture.
Entre ces bourrelets, les tours sont ornés de plis spiraux,
parallèles aux sutures, plus petits que les bourrelets, et
de deux grandeurs différentes ; ils sont au nombre d'environ 12 en arrière de la carène, et au nombre de 6 en
avant. Ils sont traversés de ce côté seulement par de fines
stries transverses, d'accroissement. La forme de l'ouverture
telle qu'on peut la déduire de celle des stries d'accroissement est profondément sinueuse dans sa partie moyenne.

Dimensions : Longueur des fragments 43 millimètres ;
longueur de la coquille restaurée 130 mm., largeur
23 mm.

Rapports et différences : Cette espèce se distingue par
son ornementation des nombreuses Murchisonies tubercu
leuses du Dévonien d'Allemagne, décrites par de Verneuil, M. Sandberger, et considérées par M. Œhlert comme
les types du genre. Elle se rapprocherait de la section des
Lophospira de Whitfield (2), par ses 4 carènes. La *Murchi-*

---

(1) F. Rœmer : Leth. geogn., pl. 14, fig. 9 a, 9 b, 1876
(2) Whitfield, Bull. Amer. Mus. nat. hist., vol. 1, p. 311.

sonia quadrilineata Sandb. (1), présente bien aussi les 4 carènes spirales, mais pas les autres plis spiraux ; son angle apical est, en outre, plus ouvert. La *Murchisonia Reverdyi* Œhl. (2) est l'espèce la plus voisine, présentant de même 4 carènes spirales et un angle apical très aigu, mais elle porte des stries transverses entre ses carènes au lieu de plis spiraux. Cette espèce par le grand nombre de ses tours rappelle enfin la *M. compressa* Linds. (3), bien distincte par son ornementation, qui la rattache à une autre section.

Murchisonia (Hormotoma) clavicula, Œhlert.

(Pl. 15. fig. 5.)

Œhlert : Soc. d'études scient. d'Angers, 1887, p. 19, pl. 7, f. 7.7 a; Cœt. excl.
Phanerotinus torsus, nobis, Annal. Soc. géol. du Nord, 1887, T. XIV, p. 163.

Coquille tubuleuse, à spirale très allongée, en forme de colonne torse. Tours non contigus, très séparés, à section circulaire, légèrement ovale. Surface presque lisse, ne laissant apercevoir que de faibles stries d'accroissement, interrompues un peu en arrière du milieu de la spire, par un sillon spiral peu profond, large de 1 mm., limité de chaque côté, par une petite côte filiforme extrêmement ténue, et qui est la bande du sinus.

Dimensions : Longueur de chaque tour 11 mm., largeur correspondante de la coquille 10 mm., diamètre du tour 6 mm.

Rapports et différences : L'unique fragment de cette espèce que je possède, ne présente que deux tours, et devait appartenir à une coquille extrêmement allongée. Elle rappellerait certaines formes extravagantes de *Platyceras* du

(1) Sandberger, V. Rhein. Sch. Syst. Nassau, p. 202, pl. 24, fig. 15.
(2) Œhlert, Mém. Soc. géol. de France, T. 2, 1881, p. 11, pl. 1, fig. 9.
(3) G. Lindström, Sil. Gast. of Gotland, p. 129, pl. 12, fig. 15-19.

Lower Helderberg, figurées par M. Hall (1), si son sillon spiral très net, ne forçait à la rattacher aux *Phanerotinus* (J. de C. Sow.) (2), aux *Ecculiomphalus* (Port.) (3), ou aux *Hormotoma* (Murchisonies à tours arrondis). Je l'avais d'abord rattaché à *Phanerotinus*, dont elle présente les tours arrondis, non contigus, et le sillon spiral correspondant au sinus de l'ouverture (de Koninck) (4) ; si les coquilles figurées par M. Œhlert, à tours accolés, et montrant l'extrémité de la spire (fig. 7 b, 7 c), appartiennent réellement comme il le suppose, à la même espèce que les échantillons (7.7 a) à tours de spire déroulés, il est certes plus naturel de les rattacher aux *Murchisonia*, qu'aux *Phanerotinus*. L'identité de mon échantillon avec celui qui est figuré par M. Œhlert (fig. 7.7 a), m'a décidé à accepter son nom : ils ne diffèrent, en effet, que par leur taille.

Genus TURBO, Linn.

Turbo cf. Orbignyanus ? Vern. et Arch. sp.
(Pl. 15. fig. 7.)

Pleurotomaria Orbignyana, de Verneuil et d'Archiac, Fossils of the rhenish
provinces, Londres 1842, p. 359, pl. 32, fig. 18.
— Maurer, Kalke von Waldgirmes, Darmstadt, 1885,
p. 234, pl. 10, fig. 2-3.

Coquille turbinée, conoïde, ombiliquée, de très petite taille. Suture profonde. Tours convexes, à moitié recouverts par l'enroulement, et ne montrant que 4 plis spiraux saillants ; le dernier tour, plus grand, est orné de nombreux plis spiraux, dont deux situés vers la moitié de ce tour, et un peu en arrière, constituent peut-être la bande du sinus. Ces 2 carènes ne sont pas distinctes des autres, mais la bande qu'elles limitent est un peu élevée au dessus des intervalles des autres côtés. Entre les bandes du sinus et la suture, on observe 2 carènes principales équidistantes, égales à celles qui limitent la bande ; dans la partie

---

(1) James Hall, Paleont. of New-York, vol. 8, pl. 63, pl. 113.

(2) J. de C. Sowerby, Min. Conch. of great Britain, 1843, T. VII, p. 29.

(3) Portlock, Report geol. of Londonderry, p. 411.

(4) De Koninck, Gaster. calc. carb. de Belgique, p. 1, pl. 22, fig. 4.12.

comprise entre la bande du sinus et l'ombilic, on compte
6 petites carènes spirales dont la grosseur diminue graduellement vers l'ombilic. Ces ornements sont traversés
par de fortes rides d'accroissement transverses, continues,
arquées en arrière, plus fines que ces plis, et qui donnent
ainsi à la coquille une surface treillisée.

Nous n'avons pu constater d'ornementation spéciale,
distincte, entre les 2 carènes qui limitent la bande, et ne
pouvons, pour cette raison, ranger cette coquille, dans le
genre *Giroma*. Elle a également des relations avec le genre
Horiostoma.

Dimensions : Hauteur 4 mm., largeur 5 mm.

Rapports et différences : La petite taille de l'unique
coquille que nous possédions, et son mauvais état de conservation, laissent très douteuse sa position systématique
parmi les *Turbo*, comme aussi ses relations avec l'espèce
de de Verneuil, à laquelle je la compare. Elle me paraît
identique à la forme figurée par M. Maurer. Elle se distingue de *Gyroma Baconnierensis* Œhlert (1), par le méplat
que présente cette espèce, en arrière de la bande du sinus,
et par les 12 à 15 plis qui se trouvent en avant de cette
bande.

Genus HORIOSTOMA, Mun. Ch.

Horiostoma, Munier-Chalmas, Journal de Conchyl. 1876, T. XXIV, p. 103.

Coquille ombiliquée, sub-turbinée ; spire courte ; tours
convexes, contigus, ornés de côtes spirales et de stries
lamelleuses transverses ; ouverture circulaire, à péristome
continu. L'opercule de diverses espèces siluriennes, découvert par M. Lindström, présente des caractères intermédiaires entre ceux des *Turbinidæ* et des *Solariidæ*.

Les *Horiostoma* ont atteint leur plus grand développement dans le Silurien de Gotland, les formes coblenziennes

---

(1) Œhlert, Annal. Soc. d'Angers, 1887, p. 32, pl. 8, f. 7.

sont moins nombreuses et de plus petite taille ; les espèces d'Erbray se rapprochent davantage des formes dévoniennes, que de celles du terrain silurien.

Horiostoma involutum, nov. sp.

(Pl. 15. fig. 8.)

Coquille plus large que haute, à spire courte, composée de 4 tours régulièrement convexes, non embrassants, dont le dernier très grand, occupe les 4/5 de la hauteur totale. Suture profonde. Ouverture entière, arrondie au bord externe, droite et relevée obliquement au bord interne ; la lèvre externe est infléchie en dedans (labium involutum), de sorte que le péristome est resserré. L'ombilic bien ouvert, laisse apercevoir les tours de spire, et présente des ornements beaucoup moins saillants que le reste de la coquille. Le test est orné de 12 à 14 carènes spirales, également distantes, entre lesquelles se trouve intercalée une petite côte très peu apparente ; elles sont traversées par des stries d'accroissement festonnées, formant un feston devant chaque côte et devant chaque carène.

Dimensions : Hauteur 16 mm., largeur 23 mm.

Rapports et différences : Cette forme est voisine de diverses espèces décrites par M. Œhlert, dans le Dévonien de l'Ouest de la France ; le *Horiostoma echinatum* Œhlert [1], s'en distingue par sa spire rentrante, et ses carènes épineuses ; l'*Horiostoma princeps* Œhlert [2] se distingue par ses carènes moins nombreuses, 7 au lieu de 14, et par sa bouche dilatée ; l'*Horiostoma Gerbaulti* Œhlert [3], dont on peut noter en passant la frappante ressemblance avec *Horiostoma iniquilineatus* Sandb. [4] du Givétien du Nassau, est

---

(1) Œhlert, Bull. soc. géol. de France, 8ᵉ série, T. 5, 1877, p. 588, pl. X, fig. 4.
(2) Œhlert, l. c., p. 589, pl. X, fig. 5.
(3) Œhlert, l. c., pl. X, fig. 2.
(4) Sandberger, Verst. Rhein. S. Nassau, p. 217, pl. 25, fig. 13.

déjà plus éloigné de *Horiostoma involutum*. Je possède des coquilles de Bohême de l'étage F, très voisines, sinon identiques, à cette espèce d'Erbray. Cet *Horiostoma involutum* est la coquille citée par MM. de Tromelin et Lebesconte (1) à Erbray, sous le nom de *Straparollus funatus*, Sow. (2).

Horiostoma polygonum, nov. sp.

(Pl. 15. fig. 9.)

Coquille à contour sub-tétragonal, plus large que haute, déprimée en dessus, à spire un peu rentrante, composée de 3 tours non embrassants, convexes ; les 2 premiers enroulés sur le même plan sont de beaucoup plus petites dimensions que le dernier, extrêmement développé, dans sa dernière moitié. Suture profonde. Ouverture entière, très grande, de forme trapézoïdale ; arrondie au bord externe ; bord interne droit et relevé. L'ombilic plus ouvert que dans l'espèce précédente, est presque lisse, tant les ornements du test y sont atténués. Le reste de la coquille est orné de plis spiraux, fins, arrondis, équidistants, au nombre de 20 environ, et entre chacun desquels se trouve un pli intermédiaire peu accusé. Des stries d'accroissement transverses fines, écailleuses, flexueuses, traversent obliquement les plis spiraux. Le nombre des plis est assez variable, il augmente avec l'âge, par l'intercalation de nouvelles côtes, plus fines à l'origine, mais égalant bientôt les autres.

Dimensions : Hauteur 15 mm., largeur 22 mm ; longueur de l'ouverture 15 mm., largeur de l'ouverture 14 mm.

Rapports et différences : Cette espèce diffère plus que la précédente, des espèces dévoniennes décrites par M. Œhlert : la plus voisine par sa forme générale est encore *Horiostoma*

---

(1) de Tromelin et Lebesconte, l. c., p. 27.

(2) Sow. in Murchison, Silurian Syst. pl. 12, fig. 20.

echinatum Œhlert (1), mais ses ornements sont tout à fait différents; *Horiostoma multistriatum* Œhlert (2) présente les mêmes ornements, mais se distingue par sa spire saillante, sa forme générale, et son ouverture arrondie.

Horiostoma disjunctum, nov. sp.

(Pl. 15. fig. 10.)

Coquille à contour elliptique, moins haute que large, à spire rentrante, composée de 3 tours non embrassants, disjoints, convexes; les 2 premiers enroulés sur le même plan n'ont que le 1/4 de la hauteur du dernier tour. Ouverture très grande, entière, évasée, arrondie au bord externe, droite et relevée au bord interne. L'ombilic très grand laisse voir tous les tours de spire, libres à son intérieur. Test couvert d'un grand nombre de plis spiraux, 20 à 30, égaux, ou alternativement gros et petits, arrondis, plus variqueux que dans les espèces précédentes; ces plis sont traversés par des stries d'accroissement flexueuses.

Dimensions : Hauteur 12 mm., largeur 21 mm.; hauteur de l'ouverture 12 mm., largeur de l'ouverture 14 mm.

Rapports et différences : Cette espèce est très voisine de *Horiostoma polygonum* dont elle n'est peut-être qu'une variété à plus gros plis, à tours disjoints, à forme générale plus ovale. Elle se rapproche beaucoup aussi de *Horiostoma echinatum* Œhl., peu distincte par ses tours plus serrés, ses plis plus épineux.

Genus CYCLONEMA, Hall.

Cyclonema Guillieri, Œhlert, sp.

(Pl. 15. fig. 12.)

Turbo Guillieri.. Œhlert, Mém. soc. géol. de France, 3ᵉ sér. T. 2, 1881, p. 7, pl. 1, fig. 4.
aff. Turbo lœtus, Tschernyschew, West. Abh. des Urals, 1885, pl. IV, fig. 37.

Coquille globuleuse, aussi haute que large, spire courte,

----

(1) Œhlert, Bull. soc. géol. de France, T. 5, 1877, p. 588, pl. X, fig. 4.
(2) Œhlert, l. c., p. 590, pl. X, fig. 3.

composée de trois tours sur notre échantillon, dont le sommet est brisé. Tours convexes, séparés par une suture profonde ; l'enroulement recouvre près de la moitié des tours. Ouverture elliptique, allongée, bord interne un peu aplati, labre arrondi ; sans ombilic. Surface couverte de plis spiraux arrondis, sub-égaux, séparés par des sillons de même largeur ; ils sont très fins au sommet de la spire, deviennent plus forts vers la bouche, en même temps que leur nombre augmente par suite d'intercalations. Les nouveaux plis sont plus fins, vers leur origine, mais ils acquièrent bientôt la largeur uniforme des plis voisins. Au milieu de la coquille, on compte 15 plis sur la largeur d'un centimètre ; près de la bouche, on n'en compte plus que 10 sur la même largeur : ils sont traversés par des stries transverses d'accroissement très légères, visibles seulement par places.

Dimensions : Longueur 33 mm., largeur 32 mm.

Rapports et différences : Un échantillon unique, est identique à l'espèce dévonienne de Viré (Sarthe), décrite par M. Œhlert, et se rapporte au genre *Cyclonema* de M. Hall (1). Il a de grandes analogies avec *Cyclonema doris* Hall (2), ainsi qu'avec *Pleurotomaria strialis* Phill. (3), et avec *Pleurotomaria macrostoma* Sandb. (4), qui me paraissent également appartenir au genre *Cyclonema*. Je possède des coquilles de Bohême de F, appartenant à cette espèce. Je ne puis en distinguer non plus la forme de l'Oural, figurée par M. Tschernyschew, comme *aff. Turbo lætus*, Barr. — Elle ne présente que des relations plus éloignées avec les formes siluriennes de Gotland ; la plus voisine, par sa forme générale, est la *C. multicarinatum* Lindst. (5), distincte par sa taille et ses carènes moins nombreuses.

---

(1) James Hall, Pal. of New-York, 1852. Vol. 2, p. 89.

(2) James Hall, Pal. of New-York, vol. V, p. 34, pl. 12, fig. 23 ; pl. 19, fig 1.

(3) Phillips, in Sandberger, Verst. d. Rhein, S. Nassau, pl. 23, fig. 7.

(4) Sandberger, l. c., pl. 23, fig. 8, p. 195.

(5) G. Lindström, Sil. Gast. of Gotland, 1884, pl. 18, f. 31-32.

Genus MACROCHEILUS, Phill.

Macrocheilus ventricosum, Gold. sp.
(Pl. 15. fig. 11.)

Macrocheilus ventricosum, Sandberger, Verst. Rhein. S. Nassau, 1856, p. 233,
pl. 26, fig. 15 a.

Coquille de petite taille, allongée, ovale, plus haute que large, composée de 5 tours convexes, lisses, séparés par une suture linéaire, presque sans profondeur sensible. Spire assez longue, égalant le 1/3 de la longueur totale; angle apical 35°. Dernier tour très grand, orné de stries d'accroissement peu fortes. Bouche ovale, anguleuse en arrière; labre mince sans sinus, pas d'ombilic; columelle portant en avant un pli mousse.

Dimensions : Longueur 10 mm., largeur 5 mm.

Rapports et différences : Cette espèce se distingue du *Macrocheilus ventricosum* de l'Eifel, par ses tours moins convexes et sa suture moins profonde, caractères qui la rapprochent de la *Phasianella fusiformis* Gold. (1). Son dernier tour est cependant plus grand que celui de cette espèce de l'Eifel; M. Sandberger a fait remarquer que cette espèce était assez polymorphe; la variété de Villmar qu'il figure (fig. 15 *a*) me paraît identique à l'espèce d'Erbray, dont je ne possède d'ailleurs qu'un seul échantillon. Il sera également intéressant de comparer cette forme, quand on aura de meilleurs documents avec les *Phasianella? cucullina*, Œhl. (2), de la Baconnière, qui paraissent cependant s'en distinguer par leur suture profonde, et leurs petites côtes spirales.

Genus LOXONEMA, Phill.

Loxonema subtilistriata, Œhl.
(Pl. 15. fig. 13.)

Loxonema subtilistriata, Œhl. Soc. d'étud. scient. d'Angers, 1887, p. 12, pl. VII,
f. 1. 1 a.
Turritella obsoleta, Murchison, Sil. Syst. p. 603, pl. 3, fig. 7 a, 12 f. g. 1839.

Coquille allongée, présentant 10 tours faiblement con-

---

(1) Goldfuss, Pet. Germ., p. 114, pl. 198, fig. 16.
(2) Œhlert, Annal. Soc. d'Angers, 1887, p. 8, pl. 6, f. 6.

vexes. Angle apical 30°. Suture peu profonde. Tours lisses, couverts de très faibles stries d'accroissement, visibles seulement à la loupe. La bouche manque sur notre échantillon.

Dimensions : Longueur 21 mm., largeur 5 mm.

Rapports et différences : Cette espèce ne peut être déterminée exactement d'après un seul échantillon incomplet. Elle diffère du *Loxonema melanioïdes* Œhl. (1), par sa taille et ses ornements moins marqués, et ne se rapproche pas plus de l'espèce de Sablé, figurée par M. Œhlert (2). Elle diffère davantage des diverses espèces d'*Holopella* et de *Loxonema* signalées dans l'Hercynien du Harz par M. Rœmer et M. Kayser (3) (*Loxonema Rœmeri, L. moniliforme*) ; l'espèce allemande la plus voisine étant *Holopella piligera* Sandb. (4), du Dévonien moyen. La position de cette coquille d'Erbray, parmi les *Loxonema*, est incertaine ; les stries transverses qui la couvrent ne présentent pas en effet au milieu des tours, l'angle obtus à sommet tourné en arrière, que M. Lindström (5) signale comme carastéristique du genre. Elle nous paraît au contraire présenter tous les caractères des *Holopella*, étant très voisine de *Holopella obsoleta*, Sorr., du Silurien, et de *Holopella minuta* Linds. (6), qui n'en diffère que par sa petite taille.

CEPHALOPODA.

Genus CYRTOCERAS, Gold.

Cyrtoceras sp.

Un gros spécimen indéterminable, rappelle par sa forme générale le *Cyrtoceras aduncum*, Barr., de F.

---

(1) Œhlert, Mém. soc. géol. de France, T. 2, 1881, p. 6, pl. 1, fig. 2.
(2) Œhlert, Annal. sci. géol. 1887, p. 14, pl. 1, fig. 17.
(3) Kayser, Alt. Fauna d. Harzes, p. 108, pl. 17, fig. 3, 4.
(4) Sandberger, V. Rhein. S. S. Nassau, p. 228, pl. 26, fig. 9.
(5) G Lindström : sil. Gast. of Gotland, Stockholm 1884, p. 142.
(6) G. Lindström ; l. c., p. 190, pl. 15, f. 63.

Genus **ORTHOCERAS**, Breyn.

Sub-Genus **JOVELLANIA**, Bayle.

Jovellania Davyi, nov. sp
(Pl. 16. fig. 1.)

Coquille très grande, longicône, à angle apical de 10°, a section sub-triangulaire, à angles très arrondis. Cloisons nombreuses et très rapprochées, distantes de 4 à 6 mm.; lorsque la coquille a 4 cent. de diamètre, on en compte 9 dans la hauteur de 4 cent. — Cloisons légèrement convexes, à bords un peu sinueux sur la face aplatie, opposée au siphon.

Siphon nummuloïde, situé près du bord, dans l'angle opposé au grand côté de la section transverse ; le diamètre horizontal du siphon égale presque deux fois la hauteur verticale de l'élément correspondant. Chaque élément du siphon est renflé en arrière du milieu de sa hauteur, et est étranglé au droit de chacun des goulots, auxquels ils aboutissent : le diamètre de la partie étranglée égale les 2/3 de la partie renflée ; elle varie de 5 à 6 mm. sur nos échantillons de 30 à 40 mm. de diamètre. Le siphon est rempli de nombreuses lamelles rayonnantes, et présente un canal central, étroit, de 1^{mm} de diamètre, qui le traverse dans le sens de sa longueur.

Par ses ornements transverses, prédominants sur toutes les parties connues de la coquille, sous forme d'anneaux, cette espèce se rapporte au groupe 9 de Barrande (1) ; l'existence dans ce groupe de formes à sections elliptiques, comme *O. Bohemicus*, Barr. (2), *O. vermis* Barr. (3), est un rapport de plus. La position du côté ventral déterminée par

---

(1) Barrande, Syst. sil. Bohême, Céphalopodes, p. 287.

(2) Barrande, l. c., p. 356.

(3) Barrande, l. c.. p. 262.

le sinus que figurent les ornements, c'est-à-dire les anneaux
de la surface, au point le plus bas de leurs cours, se montre
en opposition avec le siphon. Les anneaux de la surface sont
très prononcés, à profil moins arrondi qu'un demi-cercle,
séparés par des rainures plus larges que les saillies. Dans
l'âge adulte, la distance moyenne entre les sommets de
2 anneaux est de 1 cent.; la direction de ces anneaux est
assez oblique sur les faces latérales, elle passe horizontalement sur le côté dorsal, et forme un vaste sinus plan sur
le côté ventral. L'obliquité de ces anneaux est suivie par
le bord des cloisons, moins oblique toutefois que les
anneaux ; à chaque rainure comprise entre deux anneaux
successifs, correspondent deux cloisons, l'une supérieure ,
l'autre inférieure. L'obliquité des anneaux est telle, que celui
qui touche le bord de la cloison supérieure du côté siphonal,
touche le bord de la cloison inférieure, du côté ventral,
opposé.

Le relief des anneaux n'est pas le même dans toute leur
périphérie ; il atteint son maximum de 2 mm. sur la face
aigüe de la coquille, voisine du siphon , et diminue jusqu'à
devenir nulle sur la face ventrale, aplatie. Le test épais,
varie de 1 à 2 mm., et a sa plus grande épaisseur du côté
ventral ; il est orné de stries transverses peu saillantes, qui
suivent la direction des anneaux

Rapports et différences : Il serait difficile de distinguer
extérieurement cette espèce du *Orthoceras annulatum*
Sow. (1), de Bohème, tant elle lui ressemble par sa forme,
son ornementation extérieure, la sinuosité des cloisons;
l'étude du siphon prouve toutefois qu'elle appartient en réalité à un groupe différent. Nous la rangeons dans le groupe 2,
section 2, de Barrande, (*Jovellania* de Bayle), formes caractérisées par le contour triangulaire de leur section transverse, leurs loges aériennes nombreuses, basses, et par les
lamelles rayonnantes qui remplissent leur siphon et repré-

____

(1) Sowerby, in Barrande, Syst. sil. Bohème, Céphalopodes, p. 308, pl. 290-291,
de E — G.

sentent le dépôt organique. Cette section a pour type historique l'*Orthoceras triangulare*, Arch. et Vern. (1), espèce qui se distingue de *Jovellania Davyi*, parce que le siphon est du grand côté de la pyramide, et plus large.

Cette section comprend en outre les formes suivantes :

Orthoceras Archiaci, Barr. (2), distinct par son siphon, plus large, et sa position contre la base de la section transverse.

Orthoceras victor, Barr. (3). très voisin, mais différent par la position du siphon, placé près de la base.

Orthoceras Jovellani, Vern. (4), voisin par son contour subtriangulaire, presque arrondi, son siphon nummuloïde, placé dans l'angle de la pyramide.

Orthoceras triangulare A. Rœmer (5), distinct par son siphon placé contre le bord dorsal, et par ses ornements longitudinaux.

Orthoceras Buchi, Vern. (6) est le plus voisin, par son pourtour sub-triangulaire, sub-arrondi, son siphon nummuloïde placé dans l'angle opposé à la base de la section transverse, et par les anneaux de son test. Il est distinct par l'horizontalité des cloisons et des anneaux, à en juger par les descriptions de de Verneuil et de M. Bayle : il y aura lieu toutefois de comparer à nouveau les types.

Orthoceras Losseni, Kayser (7), est distinct par son angle apical plus ouvert, son siphon plus grand, placé du côté de la base de la section transverse.

---

(1) d'Archiac et de Verneuil, Trans. geol. soc. London, vol. VI, pl. XXVII, fig. 1.

(2) Barrande, Syst sil. Bohême, Céphalopodes, pl. 251, fig. 1-5, 4ᵉ série, G.

(3) Barrande, l. c., pl. 235, fig. 16-17. G3.

(4) de Verneuil, Bull. soc. géol. de France, 2ᵉ sér. T. 11, pl. XIII, p. 461, (de erroñes).

Barrande, Syst. Sil. Bohême, pl. 254, fig. 1-3.

Maurer, Neues Jahrb. f. Miner. 1876, p. 831, pl. 14.

(5) F.-A. Rœmer, Harz. Beitr. V, pl. 1, fig. 5, p.   .

(6) de Verneuil, Bull. soc. géol. de France, T. VII, p. 778 ; — Bayle, Explic. Carte géol. de France, pl. 35, fig. 1-3.

(7) Kayser, Alt. Fauna d. Harzes, p. 68, pl. 9, fig. 1; F.-A. Rœmer, Harz. Beitr. I, pl. 10, fig. 6.

Orthoceras Kochi, Kayser (1) distinct par sa section circulaire, et l'absence d'anneaux superficiels.

Cette section des *Orthoceras (Jovellania)* me paraît caractéristique de la base du Dévonien inférieur : telle est aussi l'opinion de M. Kayser (2).

Jovellania cf. Kochi, Kays.

(Pl. 16. fig. 2.)

Orthoceras Kochi, Kayser, Alt. Fauna d. Harzes, p. 69, pl. 9, fig. 3.

Un spécimen unique se rapporte comme l'espèce précédente, à la section des *Jovellania,* par son siphon nummuloïde situé près du bord, et rempli de nombreuses lamelles rayonnantes. Il appartient à une coquille longicône, à section circulaire, un peu allongée dans le sens transversal ; cloisons nombreuses, très rapprochées, distantes de 2,5 mm., quand la coquille a 35 mm. de diamètre : on en compte 14 dans la hauteur correspondant à son diamètre. Cloisons légèrement convexes, à bords obliques, s'abaissant du côté opposé au siphon. Le diamètre horizontal du siphon égale presque 3 fois la hauteur verticale de la loge aérienne correspondante : dans chaque élément nummuloïde, le diamètre de la partie étranglée égale presque les 3/4 de la partie renflée, qui atteint 7 mm. sur notre échantillon. Le test a, à peine 1 mm. d'épaisseur ; sa surface est lamelleuse, et irrégulièrement striée dans le sens transversal.

Rapports et différences : Cette espèce se distingue de la précédente par l'absence d'anneaux, à la surface, par son contour circulaire, par le diamètre plus grand du siphon relativement à la hauteur des loges aériennes, plus basses. Elle se rapproche plus par ses caractère du *Orthoceras Kochi,* Kayser, dont le type est toutefois trop mauvais pour

---

(1) Kayser, Alt. Fauna de Harzes, p. 69, pl. 9, fig. 3.

(2) Kayser, l. c., p. 65 : « ist die Gruppe des O. triangulare......, ganz auf unzweifelhaft devonische Ablagerungen beschränkt. »

qu'il soit permis de lui rapporter un espèce étrangère, avec sécurité.

Genus **ORTHOCERAS**, Breyn.

Orthoceras cf. Puzosi, Barr.

(Pl. 16. fig. 3.)

Orthoceras Puzosi, Barrande, Syst. Sil. Bohême, p. 681, pl. 211, 235.

Deux échantillons en assez mauvais état, et de 5 mm. de diamètre seulement, appartiennent au groupe des Orthocères à stries transverses et à siphon nummuloïde du type de *Orthoceras Richteri* Barr. (1), de E, et de *Orthoceras Puzosi* Barr. — La section transverse est légèrement oblique, à siphon subcentral, situé sur le grand axe. De nouveaux matériaux sont indispensables pour la détermination de cette espèce.

Orthoceres du Groupe 6 de Barrande.

Barrande a réuni dans son 6e groupe, les Orthocères longicônes, à ornements longitudinaux prédominants, sous forme de stries saillantes, à ornements transverses subordonnés, et à anneaux transverses : ils caractérisent en Bohême, les étages du Silurien supérieur E—G., et paraissent très répandus à Erbray, où nous en connaissons trois espèces différentes : *Orthoceras Lorieri, O. pseudo-calamiteum, O. pulchrum.*

Orthoceras Lorieri, d'Orb.

(Pl. 16. fig. 4.)

Orthoceras Lorieri, d'Orbigny, Prodrome, 1847.
Cycloceras Lorieri, Bayle, Explic. carte géol. de France, 1878, pl. 35, fig. 7-9.

Coquille droite, dans tous nos spécimens ; à section transverse, circulaire ou déformée, ovale. Chambre d'habita-

---

(1) Barrande, Syst. sil. Bohême, p. 570, pl. 318, 322, 323, 349.

tion, incomplètement connue, à longueur égalant 1, 5 fois, le diamètre de la base. La distance entre les cloisons atteint 3 millimètres, c'est-à-dire près du quart du diamètre correspondant (13 mm.) ; leur bombement représente 1/5 de la même ligne. Leur bord est régulier et horizontal sur tout le pourtour, il coïncide avec le fond de la rainure qui sépare les anneaux de la surface.

Siphon central, à éléments cylindriques, faiblement étranglé au droit des goulots ; largeur maxima ne dépassant guère 2 mm., c'est-à-dire 1/6 du diamètre correspondant.

Surface ornée d'anneaux très prononcés, régulièrement espacés, et correspondant chacun à une loge aérienne. Leur profil est à peu près un demi-cercle, ils occupent toujours une étendue moins grande que les rainures légèrement concaves qui les séparent. Lorsque le diamètre s'élève à 15 mm., on compte en moyenne un anneau et une rainure dans l'étendue de 5 mm. L'épaisseur du test n'atteint pas 1/2 mm. ; sa surface présente des filets longitudinaux saillants, et des stries horizontales placées dans leurs intervalles. Les filets longitudinaux, petites lamelles saillantes, égales entre elles, sont également espacées de 1 mm. sur les individus de 13 à 15 mm. de diamètre ; leur nombre varie de 32 à 46 sur nos échantillons, au nombre de sept. Entre ces filets, tous égaux entre eux, la surface est ornée de stries transverses, horizontales, très légèrement arquées, à concavité tournée vers la bouche, dans chacun des intervalles compris entre les filets ; on compte 4 à 6 de ces stries par millimètre d'étendue, elles sont parfois complètement horizontales.

Rapports et différences : Cette espèce présente les rapports les plus intimes avec *Orthoceras pseudocalamiteum,* Barr., dont elle se distingue à peine par l'écartement un peu plus fort de ses anneaux, et par ses cloisons un peu moins bombées. Elle se distingue nettement de la variété la plus commune de *Orthoceras pseudo-calamiteum* de Bohème, à filets accessoires longitudinaux, au nombre de 1 ou 2 dans les intervalles compris entre les filets principaux ; mais il me paraît impossible, au contraire, de le distinguer de la variété de F, décrite par Barrande (1), « à filets d'une apparence uniforme, plus serrés, où les intervalles entre les filets ne dépassent guère 1 mm., et à stries horizontales moins concaves. »

Cette variété me paraît identique à l'*Orthoceras Lorieri*, répandu en Bretagne, dans l'étage dévonien inférieur de Néhou, Viré, La Cormerie, et nommée par d'Orbigny. M. Bayle en a donné une figure, en la désignant sous le nom de *Cycloceras Lorieri* ; de Verneuil (2) réunit le *Orthoceras Lorieri* du Dévonien de Bretagne, à *Orthoceras calamiteus* Münster (3), dont les relations avec l'espèce de Bohême ne sont pas bien connues. L'espèce coblenzienne de Néhou, fut rattachée par M. Sandberger (4), à *Orthoceras tubicinella* J. Sow., qui s'en distingue toutefois par ses anneaux obliques, et ses stries bien plus fines.

Orthoceras pseudocalamiteum, Barr.

(Pl. 16. fig. 5.)

Orthoceras pseudocalamiteum, Barrande, Syst. Sil. Bohême, 1851, Vol.2, p. 261, pl. 217, 222, 278, 286, 361.

Coquille droite, section transverse circulaire. La distance entre les cloisons atteint 2 1/2 mm., c'est-à-dire 1/5 du diamètre correspondant ; leur bord est régulier et horizontal sur tout le pourtour. Il coïncide toujours avec le fond de la rainure, qui sépare les anneaux ornant la surface. Siphon central à éléments cylindriques, égalant en largeur 1/6 du diamètre correspondant ; il est rempli de calcite fibro-radiée.

---

(1) Barrande, Syst. sil. Bohême, p. 252, ligne 21.
(2) De Verneuil, Bull. soc. géol. de France, T. VII, 1850, p. 778.
(3) Münster, Beiträge, I, p. 36, pl. XVII, fig. 5.
(4) Sandberger, Rhein. Sch. Nassau, p. 169, pl. 19, fig. 6.

La surface est ornée d'anneaux prononcés, régulièrement espacés, correspondant chacun à une loge ; ils sont séparés par des rainures un peu concaves, plus étendues que les anneaux. Le diamètre de la coquille étant presque de 12 mm., l'espace occupé par un anneau et une rainure n'atteint pas 3 mm. La surface du test porte, en outre, des filets longitudinaux saillants, au nombre de 28, entre lesquels sont 28 autres filets longitudinaux, accessoires, beaucoup moins saillants, que l'on pourrait presque appeler des stries longitudinales ; la distance entre les filets principaux est de 1 1/3 mm. ; le filet secondaire occupe régulièrement le milieu de cet intervalle. Entre les filets longitudinaux, la surface est enfin chargée de stries transverses, un peu concaves, au nombre de 5 par mm. d'étendue.

Rapports et différences : Un spécimen unique de la collection Lebesconte, présente les caractères précités, qui ne permettent pas de le distinguer de *Orthoceras pseudocalamiteum* Barr., de Bohème. Il a déjà, d'ailleurs, été cité sous ce nom à Erbray, par MM. de Tromelin et Lebesconte.

Orthoceras af. pulchrum ? Barr.

(Pl. 16. fig. 6.)

Orthoceras pulchrum, Barrande, Syst. Sil. Bohême, T. 2, p. 264, pl. 276, 446.

Coquille droite, à siphon et à cloisons non conservés. Surface ornée d'anneaux très prononcés, arrondis, séparés par des rainures de forme et de largeur semblables ; des stries longitudinales en relief, régulièrement espacées, au nombre de 5 à 6 par mm. d'étendue, traversent les anneaux. Dans les espaces entre ces ornements longitudinaux, stries horizontales rectilignes, en relief, au nombre de 4 à 5 par mm. d'étendue, suivant la direction des anneaux : elles s'étendent sur tout le contour, et contribuent à former, avec les stries longitudinales, des mailles rectangulaires, longitudinales ou carrées.

Rapports et différences : Un exemplaire unique ne nous

permet pas de déterminer cette espèce, et de meilleurs échantillons sont indispensables pour établir son identité. Il présente de grandes analogies de forme et d'ornementation avec l'*Orthoceras pulchrum* Barr. de F., G., dont il ne se distingue guère que par ses stries horizontales un peu plus marquées et espacées. Le réseau que forment ainsi les stries à sa surface rappellent l'ornementation de l'*Orthoceras minus* Barr. (1). Il faudra enfin comparer à cette espèce l'*Orthoceras striatulum* (2), du Dévonien anglais, qui n'en paraît pas très éloigné.

TRILOBITES.

Genus **HARPES**. Gold.

Harpes venulosus, Corda.

(Pl. 17, fig. 1.)

Harpes venulosus, Corda, Prodrome, p. 164, 1847.
    —   Barrande, Syst. Sil. Bohême, p. 350, pl. 8—9, 1852.

Je connais une tête presque complète de cette espèce, ainsi que la partie inférieure du limbe, d'un autre échantillon, et un hypostome : ces parties sont tellement semblables aux figures de Barrande et à mes échantillons de Konieprus, que je ne pourrais ici que recopier la description de Barrande, à laquelle je préfère renvoyer.

Rapports et différences : Je ne puis donc trouver aucune différence, entre l'espèce d'Erbray, et le *Harpes venulosus* de Bohême, déjà cité sous ce nom d'ailleurs, par Cailliaud, MM. de Tromelin et Lebesconte. Les *Harpes reticulatus* Barr., et *Harpes ungula* Barr., de Bohême, présentent des différences déjà signalées par Barrande. Le *Harpes macrocepha-*

---

(1) Barrande, Syst. sil. Bohême, pl. 279, fig. 16.

(2) Sedgwick et Murchison, Trans. geol. Soc. of London, vol. V, 1840, pl. 54, fig. 20.

lus Gold. (1),que nous avons signalé à Chaudefonds (Maine-et-Loire (2), se distingue par la lobation plus marquée de la base de sa glabelle, par les flancs verticaux des joues plus convexes, moins droits, par l'inclinaison des pointes génales, par les perforations du limbe irrégulièrement semées, ne présentant pas de nervures entre elles. Le *Harpes gracilis* Sandb. (3), a des joues plus convexes, un limbe convexe, granulé, sans nervures. Beaucoup plus voisines sont les formes du Harz et de la Thuringe, décrites sous les noms de *Harpes Bischofi* A. Rœmer (4), *Harpes radians* Richter (5), et que l'on devrait réunir au moins à titre de variétés, à *Harpes venulosus* Cord.; la seule différence qu'il me soit possible de saisir entre ces formes, comme l'a d'ailleurs déjà reconnu M. Kayser (6), réside dans la forme de la glabelle, plus étroite et plus ovale chez les espèces d'Allemagne, que chez le *Harpes venulosus* de Bohême et d'Erbray.

Genus **BRONTEUS**, Gold.

Bronteus Gervillei, Barr.

(Pl. 17. fig. 2.)

Bronteus Gervillei, Barrande, Syst. Sil. Bohème, p. 882, (sans description).
Goldius Gervillei... Bayle, Atlas explic. carte géol. de France, Pl. IV, fig. 17. (sans description).
    —   Œhlert. Bull. soc. d'Angers, 1885, p. 1. pl. 1.

Un pygidium d'Erbray, appartient à cette section de Barrande , des *Bronteus* à test granulé, à côte médiane peu ou point bifurquée, qui présente son plus grand développement dans le Dévonien inférieur.

---

(1) Goldfuss, Neues Jahrb. f. Miner. p. 358, 1843, pl. 30, fig. 2.
(2) Barrois, Ann. soc. géol. du Nord, T. 13—1886, p. 175, pl. 4. fig. 3.
(3) Sandberger, Rhein. Sch. Nassau, 1856, p. 28, pl. 3, fig. 1.
(4) F. A. Rœmer, Harz, Beitr. II, p. 101, pl. 15, fig. 17, 1852. — Giebel, Sil. Fauna d. Unterharzes, p. 5, pl. 2, fig. 9 et 11, 1852.
(5) Richter, Zeits. d. deuts. geol. Ges., Bd. XV, 1863, p. 661, pl. 18, fig. 1-4.
(6) Kayser, Alt. Fauna d. Harzes, p. 9, pl. 5, fig. 9, 10, 11.

Contour semi-circulaire, assez fortement bombé, s'aplatissant près de l'axe et vers le contour, comme chez le *Bronteus Haidingeri*, dont Barrande (1) a donné le profil. La ligne d'articulation est droite sur la plus grande partie de sa longueur, et s'infléchit vers l'arrière en forme d'arc, à chacune de ses extrémités. La largeur maxima se trouve à une petite distance du thorax. Le rudiment de l'axe forme un triangle isoscèle, dont la hauteur égale le tiers de la base, et est donc très raccourci; son relief est prononcé, il est limité par des sillons dorsaux bien distincts. Il occupe un peu moins du tiers de la largeur totale, sa surface est divisée par deux sillons parallèles, longitudinaux. La côte médiane se distingue nettement des voisines par sa largeur double, elle est plan-convexe, et paraît se creuser à son extrémité (brisée sur nos échantillons), en un petit sillon impair; elle s'étale en avant, où sa largeur est plus grande que celle de la portion centrale de l'axe. Les sept côtes latérales semblables entre elles, sont saillantes, et ont un profil arrondi, incliné obliquement en avant; elles s'effacent à 1 mm. du contour. Le sillon qui les sépare est d'environ 1/3 moins large qu'elles; son fond est aplati. Le test est orné d'une granulation inégale, irrégulière, peu serrée. L'impression de la doublure du test, sous le pygidium, montre des stries irrégulières, concentriques au contour extérieur.

Rapports et différences : Nos deux échantillons sont insuffisants pour permettre une détermination certaine; l'espèce de Bohême dont ils se rapprochent le plus est *Bronteus Gervilleicans*, Barr. (2), dont ils diffèrent par leur apparence plus transverse, le rudiment de l'axe plus développé, et par les rainures plus étroites, dont la surface est ornée de granulations. Le *Bronteus umbellifer* Barr (3), dis-

---

(1) Barrande. Syst. Sil-Bohême, trilobites, pl. 46, fig. 39.

(2) Barrande, Syst. Sil. Boh. T. I., Suppl. p. 126. p. 10, fig. 22—23.

(3) Barrande, Syst. sil. Bohême, p. 879, pl. 44, fig. 13. 24.

tinct par son contour subtriangulaire, le rudiment de l'axe beaucoup plus étroit, et la côte médiane différente. Le *Bronteus intermedius* Gold (1), très voisin par sa forme générale, son mode d'ornementation, et la largeur de l'axe, ne se distingue que par sa côte médiane plus étroite.

Genus CHEIRURUS, Beyr.

Cheirurus Sternbergi ? Bœck, sp.

(Pl. 17. fig. 3.)

Cheirurus Sternbergi. Bœck, in Novak, Jahrb.d. k. k. geol. Reichsanstalt, 1886, pl. 30, p. 75.

Un hypostome est la seule partie que je possède, il est allongé, à corps central convexe, ovale, arrondi en arrière, où il porte deux petites dépressions invaginées ; il est un peu acuminé en avant, présentant ainsi un contour grossièrement pentagonal. Bord frontal plat et étroit au milieu, élargi en ailes en arrière. Corps latéraux séparés des ailes par un petit espace, et du corps central par un large sillon, ils conservent une largeur uniforme et se recourbent à angle droit sous leur surface. Bord postérieur semblable aux bords latéraux, mais plus plat, un peu anguleux aux coins, et suivant le contour du corps central.

Cet hypostome est identique à ceux du *Cheirurus Sternbergi* figurés par Barrande (2), ainsi qu'aux types de Bohême auxquels je l'ai comparé ; mais cette détermination, basée sur une seule partie de l'animal, a cependant besoin d'être confirmée par la découverte d'autres parties. La présence de cette espèce à Erbray n'a pas lieu de surprendre, car on lui connaît une aire très étendue : elle a vécu en Bohême dans les étages E. F. G.; M. Kayser (3) l'a reconnue dans le Hercynien du Harz., et il lui rapporte un pygidium

---

(1) Goldfuss, Neues Jahrb. f. Miner. 1843, p. 549, pl. VI, fig. 4.

(2) Barrande, Syst. sil. Bohême, trilobites, p. 795, pl. 41.

(3) Kayser, Alt. Fauna d. Harzes, p. 42.

du Dévonien moyen figuré par M. Sandberger (1). Il est intéressant de noter, que le sous-genre *Crotalocephalus*, Salter (2), auquel appartient le *Cheirurus Sternbergi* est inconnu dans le Silurien classique, tandis qu'il est répandu dans les contrées dévoniennes.

Genus CRYPHÆUS. Green.

Cryphæus pectinatus, A. Rœmer.

(Pl. 17. fig. 4.)

Cryphœus pectinatus, F. A. Rœmer. Harz. Beitr. 1, p. 62, pl. IX, fig. 27, 1850.

Tête fortement bombée, en ogive ; limbe horizontal, presque nul au droit de la glabelle, élargi le long des joues et des pointes génales, courtes et aigües. Contour interne de la tête presque droit ; sillon occipital, plus haut que la glabelle, portant un petit tubercule en son milieu. Sillon postérieur de la joue, large et très marqué, se raccordant avec celui du bord latéral, qui est peu accusé. Glabelle bombée, divisée de chaque côté par trois sillons ; le sillon antérieur, assez profond, est oblique à l'axe du trilobite ; le second est remarquable par sa forme arquée ; il est perpendiculaire à l'axe et ne se prolonge pas jusqu'aux sillons dorsaux ; le troisième très accusé est concave vers l'avant. Les lobes antérieurs et moyens sont développés, également saillants, constituant un ensemble réniforme ; les lobes postérieurs sont réduits et moins saillants que le reste de la glabelle. Le lobe frontal occupe plus de la moitié de la glabelle, il porte une fossette très faible, à l'arrière.

Les yeux n'atteignent jamais le niveau de la glabelle, occupant en longueur, l'espace situé entre les sillons antérieur et postérieur ; ils ont généralement 7 lentilles par rangée, n'en présentant 9 que dans la rangée centrale, et leur nombre va en décroissant vers l'avant et vers l'arrière, où il

(1) Sandberger, Rhein. Sch. Nassau, pl. 2, fig. 2 a.

(2) Salter : British Trilobites, p. 61.

descend à 3 lentilles par rangées : le nombre des rangées est
de 25, le nombre total des lentilles est loin d'atteindre 200,
et ne s'élève pas au dessus de 150. Le surface comprise
entre le lobe palpébral et le sillon dorsal est occupée par
un renflement qui descend obliquement vers les extrémités
de l'anneau occipital. La surface du test présente sur la
glabelle et les joues de petits trous allongés, visibles à
l'œil nu.

Le pygidium se distingue de ceux des couches dévoniennes plus élevées, qui me sont connus, par sa forme
beaucoup plus bombée, et la largeur relative plus grande
de l'axe. Cet axe peu saillant occupe au moins un tiers de
la largeur totale, non compris les pointes ; 11 anneaux
bien marqués ; lobes latéraux à 6 côtes, en outre de la
demi-côte articulaire ; toutes 6 montrent la trace du sillon
sutural, sur les échantillons munis de leur test, les 2 dernières n'en montrent plus de trace, sur les moules internes.
Les rainures intercostales profondes sont moins larges que
les côtes, chez les individus munis de leur test ; elles ont la
même largeur chez les individus qui en sont dépourvus.
Un limbe aplati entoure le pygidium ; il porte 11 épines,
faiblement bombées, obtuses, recourbées en arrière, longues
de 2 mm, aussi larges à la base que longues. La pointe
médiane beaucoup plus large que celles des côtés, ne les dépasse guère en longueur. La surface du test est couverte
de fines granulations.

Rapports et différences : J'ai pu étudier 2 têtes, 5 pygidiums de cette espèce ; le thorax et l'hypostome me sont
inconnus. Elle est tellement voisine du *Cryphæus Michelini* Rouault (1), que j'ai pu suivre ici textuellement l'ex-
cellente description qu'a donnée M. Œhlert (2) de cette
espèce : on verra mieux ainsi leurs relations. Les seules
différences que je saisisse, se trouvent dans le nombre des

____

(1) M. Rouault, Bull. soc. géol. de France, T. VIII, 1851, p. 382.

(2) Œhlert, Bull. soc. géol. de France, 1877, T. V, p. 580, pl. IX, fig. 4

lentilles de l'œil, dans la forme du sillon occipital non ondulé, mais droit et plus saillant à Erbray ; les pygidiums de cette localité m'ont montré régulièrement 1 anneau de plus. Ces différences sont si faibles, que l'on doit savoir gré à MM. de Tromelin et Lebesconte (1) d'avoir rapporté cette espèce d'Erbray au *Cryphæus Michelini* Rou., plutôt que d'ajouter un nom spécifique à la liste déjà si surchargée des *Cryphæus*. En réalité, cette espèce est beaucoup plus voisine des *Cryphæus Michelini* de M. Œhlert, que celles-ci ne le sont des formes de *Cryphæus Michelini*, à longues pointes génales, à lentilles oculaires peu nombreuses par rangées, et à longues épines au pygidium, figurées par M. Bayle (2) ; ces dernières constitueraient à mes yeux une variété, *C, Munieri* Œhl. (3), du *C. Michelini*, Rouault.

J'ai pu m'assurer sur le type même de Cailliaud, qu'il fallait rapporter à cette espèce le *Cryphæus sublaciniata* (4) de sa liste d'Erbray ; la pointe caudale est manifestement brisée sur le type de Cailliaud. Je désigne cette espèce sous le nom de *Cryphæus pectinatus* Rœm., bien que ce type soit si imparfaitement connu ; M. Kayser (5), qui l'a étudié, le rapporte aux *Cryphæus* de la Sarthe, précédemment cités : d'après la description initiale de Rœmer, ce pygidium présenterait précisément les caractères distinctifs de ceux que nous avons décrits à Erbray, savoir : grande convexité transversale, grand nombre des anneaux de l'axe, 6 côtes sur les lobes latéraux, pointes larges recourbées, la dernière la plus large, pas plus longue que les autres. Le *Cryphæus Abdullahi* Vern. (6), ne me paraît pas distinct du précédent, mais je n'ai pas étudié le type, de cette espèce de de Verneuil.

---

(1) De Tromelin et Lebesconte, Bull. soc. géol. de France, T. IV, 1876, p. 80.
(2) Bayle, Explic. corte géol. de France, pl. 4, fig, 11-12.
(3) Œhlert, Bull. soc. géol. de France, T. V, 1877, pl. IX, fig. 3.
(4) Non, de Verneuil, Bull. soc. géol. de France, T. XII, p. 999, pl. 28, fig. 2.
(5) Kayser, Alt. F. des Harzes, p. 34.
(6) De Verneuil Pal. de l'Asie-Mineure, p. 453, pl. 20, fig. 3

Genus **PHACOPS**, Emmr.

Phacops fecundus, Barr.

Phacops fecundus, Barrande, Syst. Sil. Bohême, I.p. 514, pl. 21, 22, 1852; —Supplément, p. 24, pl. 13, 1872.

Cette espèce bien caractérisée à Erbray, y paraît cependant assez rare ; nous en possédons un pygidium identique par sa forme et l'ensemble de ses caractères au *Phacops fecundus* de Bohême, de notre collection. Les côtes de ses lobes latéraux, sont aplaties au sommet et portent un sillon longitudinal distinct. Nous avons pris en considération les variations du *Phacops fecundus*, indiquées par M. O. Novak (1).

Genus **PROETUS**, Stein.

Le genre *Proetus* est représenté dans le calcaire d'Erbray par un grand nombre d'espèces ; c'est incontestablement le genre de trilobites le mieux développé dans ce gisement. Malheureusement les échantillons que nous possédons sont tous de petite taille et en mauvais état, on ne trouve généralement que des pygidiums isolés, et des têtes désarticulées, dépourvues de leurs joues mobiles : nous ne possédons aucun spécimen complet. Il est par suite très difficile de comparer d'aussi mauvais matériaux, aux types du Harz et de Greifenstein (Nassau), dont MM. Kayser et Maurer, n'ont également eu à leur disposition que des échantillons insuffisants.

Proetus bohemicus, Corda.
(Pl. 17. fig. 5.)

Proetus Bohemicus, Barrande, Syst. Sil. Bohême, Trilobites, p. 452, pl. 16, fig. 1-15.

Tête modérément bombée, limitée en avant par un bourrelet épais, suivi à l'intérieur par une rainure étroite. L'an-

---

(1) O. Novak, Jahrb. d. K. K. geol. Reichsanstalt, 1880. vol. 30, p. 80.

neau occipital a la même longueur que le bourrelet du limbe, il s'élève au niveau de la glabelle, et porte un grain saillant au milieu. Le sillon occipital marqué et profond, se bifurque vers chacune de ses extrémités ; la branche antérieure conserve la direction ordinaire ; l'autre traverse obliquement le bout de l'anneau occipital, dont elle détache une partie triangulaire, formant un nodule arrondi aux angles. Glabelle sub-conique, arrondie en avant, moins convexe que chez mes *Proetus bohemicus* de Konieprus ; lobe frontal moins avançant que chez ces mêmes types : ces différences seraient certes suffisantes pour séparer ces espèces, si Barrande (1) n'avait mis en garde contre ces variations de la glabelle du *Proetus bohemicus*, entre lesquelles il a trouvé une série continue de passages. La glabelle présente 1 seul lobe, très faiblement marqué (2); les sillons dorsaux très distincts se réunissent devant la glabelle, en se fondant avec la rainure du bord. Test couvert d'une granulation serrée, fine.

Pygidium semi-circulaire, médiocrement bombé, entouré d'un limbe aplati, occupant le 1/6 de la longueur. L'axe très saillant est aussi large que chaque lobe latéral ; il porte 9 articulations ; chaque anneau présente une petite cavité dans la rainure, un peu au-dessus du sillon dorsal. Le 1er anneau porte un grain en son milieu. Lobes latéraux bombés, montrant 4 côtes, munies du sillon sutural et disparaîssant près du limbe. Ce limbe porte quelques stries saillantes, concentriques, près de l'arête extérieure ; elles sont surtout développées sur la doublure.

Rapports et différences : Le pygidium me paraît identique à celui de *Proetus bohemicus*, déjà cité d'ailleurs à Erbray, par Cailliaud, MM. de Tromelin et Lebesconte. La tête se rapporte également à cette espèce, par son test granulé, les caractères de son anneau occipital ; elle s'en distingue toutefois, par sa glabelle moins bombée, le bourrelet

---

(1) Barrande, Syst. s:l. Bohème, p. 452.
(2) Barrande, l. c., pl. 16, fig. 8.

du limbe plus développé. Elle se distingue de *Proetus Cuvieri*, Stein (1) (= *P. lævigatus* Gold. (2), par sa glabelle granulée et non lisse; plus voisine du *Proetus granulosus* Gold. (2), elle s'en distingue par sa glabelle moins convexe en avant, ses nodules occipitaux plus grands, les granulations de la glabelle plus fines. Par l'atrophie des sillons de la glabelle, ces têtes se rapprochent des *Proetus* du Dévonien de la Sarthe, notamment du *Proetus Guerangeri* Œhl. et Dav. (4), à peine distinct par la granulation plus forte de la glabelle, et par l'absence du tubercule au milieu de l'anneau occipital : quand cette espèce sera mieux connue, on devra probablement lui rattacher le *Proetus bohemicus* d'Erbray. Le *Proetus Œhlerti* Bayle (5), dont on doit une bonne description à M. Œhlert (6), se distingue facilement par sa glabelle plus convexe, son limbe, et l'étroitesse du sillon postérieur. Le *Proetus subplanatus* Maurer (7), a une glabelle plus large, des tubercules occipitaux plus petits. Cette forme nous paraît représentée en Amérique, par *Proetus Rowi*, Hall (8).

Proetus fallax, Barr.

(Pl. 17. fig. 6.)

Proetus fallax, Barrande, Syst. Sil. Bohême, p. 450, pl. 15, fig. 50, 51.

Pygidium semi-circulaire, bombé, à axe saillant, convexe, occupant autant de largeur qu'un lobe latéral. Il porte 6 articulations. Les lobes latéraux portent 5 côtes, divisées

---

(1) Steininger, Mém. soc. géol. de France, I, T. 1, 1833, p. 355, pl. 21. fig. 6.

(2) Goldfuss, Neues Jahrb. f. Minor., 1843, p. 557, pl. 4, fig. 3.

(3) Goldfuss, l. c., p. 558, pl. 4, fig. 4.

(4) Œhlert et Davoust, Bull. soc. géol. de France, T. VII, 1879, p. 702, pl. 18, fig. 1.

(5) Bayle, Explic. carte géol. de France, Atlas, pl. 4, fig. 18-21.

(6) Œhlert, Annal. sci. géol. T. XIX, p. 10, pl. 1, fig. 8-9, 1887.

(7) Maurer, Kalk v. Waldgirmes, pl. XI, fig. 8-10, p. 251.

(8) James Hall, Pal. of New-York, vol. VII, 1888, p. 119, pl. 21, f. 2-6, 24-26.

par un sillon sutural, et s'effaçant à la rencontre du limbe. Limbe plat, mince, horizontal. Les lobes latéraux se coudent brusquement vers leur milieu, de manière à former une partie presque horizontale près de l'axe, et une partie abrupte vers le limbe. La surface du test est finement granulée.

Rapports et différences : Cette espèce d'Erbray se distingue facilement des types du *Proetus fallax* de Bohême, par sa surface granulée et ses côtes plus nombreuses, elle s'en rapproche cependant plus que de toutes les autres, par sa forme générale, et par la disposition coudée de ses lobes latéraux bombés. Elle rappelle également les figures de *Proetus Œhlerti* données par M. Bayle (1), mais se distingue de mes échantillons de cette espèce, par le coude de ses lobes latéraux. Le *Proetus Strengi* Maurer (2), présente certains rapports, mais est caractérisé par sa rainure longitudinale médiane. Le *Proetus* du Harz, comparé par M. Kayser (3), au *Proetus orbitatus* Barr., se rapproche de notre espèce par sa forme générale. Cette espèce se distingue nettement de celle que nous avons rapportée précédemment à *Proetus Bohemicus*, par la forme de ses lobes latéraux, par son axe relativement plus étroit, et par son limbe moins franchement séparé.

Proetus Ligeriensis, nov. sp.

(Pl. 17. fig. 7.)

Proetus pictus? Giebel, Sil. Fauna Unterharzes, p. 6, pl. 2, fig. 7, 1858.

Tête faiblement bombée ; bord épais, arrondi, formant un bourrelet limité à l'intérieur par une rainure, qui est étroite et profonde au droit du front. La longueur du bord antérieur égale celle de l'anneau et du sillon occipital. Contour intérieur légèrement concave ; anneau occipital large, pré-

---

(1) Bayle, Expl. carte géol. de France, 1878. pl. 4, fig. 18-21.

(2) Maurer, Neues Jahrb. f. Miner., 1880, p. 7, pl. 1. fig. 3.

(3) Kayser, Alt. Fauna d. Harzes, p. 16, pl. 3, fi 14.

sentant en son milieu un grain saillant, et de chaque côté
un petit renflement de forme triangulaire, isolé par la bifur-
cation du sillon occipital, étroit, mais très prononcé. La
glabelle a une forme sub-conique, tronquée en arrière,
arrondie en avant, moins convexe que l'espèce précédente ;
elle porte une petite carène médiane et des sillons latéraux
très apparents, au nombre de 3, linéaires, obliques ; sillons
dorsaux accusés, se confondant en avant avec la rainure du
limbe. La glabelle et les joues fixes sont couvertes d'une granulation très fine.

Rapports et différences : Cette espèce nous paraît se rapporter au *Proetus* du Harz, figuré par M. Kayser (1), par
sa glabelle de même forme, amincie en avant, carenée en
arrière, et ornée des mêmes sillons ; le bord antérieur également
ment développé n'est cependant pas strié dans notre échantillon. M. Kayser rapporte avec doute, l'espèce du Harz,
au *Proetus complanatus* Barr., comparaison nullement fondée pour l'échantillon d'Erbray, que nous possédons ; il
faudra probablement rendre à cette espèce le nom de *Proetus pictus*, proposé, mais mal décrit par Giebel, d'après
M. Kayser, qui a eu ses types entre les mains : notre *Proetus Ligeriensis* passerait en synonymie du *Proetus pictus*,
Gieb. in Kayser.

La forme de la glabelle aussi bien que les proportions des
parties de la tête que nous possédons, rapprochent *Proetus
Ligeriensis* de *Proetus sculptus* Barr. (2), qui s'en distingue
toutefois nettement par l'absence des renflements triangulaires de l'anneau occipital, et par son test strié. Les renflements et les granulations du test de *Proetus Ligeriensis*
se retrouvent par contre chez *Proetus orbitatus* Barr. (3),
également très voisin, mais dont la glabelle est plus convexe, à sillons moins marqués, et à bord antérieur plus
court. Le *Proetus frontalis* Corda (4), voisin par la forme de

(1) Kayser, Alt. F. d. Harzes, pl. 1, fig. 9, p. 13.
(2) Barrande, Syst. sil. Bohême, p. 438, pl. 15, fig. 1-4.
(3) Barrande, l. c., p. 444, pl. 16, fig. 16-17.
(4) Corda, in Barrande, Syst. sil. Bohême, p. 440, pl. 15, fig. 10-11.

sa glabelle et l'étendue du bord antérieur, se distingue par son anneau occipital, dépourvu de renflements latéraux, et par son bord antérieur de forme très différente. Le *Proetus dormitans* Richter (1) est lisse, et dépourvu des sillons de la glabelle. Mon échantillon est si incomplet qu'il me serait difficile de le distinguer des têtes de *Dechenella Romanovski* de l'Oural, décrites et figurées par M. Tschernyschew (2). Cette espèce d'Erbray est représentée en Amérique, par le *Proetus curvimarginatus*, Hall (3).

Proetus Gosseleti, nov. sp.

(Pl. 17. fig. 8.)

Pygidium bombé, semi-circulaire, à axe épais, dominant les côtés, dont il égale la largeur, mais moins large que chez *Proetus bohemicus*. Il montre 8 articulations, non compris le genou articulaire, et il occupe les 4/5 de la longueur. Les sillons dorsaux qui le limitent et se joignent autour de son extrémité sont très distincts. On peut reconnaître sur chaque lobe latéral jusqu'à 5 côtes, isolées par des rainures intercostales profondes près du sillon dorsal et près du limbe, et subdivisées par un sillon sutural, dont la profondeur maxima correspond au milieu de la côte. Ces côtes sont en outre moins arquées que dans les autres espèces; elles se terminent en atteignant le bord, limité par une inflexion concentrique au contour, qui se différencie graduellement en limbe à la partie postérieure. Test orné de stries granuleuses, alignées à 45° de chaque côté de l'axe longitudinal, comme celles du *Proetus decorus*, Barr. (4), elles sont surtout visibles sur les lobes latéraux.

---

(1) Richter, Zeits. d. deuts. geol. Ges., Bd. XV, p. 662, pl 18, fig. 5.

(2) Tschernyschew, Mém. comité géol. de Russie, vol. 3, N° 3, p. 167, pl. 1, fig. 4-5.

(3) James Hall, Paleont. of New-York, vol. VII, 1888, p. 94, pl. 22, fig. 13-19.

(4) Barrande, Syst. sil. Bohême, pl. 17, fig. 13.

Rapports et différences : Cette espèce appartient par
l'ornementation de son test aux *Proetus* à test strié de
Barrande, dont on ne connaît encore qu'un très petit nombre d'espèces. Son pygidium se distingue par sa forme, des
espèces siluriennes connues ; Barrande a cité dans le Dévonien de l'Eifel, un *Proetus* à test strié (*Proetus Verneuili*),
dont il n'a malheureusement pas donné de description. Par
leur forme générale, nos pygidiums se rapprochent davantage des *Proetus* granulés, tels que *Proetus granulosus* Gold.
du Dévonien, *P. tuberculatus* Barr., de F, auxquels je les
aurais assimilés, sans leur ornementation différente. Cette
espèce se rapproche encore du *Proetus Richteri*, Kayser (1),
par ses côtes peu arquées, séparées par de profondes sutures,
ainsi que par sa forme générale, mais l'ornementation est
différente ; sa forme générale la rapproche du *Proetus
Kœneni*, Maurer (2).

Proetus cornutus, Gold.

(Pl. 17. fig. 9.)

Gerastos cornutus... Goldfuss, Neues Jahrb. f. Miner., 1843. p. 558, pl. 5, fig. 1.
Trigonaspis cornuta, Sandberger, Verst. Rhein. Sch. Nassau, p.31, pl. 3, fig.3 a.

Nous rapportons à cette espèce dévonienne, une joue
mobile et un fragment de pygidium. La joue montre un
bord assez large, convexe, fortement strié, il est limité à
l'intérieur par un rainure large, à fond arrondi, et se prolonge au delà de l'angle génal par une pointe assez forte,
parallèle à l'axe, carénée au milieu. Le bord postérieur de
la joue est bien déterminé par un sillon, et se raccorde à
angle aigu avec le bord du contour extérieur. L'œil est
placé en avant, laissant dernière lui jusqu'au sillon occipital, un intervalle égal à la moitié de sa longueur. Le test
est finement granulé.

Un pygidium semi-circulaire, très peu bombé, présente

---

(1) Kayser, Alt. Fauna d. Harzes, p. 14, pl. 1, fig. 5.
(2) Maurer, Neues Jahrb. f. Miner, 1880, Beil. Bd. p. 8, pl. 1, fig. 4.

8 articulations sur son axe, assez saillant, de même largeur qu'un lobe latéral. Les lobes latéraux presque horizontaux ne permettent pas de distinguer les côtes. Ce fragment de pygidium, est en trop mauvais, état pour être déterminé avec précision.

Rapports et différences : Cette espèce se rapproche beaucoup du *Proetus unguloïdes* Barr. (1) par la position de ses yeux et ses longues pointes génales ; on l'en distingue par son test granulé, et le bourrelet de la joue plus large, fortement strié. Le *Proetus unguloïdes* du Harz (2), à front plus arrondi en avant, que le *Proetus unguloïdes* de Bohême, n'est pas éloigné de l'espèce d'Erbray ; il n'est connu que par une tête incomplète, et de part et d'autre les éléments d'une comparaison rigoureuse font encore défaut.

Je n'ai point trouvé de *Cyphaspis* à Erbray, bien que Cailliaud y ait cité le *Cyphaspis Burmeisteri* Barr., et MM. de Tromelin et Lebesconte le *C. Gaultieri*, Rou. : je ne sais s'il n'y a point eu confusion avec *Proetus cornutus ?* Cette espèce est représentée en Amérique, par *Proetus canaliculatus,* Hall (3).

Proetus vicinus, Barr.

(Pl. 17. fig. 10.)

Proetus vicinus Barrande, Syst. Sil. Bohême, Supplément, vol. 1, p. 17, pl. 16, fig. 9, 14.

Tête peu bombée, à limbe frontal étendu, atteignant la largeur de 3 mm., son bord est épaissi en un étroit bourrelet. Sillons dorsaux linéaires. Glabelle renflée, conique, pas très convexe ; ses sillons antérieurs et moyens sont rectilignes, horizontaux, ne pénétrant pas au delà du 1/4 de la largeur correspondante, les sillons postérieurs sont obli-

---

(1) Barrande, Syst. sil. Bohême, p. 444, pl. 15, fig. 23-27.

(2) Kayser, Alt. Fauna d. Harzes, p. 12.

(3) J. Hall, Paleont. of New-York, vol. VII, 1888, p. 107, pl. 23, f. 10-11.

ques, arqués, prolongés jusqu'au sillon occipital, en déterminant un lobe ovalaire. Le lobe frontal occupe environ
1/3 de la longueur de la glabelle. Le sillon occipital est
large, il atteint 2 mm., avec l'anneau occipital ; il se bifurque sur les côtés, la branche antérieure tronque obliquement la base de la glabelle, l'autre traverse obliquement le
bout de l'anneau occipital, détachant de chaque côté un
nodule triangulaire. La surface de la joue fixe est rudimentaire. Le test est lisse.

Le pygidium a un axe saillant, occupant un peu moins de
1/3 de la largeur totale, et se terminant brusquement à la
la distance de 1 mm. du contour. Il présente 7 articulations,
les 2 premières portent un grain médian, les suivantes
sont un peu renflées dans cette partie médiane. Les lobes
latéraux, très déprimés, plans-convexes, montrent 4 côtes
faiblement marquées, très obliques à l'axe ; le bord est lisse,
la doublure striée.

Rapports et différences : Par sa tête, cette espèce d'Erbray est voisine de *Proetus lusor* Barr. (1), dont elle se distingue par la forme de son limbe frontal ; elle est également
voisine de *Proetus superstes* Barr. (2), à limbe développé,
mais s'en sépare plus nettement par les sillons de sa glabelle.

Le pygidium se rapproche de *Proetus complanatus*
Barr. (3), par ses lobes latéraux déprimés, mais il est moins
large, et son axe est moins gros ; il y aura lieu de comparer
cette espèce d'Erbray, au *Proetus complanatus* cité par
M. Frech (4) à Cabrières, et par M. Kayser (5) dans le
Harz. Le *Proetus Saturni*, Maurer (6), paraît peu éloigné

---

(1) Barrande, Supplément aux Trilobites de Bohême, p. 14, pl. 16, fig. 6-8.

(2) Barrande, Syst. sil. Bohême, p. 441, pl. 15, fig. 5-9.

(3) Barrande, l. c., p. 463, pl. 17, fig. 34-41.

(4) F. Frech, Zeits. d. deuts. geol. Ges. 1887, p. 404.

(5) Kayser, Alt. Fauna d. Harzes, p. 13.

(6) Maurer, Neues Jahrb. f. Miner. 1880, p. 19, pl. 1, fig. 17.

de cette espèce. Elle est représentée en Amérique par *Proctus Haldemani*, Hall. (1).

RÉSUMÉ :

Dans le cours de ce Chapitre, nous avons décrit ou figuré, environ 200 espèces d'Invertébrés fossiles, trouvées dans le calcaire d'Erbray, et discuté minutieusement leurs relations réciproques, entre elles, comme avec les formes des régions voisines. Nous ne croyons pouvoir mieux résumer les notions ainsi acquises, que sous forme d'un tableau synoptique, où nous indiquons avec le nom des espèces, le niveau où on les rencontre à Erbray.

La première colonne du tableau énumère les espèces trouvées à Erbray. Dans les colonnes suivantes, nous montrons l'extension de ces espèces, dans les couches comparables des provinces voisines, et en choisissant les régions qui nous présentaient le plus d'analogies. Nous avons distingué dans la colonne du *silurien supérieur* de Bohême, les différents étages E. F. G.; de même dans la colonne du *dévonien moyen*, nous avons distingué les étages Eifélien E, et Givétien G. Nous nous sommes basés pour attribuer certaines espèces aux étages Hercynien, Coblenzien, Eifélien, Givétion, sur les travaux les plus récents, concernant la faune dévonienne du Harz, de la Bretagne, des Ardennes, et des provinces Rhénanes. La dernière colonne du tableau renvoie aux pages, de ce mémoire, où les espèces sont décrites.

---

(1) J. Hall, Paleont. of New-York, vol. VII, 1888, p. 118, pl. 21, fig. 7-9.

TABLEAU SYNOPTIQUE

de la Faune du Calcaire d'Erbray.

	Calcaire d'Erbray.			Silurien supérieur (Bohême).	Hercynien (Harz).	Coblenzien (Bretagne).	Dévonien moyen (Ardennes).	Renvois au texte.
	Blanc	Gris	Bleu					
Stromatoporides.								
Stromatopora sp.	+	.	.	.	.	.	.	p. 30,
Zoantharia tabulata.								
Heliolites interstincta, Linn	+	.	.	E	.	+	.	p. 30, pl. III, f. 6
Favosites basaltica, Gold	.	.	+	E	.	+	.	p. 32, pl. III, f. 2
» polymorpha, Gold	+	.	.	.	.	+	E G	p. 33, pl. III, f. 3
Beaumontia Guerangeri, Edw. et H	+	.	+	.	+	+	.	p. 34, pl. III, f. 5
Chaetetes Rœmeri, Kays	+	+	+	.	+	?	.	p. 35, pl. III, f. 4
Alveolites subaequalis, Lamk	+	+	+	.	.	+	E	p. 35, pl. IV, f. 1
Striatopora minima, nob	+	.	.	.	.	.	.	p. 36, pl. IV, f. 2
Cœnites sparsus, nob.	.	+	.	.	.	.	.	p. 37, pl. IV, f. 3
Zoantharia rugosa.								
Acervularia Namnetensis, nob	.	+	.	.	.	.	.	p. 40, pl. I, f. 1
» Venetensis, nob	+	.	.	.	.	.	.	p. 42, pl. I. f. 2
Briantia repleta, nob	.	+	.	.	.	.	.	p. 45, pl. II, f. 1
Cyathophyllum Cailliaudi, nob	.	.	+	.	.	.	.	p. 47, pl. II, f. 2
» Pictonense, nob	+	.	.	.	.	.	.	p. 49, pl II, f 4
» ceratites, Gold	+	.	.	.	.	+	.	p 50, pl. II, f. 3
Ptycho phyllum expansum, Edw. et H	+	.	.	F	.	+	.	p. 51, pl I, f. 3

32

	Calcaire d'Erbray.			Silurien supérieur (Bohême).	Hercynien (Harz).	Coblenzien (Bretagne).	Dévonien moyen (Ardennes).	Renvois au texte.
	Blanc	Gris	Bleu					
Zaphrentis Ligeriensis, nob	+	·	·	F	·	·	·	p 52, pl. III, f. 1
» armoricana, nob	·	·	+	·	·	·	G	p. 53, pl. II, f. 5
Amplexus hercynicus, A. Roem	+	·	·	F	·	?	G	p. 55, pl. I, f. 5
» irregularis, Kays	·	+	·	·	·	·	·	p 56, pl. I, f. 4
Crinoïdea.								
Poteriocrinus Verneuili, Caill	+	+	·	·	·	·	·	p 57,
Eucalyptocrinus sp.	+	·	·	·	·	·	·	p. 57,
Bryozoa.								
Fenestella cf. Bischofi, Vern	+	·	·	·	+	·	·	p. 58,
» cf. bifurca, Roem	+	·	·	·	·	·	G	p. 58,
Glauconome cf. pluma, Phill	+	·	·	·	·	·	G	p. 59.
Lichenalia cf. patina, Rœm	+	·	·	·	·	·	G	p. 59.
Brachiopoda.								
Chonetes plebeia, Schnur	·	·	+	·	+	+	E	p. 60, pl. IV, f. 4
Strophomena Davousti, Vern	+	·	·	·	·	+	·	p. 61, pl. IV, f. 5
» Murchisoni var. acutiplicata, Oehl. et Dav	·	·	+	·	·	+	E	p. 62.
» Verneuili, Barr	·	+	·	F	+	?	·	p. 63, pl. IV, f. 6
» neutra, Barr	+	·	·	F	·	·	·	p. 63, pl. IV, f. 7
» subarachnoïdea, Arch. et Vern	·	·	+	·	·	+	·	p. 64.
» interstrialis, Phill	·	·	+	·	+	+	E G	p. 64, pl. IV, f. 8
» hercynica, nob	·	·	+	?	+	+	·	p. 65, pl. IV. f. 9
» clausa, Vern	·	·	+	·	·	+	·	p. 67, pl. IV, f.10

Species								Page
Plectambonites rhomboïdalis, Wahl.	+			E F G	+	+	E G	p. 69.
» Bouei, Barr.			+	F				p. 69.
Orthothetes devonicus, d'Orb			+	?		+	E G	p. 69.
Ambocoelia umbonata, Conrad			+			+		p. 70.
Orthis palliata, Barr	+			F	+		E G	p. 70, pl. IV, .12
» striatula, Schlt.	+			?	+	+		p. 71.
» vulvarius, Schlt			+		+	+		p. 72.
» orbicularis, Vern.	+				+	+	E	p. 73.
» (P) Bureaui, nob	+							p. 74, pl. IV, f.13
» (P) deperdita, nob.	+			G				p. 75, pl. IV, f.14
» (P) cyrtinoïdea, nob.	+							p. 76, pl. IV, f.11
Pentamerus Sieberi, von Buch.	+			F	+			p. 77, pl. V, f. 1
» galeatus, Dalm.		+		F	+	+	E G	p. 80.
Rhynchonella phaenix, Barr	+		+	E F	?			p. 81, pl. V, f. 6
» amalthoïdes, nob	+	+		?	?			p. 82, pl. V, f. 4
» Pareti, Vern.			+			+		p. 84, pl. V, f. 3
» cf. Letissieri, Oehl			+			+		p. 85.
» cf. daphne, Barr.		+		E				p. 86.
» nympha, Barr	+	+		E F G	+			p. 86, pl. V, f. 2
» Bischofi, A. Rœm	+	+			+			p. 87, pl. VI, f. 1
» acuminata ? Martin		+						p. 90.
» cognata, Barr.			+	F	?			p. 90, pl. V, f. 5
Rhynchonella (W) princeps, Barr.								
» var. armoricana, nob.			+	E F G				p. 93, pl. VI, f. 2 a-e
» var. Subwilsoni, d'Orb.	+	+	+	E F G	+	+		p. 93, pl. VI, f. 2 f-j
» pila, Schnur.	+		+		+			p. 96, pl. V, f. 7
» Henrici, Barr.	+			F	+			p. 96, pl. V, f. 9
» Bureaui, nob.	+							p. 98, pl. V, f. 8
Atrypa comata, Barr	+	+		F				p. 99, pl. IV, f.16
» reticularis, Linn.	+	+		E F G	+	+	E G	p. 100.
» var. A	+	+						p. 101.

	CALCAIRE D'ERBRAY.			SILURIEN SUPÉRIEUR (Bohême).	HERCYNIEN (Harz).	COBLENZIEN (Bretagne).	DÉVONIEN MOYEN (Ardennes).	RENVOIS au TEXTE.
	Blanc	Gris	Bleu					
Atrypa reticularis , var. B	+	+	.	.	.	.	.	p. 101.
» var. desquamata . . .	+	.	.	.	.	.	.	p. 101.
» var. aspera	+	+	.	.	.	.	.	p. 102.
» var. sagittata	+	.	.	.	.	.	.	p 102.
» var. globosa.	+	+	.	.	.	.	.	p. 102, pl. IV, f.15
Bifida lepida, Gold.	.	+	.	.	+	+	E	p. 102.
Merista minuscula, Barr.	.	.	+	F	.	.	.	p. 103, pl. VI, f. 4
Meristella circe, Barr	+	+	.	F	.	.	.	p. 105, pl. VI, f. 5
» recta, nob	.	+	.	.	.	.	.	p. 106, pl. VI, f. 6
» lata, nob.	+	+	.	.	.	.	.	p. 108, pl. VI, f. 7
» biplicata, nob.	+	.	.	.	.	.	.	p. 109, pl. VI, f. 8
Athyris undata, Defr	+	+	+	.	.	+	.	p. 112, pl. VII, f. 1
» triplesioïdes, Oehl	+	+	.	.	.	+	.	p. 112, pl. VII, f. 2
» concentrica, v. Buch	+	+	+	.	.	+	E G	p. 113, pl. VII, f. 3
» sub concentrica, Arch. et Vern . .	.	+	+	.	.	+	.	p. 114, pl VII, f. 4
» Pelapayensis, Arch. et Vern . . .	.	+	.	.	.	+	.	p. 115, pl. VII, f. 5
» Campomanesii, Arch. et Vern. . .	+	+	.	.	.	+	.	p. 115, pl. VII. f. 6
» dubia, nob	.	+	.	.	.	.	.	p. 116, pl. VII, f. 7
» Ferroñesensis, Arch. et Vern. . .	+	+	.	.	.	+	.	p. 117, pl. VII, f. 8
» gibbosa, nob	.	+	.	.	.	+	.	p. 118, pl. VI, f. 9
» Erbrayi, nob	+	+	.	.	.	.	.	p. 119, pl. VII, f.10
» Ezquerra, Arch. et Vern.	+	+	.	.	.	+	.	p. 121, pl. VII, f.11
Retzia Haidingeri, Barr. var. bohemica. .	.	.	.	F	.	.	.	p. 122, pl. VII, f.14
» » var. armoricana. . . .	+	.	.	.	.	.	.	p. 123, pl. VII, f.15
» » var. suavis.	+	.	.	F	.	+	.	p. 123, pl. VII, f.16
» » var. dichotoma. . . .	+	.	.	.	.	.	.	p. 124, pl. VII, f.17

								Référence
Retzia melonica, Barr.	.	+	.	F	+	.	E	p. 124, pl. VII, f.18-19
Cyrtina heteroclyta, Defr.	+	.	.	E F	+	+	E	p. 126.
Spirifer Decheni, Kayser.	.	+	+	.	+	.	.	p. 127, pl. VIII, f. 1
» subsulcatus, nob.	.	+	.	?	+	.	.	p. 129, pl. VIII, f. 2
» paradoxus var. Hercyniae. Gieb.	.	+	+	.	+	?	.	p. 132, pl. IX. f. 1
» cf. Nerei, Barr. var. du Harz.	.	+	.	.	+	+	.	p. 134, pl. IX, f. 2
» Trigeri, de Vern.	.	+	+	?	?	+	?	p. 136, pl. IX, f. 3
» Jaschei, A Rœm.	.	.	+	?	+	.	.	p. 137, pl. IX, f. 4
» Sub-cabedanus, nob.	.	+	+	.	.	?	.	p. 138, pl. IX, f. 5
» robustus, Barr.	.	.	+	F	.	.	.	p. 140, pl. IX, f. 6
» Davousti, Vern	.	.	+	.	+	+	.	p. 141, pl. IX, f. 7
» Jouberti, Oehl.	.	.	+	.	.	+	.	p. 142, pl. IX, f. 8
» Oehlerti, nob.	+	.	+	.	.	+	.	p. 143.
» transiens, Barr.	+	.	.	F	.	.	.	p. 144, pl. IX, f. 9
» sericeus, A. Rœm.	+	.	.	.	+	.	.	p. 145, pl. IX, f.10
Centronella ? Oehlerti, nob	+	+	+	.	.	.	.	p. 146, pl. X, f. 1
» Juno, nob.	+	+	.	.	.	.	.	p. 148, pl. X, f. 2
» imitatrix, nob	+	.	.	.	.	.	.	p. 149, pl. X, f. 3
Cryptonella ? Cailliaudi, nob	+	.	.	.	.	.	.	p. 149, pl. X, f. 4
Megalanteris inornata, d'Orb	.	.	+	.	.	+	.	p. 152, pl. X, f. 5
» Deshayesi, Cail^l.	.	.	+	.	+	+	.	p. 151, pl. X, f. 6
Crania occidentalis, nob	+	.	.	.	.	.	.	p. 153, pl. X, f. 7
Annelida.								
Tentaculites scalaris, Schlt	.	.	+	.	.	+	.	p. 154.
» annulatus, Schlt	+	.	.	E	.	+	.	p. 154.
Cornulites sp	+	.	.	.	+	.	.	p. 155.
Lamellibranchiata.								
Conocardium bohemicum, var. longula, Barr	+	+	.	F	.	.	.	p. 156, pl. XI, f. 1
» » var. depressa, Barr	.	+	.	F	.	.	.	p. 158, pl. XI, f. 2

	CALCAIRE D'ERBRAY.			SILURIEN SUPÉRIEUR (Bohême).	HERCYNIEN (Harz).	COBLENZIEN (Bretagne).	DÉVONIEN MOYEN (Ardennes).	RENVOIS au TEXTE.
	Blanc	Gris	Bleu					
Conocardium quadrans, Barr	+	·	·	F	·	·	·	p. 159, pl. XI, f. 3
» Marsi, Oehl.	·	+	·	·	·	+	·	p. 160, pl. XI, f. 4
» nucella, Barr	·	+	·	F	·	·	·	p. 162, pl. XI, f. 5
» Oehlerti, nob	·	+	·	·	·	·	·	p. 163, pl. XI, f. 6
» reflexum, Zeiler.	+	+	·	·	·	+	·	p. 164, pl. XI, f. 7
» vexatum, Barr	+	·	·	G	·	·	·	p. 166, pl. XI, f. 8
Cypricardinia crenicostata, A. Rœm	+	+	·	F	+	+	E	p. 167, pl. XI, f. 9
» gratiosa, Barr	+	·	·	F	·	·	·	p. 170, pl. XI, f. 10
Cardiola minuta, Kays.	+	·	·	·	+	·	·	p. 170, pl. XI, f. 11
Pterinea striatocostata, Giebel.	·	·	+	F	+	·	·	p. 171, pl. XI, f. 8
Limoptera bohemica, Barr.	·	+	·	F	+	?	·	p. 173, pl. XI, f. 9
Actinopteria manca, Barr	·	+	·	F	·	·	·	p. 175, pl. XII, f. 1
Modiomorpha submissa, Barr.	·	+	·	F	+	?	·	p. 176, pl. XII, f. 2
Guerangeria Davousti, Oehl	·	+	·	·	+	+	·	p. 178, pl. XI, f. 12
Paracyclas Lebesconti, nob.	·	+	·	·	·	·	·	p. 179, pl. XI, f. 13
Gastropoda.								
Helminthochiton Lebesconti, nob	+	·	·	·	·	·	·	p. 181, pl. XV, f. 15
Hercynella ? dubia, nob	·	+	·	·	·	·	·	p. 182, pl. XII, f. 3
» ? incerta, nob.	+	+	·	·	·	·	·	p. 183, pl. XII, f. 4
Palæacmæa annulata, nob.	+	·	·	·	·	·	·	p. 184, pl. XII, f. 5
Metoptoma Davyi, nob	+	·	·	·	·	·	·	p. 185, pl. XII, f. 6
Platyceras hercynicum Kays								
» Selcanum Gieb	+	+	·	F	+	·	·	p. 190, pl. XII, f. 7
» undulatum nob	+	·	·	·	·	·	·	p. 190, pl. XII, f. 8
» dubium, nob	+	+	·	·	·	·	·	p. 191, pl. XIII, f. 1

» trigonale, nob	·	+	·	·	·	·	·	·	p. 192, pl. XIII, f. 2
» inequilaterale, nob.	+	+	·	·	·	·	·	·	p. 193, pl. XII, f. 9
» extensum, nob.	+	+	·	·	·	+	·	·	p. 194, pl. XII, f. 10
» Protei, Oehl	·	+	·	·	·	·	·	·	p. 194, pl. XII, t. 11
» aculeatum, nob	+	+	·	·	·	·	·	·	p. 195, pl. XIII, f. 3
» conoïdeum nob	+	·	·	·	·	·	·	·	p. 196, pl. XIII, t. 4
» costatum, nob.	+	+	·	·	·	·	·	·	p. 196, pl. XIII, f. 5
» Zinkeni, Rœm	·	+	·	F	+	·	·	·	p. 197, pl. XIII, f. 6
» acutum Rœm	+	·	·	F	+	·	·	·	p. 198, pl. XIII, f. 7
» acutissimum Gieb	+	·	·	·	+	·	·	·	p. 199, pl. XIII, f. 8
» uncinatum, Rœm	+	·	·	·	·	·	·	·	p. 200, pl. XIII, f. 9
» campanulatum nob.	·	+	·	·	·	·	·	·	p. 200, pl. XIII, f. 10
» contortum, nob.	+	+	·	·	·	·	·	·	p. 201, pl. XIV, f. 1
» verrucosum, nob.	·	+	·	·	·	·	·	·	p. 203, pl. XIV, f. 2
Strophostylus naticoïdes, Rœm	+	+	·	F	+	·	·	·	p. 204, pl. XIV, f. 3
» orthostoma, nob.	+	+	·	·	·	·	·	·	p. 205, pl. XV, f. 1
» naticopsis, Oehl.	·	·	+	·	·	+	+	·	p. 206, pl. XIV, f. 4
» Giebeli, Kays	+	+	·	·	·	+	+	·	p. 207, pl. XIV, f. 5
Tubina Ligeri, nob.	+	·	·	F	·	·	·	·	p. 209, pl. XV. f. 2
Bellerophon pelops, Hall.	·	+	·	·	·	·	·	·	p. 210, pl. XV, f. 14
Pleurotomaria Cailliaudi, nob	·	+	·	·	?	·	+	·	p. 211, pl. XV, f. 3
Pleurotomaria subalata, Vern.	+	+	·	·	·	·	+	·	p. 212, pl. XV, f. 6
Murchisonia Davyi, nob	·	+	·	·	·	·	+	·	p. 214, pl. XV, f. 4
Murchisonia clavicula, Oehl.	+	·	·	·	·	·	·	·	p. 215, pl. XV, f. 5
Turbo cf. Orbignyanus, Vern.	·	·	+	·	·	·	·	E	p. 216, pl. XV, f. 7
Horiostoma involutum, nob.	+	·	·	·	·	·	·	·	p. 218, pl. XV, f. 8
» polygonum, nob	+	·	·	·	·	·	·	·	p. 219, pl. XV, f. 9
» disjunctum, nob	+	·	·	·	·	·	+	·	p. 220, pl. XV, f. 10
Cyclonema Guillieri, Oehl	·	+	·	·	·	·	·	·	p. 220, pl. XV, f. 12
Macrochilus ventricosus, Gold.	·	+	·	·	·	·	·	G	p. 222, pl XV. f. 11

	Calcaire d'Erbray.			Silurien supérieur (Bohême).	Hercynien (Harz).	Coblenzien (Bretagne).	Dévonien moyen (Ardennes).	Renvois au texte.
	Blanc	Gris	Bleu					
Loxonema subtilistriata, Oehl	.	.	+	.	.	+	E	p. 222, pl. XV, f. 13
Cephalopoda.								
Cyrtoceras sp	+	.	.	?	.	.	.	p. 223.
Jovellania Davyi, nob.	.	+	+	.	.	.	.	p. 224, pl. XVI, f. 1
» cf. Kochi, Kays	.	+	.	.	+	.	.	p. 227, pl. XVI, f. 2
Orthoceras cf. Puzosi, Barr.	.	.	+	E	.	+	.	p. 228, pl. XVI, f. 3
» Lorieri, d'Orb	+	+	.	F	.	+	.	p. 228, pl. XVI, f. 4
» pseudo-calamiteum, Barr.	.	+	.	E F G	.	.	.	p. 230, pl. XVI, f. 5
» cf. pulchrum, Barr.	.	.	+	F G	.	.	.	p. 231, pl. XVI, f. 6
Trilobita.								
Harpes venulosus, Corda.	+	.	.	E F	.	.	.	p. 232, pl. XVII, f. 1
Bronteus Gervillei ? Barr.	.	.	+	.	.	+	.	p. 233, pl. XVII, f. 2
Cheirurus Sternbergi ? Boeck.	+	.	.	F F G	+	?	G	p. 235, pl. XVII, f. 3
Cryphaeus pectinatus, Roem	.	+	+	.	+	?	.	p. 236, pl. XVII, f. 4
Phacops fecundus, Barr	+	.	.	E F G	+	+	E	p. 239.
Proetus bohemicus, Corda	+	+	+	F	.	.	.	p. 239, pl. XVII. f. 5
» fallax ? Barr	.	.	+	F	.	.	.	p. 241, pl. XVII. f. 6
» Ligeriensis, nob.	+	.	.	.	?	.	.	p. 242, pl. XVII, f. 7
» Gosseleti, nob	+	+	.	.	.	.	.	p. 244, pl. XVII, f. 8
» cornutus, Gold	+	.	.	?	?	.	E	p. 245, pl. XVII, f. 9
» vicinus, Barr.	.	+	+	G	?	.	.	p. 246, pl. XVII, f. 10

CHAPITRE TROISIÈME

DISCUSSION DES TRAVAUX ANTÉRIEURS SUR LA FAUNE D'ERBRAY

§ 1. Travaux de F. Cailliaud

Le premier travail, et le plus important, qui ait été fait, sur la faune d'Erbray, est dû à F. CAILLIAUD, qui découvrît ce gisement en 1861 (1), et signala l'existence de la faune troisième silurienne dans le N.-E. du département de la Loire-Inférieure.

Dans ce mémoire, *Cailliaud* sépare en 5 séries ses fossiles, suivant les diverses carrières où ils se rencontrent et où ils indiqueraient différents passages de terrains. Ces séries sont les suivantes :

1ᵣ Série. — Carrière Poché du S.-O.

Calymene Blumenbachi, Brongt... .... *Étages* E. F.

2ᵉ Série. — Carrière de la Ferronnière dans le N.-E.

Harpes venulosus, Barr.................... *Étage* F.

_____

(1) F. Cailliaud : Sur l'existence de la faune troisième silurienne dans le N.-E. du Dᵗ de la Loire-Inférieure, Bull. soc. géol. de France, T. XVIII, 1861, p. 330.

3ᵉ Série. — Carrière Poché du N.-O.

Leptæna Bohemica ? var. Barr..............	*Etage*	F.
» Bouei, Barr....................		F.
» Phillipsi ? Barr...........................		F.
» Murchisoni ? Vern......................		Dévonien.
» clausa, Vern...............		Dévonien.
Orthis hipparionix ?.............................		Dévonien.
Spirigerina subwilsoni...........................		Dévonien.
Terebratula princeps, Barr....................... .		E. F.
» nympha, Barr........................		F.
» » var. emaciata, Barr.........		F.
» crispa ? Mac Coy.....................		D.
» Toreno, Vern........................		Dévonien.
» Ceres ? Barr.........................		F.
» concentrica		Dévonien.
» pisum		
» Feroñesensis, Vern		Dévonien.
» nov. sp. voisine de la Colletei, Vern..		Dévonien.
Orthis calligramma, var. Dalman................ .		D.
Spirifer Naïadum ? Barr...........................		F.
Pentamerus Sieberi, var. ? Barr...................		F.
Conocardium ou Pleurorhynchus, var.............		F.

4ᵉ Série. — Continuation de la carrière Poché du N.-O.

Spirifer cultrijugatus , Rœmer.....................	Dévonien.
» Pellico, var. Vern........................	id.
» socialis , Krantz	id.
Terebratula Archiaci, Vern	id.
» Deshayesi, Caill	id.
» Pareti, Vern..............	id.
Orthis sp...............	id.
Tentaculites scalaris, var. Schlt ...... ,...	id.
Dalmanites sublaciniata, Rœmer	id.
Calamopora Goldfussi, M. Edw. et H.............	id.
Acervularia voisin de ananas, Mich	id.

Cyathophyllum duplicatum...................... Dévonien.
Poteriocrinus Verneuili, Cailliaud................ id.

*5ᵉ Série. — Commune de St-Julien de Vouvantes. —
Carrière dite Pont-Maillet.*

Dalmanites stellifer, var. Burm..................... Dévonien.
    »   sp. nov.
    »   sp. nov.
Phacops latifrons, Bronn.......................... Dévonien.
Cyphaspis Burmeisteri, var. Barr................. E.
Bronteus thysanopeltis. var Barr .... F.
Orthis sp. nov.
    »   orbicularis ? Sow.......................... E.
Leptæna Dutertri, var .... Dévonien.
Pentamerus globosus, Sow...................... Dévonien.
    »   galeatus, Dalm.................... .. Dévonien.
Murchisonia bilineata ? var.
Cyathophyllum spiriferens.
    »   ceratites.......................... Dévonien.

Les 4 premières séries de Cailliaud correspondent aux *calcaires d'Erbray* du présent mémoire : Les séries 1, 2, 3, correspondent aux *calcaires blancs et gris* ; la série 4, aux *calcaires bleus*, dont Cailliaud reconnût le caractère plus spécialement dévonien. Sa série 5, appartient à un étage très différent des précédents, au *Calcaire du Pont-Maillet,* que nous étudierons à part, après les autres.

Le plan ci-contre, que nous devons à M. Davy, montre la position des carrières explorées par Cailliaud ; elles sont toutes abandonnées, envahies par l'eau, ou même complètement remblayées : les carrières actuellement exploitées, et également indiquées sur ce plan, ne sont donc point celles qui ont fourni à Cailliaud ses fossiles.

ÉTAT DES CARRIÈRES D'ERBRAY EN 1888. — RÉDUCTION DU PLAN CADASTRAL.
Échelle 1 : 6000.

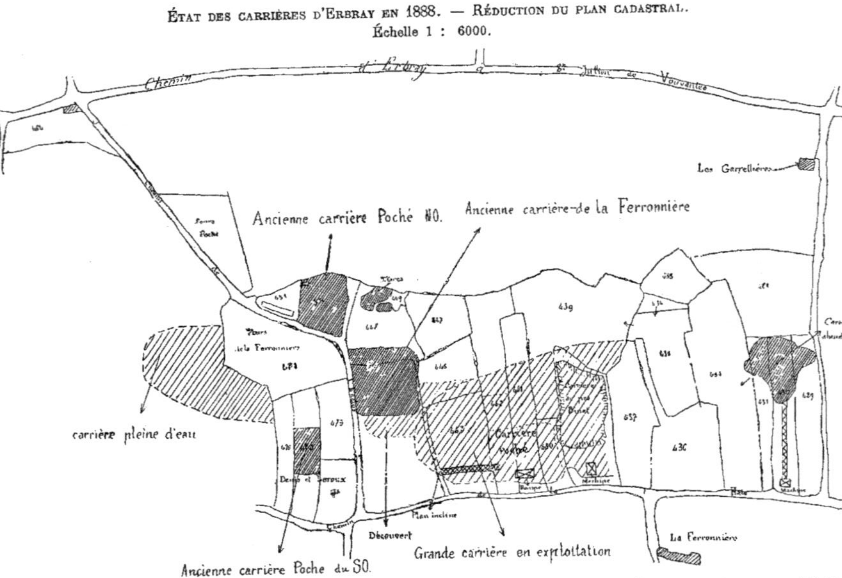

Les hachures serrees représentent les anciennes carrières, et les hachures clairos les carrières actuellement ouvertes ou en exploitation.

Les fossiles cités par Cailliaud, ayant été en partie, déterminés par de Verneuil et Barrande, d'après la déclaration de Cailliaud (p. 330), la valeur de ces listes reste considérable : nous croyons pour cette raison, devoir donner ici une nouvelle liste des fossiles de Cailliaud, d'après l'étude que nous avons faite des échantillons du Musée de Nantes, les mêmes qui furent communiqués à de Verneuil et Barrande.

Liste du Calcaire d'Erbray, d'après Cailliaud.

Liste F. Cailliaud, (séries 1 à 4).	Liste Charles Barrois.
Calamopora Goldfussi.	Favosites basaltica.
Acervularia voisin de ananas.	Acervularia Namnetensis.
Cyathophyllum duplicatum.	(Inconnu).
Poteriocrinus Verneuili.	Poteriocrinus Verneuili.
Leptæna Bohemica ? var.	(Inconnu).
— Bouei.	Leptæna Bouei.
— Phillipsi ?	— interstrialis.
— Murchisoni ?	(Inconnu).
— clausa.	Leptæna clausa.
Orthis sp.	Spirifer sericeus.
— calligramma, var.	Orthis Bureaui.
— hipparionix ?	Orthothetes devonicus.
Pentamerus Sieberi ? var.	Pentamerus Sieberi.
Terebratula Pareti.	(Inconnu).
— princeps.	Rhynch. princeps var. armoricana.
— nympha.	(Inconnu).
— — var. emaciata.	Rhynchonella Bischofi var. hercynica
— crispa ?	— amalthoïdes.
— Toreno.	(Inconnu).
— Ceres ?	(Inconnu).
— concentrica	Athyris subconcentrica.
	(Retzia melonica.
— pisum.	) Centronella Juno.
— Ferroñesensis.	Athyris Ferroñesensis.
— nov.sp.voisine de Colletei.	— nov. sp.
Spirigerina Subwilsoni.	Rhynch. princeps var. armoricana.
Terebratula Archiaci	Megalanteris inornata.
— Deshayesi.	— Deshayesi.

Spirifer Naïadum	Spirifer transiens.
— cultrijugatus...	Spirifer Decheni.
— Pellico, var...............	Spirifer paradoxus, var. hercyniæ.
— socialis.	Spirifer subsulcatus.
Conocardium sp.	Conocardium (diverses espèces).
Tentaculites scalaris..............	Tentaculites scalaris.
Dalmanites sublaciniata	Cryphæus pectinatus.
Harpes venulosus.	Harpes venulosus.
Calymene Blumenbachi.............	(Inconnu).

Un certain nombre des types de Cailliaud me sont inconnus, je n'ai pu les voir au Musée de Nantes : quelques unes des espèces citées, ont été depuis retrouvées à Erbray (*Leptœna Murchisoni, Rhynchonella Pareti, Rhynchonella nympha*), d'autres n'ont pas été encore retrouvées (*Terebratula Toreno, Terebratula Ceres, Calymene Blumenbachi*), et leur présence à ce niveau, appellerait une confirmation. Nous ne savons si la *Calymene Blumenbachi*, citée à Erbray, comme fossile caractéristique, dans les Traités classiques, a été déterminée par de Verneuil et Barrande ? Cailliaud ne nous renseigne pas à ce sujet ; il nous apprend seulement que ce *rare fossile a été détaché par lui-même, d'une fissure de la roche, à 4 ou 5 mètres de profondeur*, c'est-à-dire qu'un seul échantillon de cette espèce a jamais été rencontré à Erbray ! Si dans ces conditions, nous admettons encore, la réalité de l'existence de la *Calymene Blumenbachi* à Erbray, nous devrons reconnaître qu'elle y est très rare ; sa présence d'ailleurs ne prouverait rien contre l'âge dévonien, que nous attribuons à ces couches, puisque cette même espèce, *var. major* (*Calymene platys*, Hall) [1], se trouve aussi en Amérique, dans les couches dévoniennes du Upper Helderberg.

Faune du Pont-Maillet : Nous passerons maintenant à l'étude de la 5e série de Cailliaud, à l'étude de la *faune du Pont-Maillet*, bien distincte de celle des *calcaires d'Erbray*, étudiés dans ce mémoire, et à laquelle nous prêterons pour ce motif une attention spéciale.

---

[1] James Hall, Paleont. of New-York, vol. VII, 1888, p. 1, pl. 1, fig. 1-9.

Liste des fossiles du Pont-Maillet.

Liste F. Cailliaud (Série 5).	Liste Charles Barrois.
....	Pleurodyctium problematicum, Gold *Pet-Germ. p. 113, pl. 38, fig. 18.*
.. ..	Combophyllum Marianum, Vern. *Bull. soc. géol. de France, T. XII, p. 964, pl. 28, fig. 11.*
....	Cyathophyllum sp.
Cyathophyllum ceratites...........	Zaphrentis sp.
Cyathophyllum spiriferens.	Zaphrentis sp.
Leptæna Dutertri, var..............	Strophomena tæniolata Sandb. *Rhein Sch. Nassau, p. 360, pl. 34, fig. 11.*
....	Orthis striatula, Schlt, *in Schnur, Brach. d. Eifel. p. 215, pl. 38, f. 1, 1853.*
Orthis orbicularis ?	Orthis Eifeliensis, Vern. *in Schnur, Brach. d. Eifel. p. 213, pl. 37, fig. 6.*
....	Orthis canaliculata, Schnur, *Brach. d. Eifel. p. 213, pl. 37, fig. 5 ; p. 242, pl. 45, fig. 6, 1853.*
Pentamerus globosus..............	Pentamerus globosus, Sow.
Pentamerus galeatus	Stenoschisma microrhyncha , F. Rœmer.
....	Atrypa aspera, Schlt.
....	Atrypa reticularis, Linn.
....	Cyrtina heteroclyta Defr. *in Davidson, Introduction p. 84, pl. VI. fig. 63-64.*
....	Merista plebeia, Sow. *in Schnur, Brach. d. Eifel, p. 190, pl. 44, fig. 1.*
Murchisonia bilineata ? var........	Murchisonia sp.
....	Bellerophon sp.
....	Nucula cornuta ? Sandb. *Rhein. Sch. Nassau, p. 278, pl. 29, fig. 9.*
....	Proetus lævigatus Gold. *Neues Jahrb. f. Miner, 1843, p. 557, pl. 4, fig. 3.*
Cyphaspis Burmeisteri, var.........	Cyphaspis ceratophthalma, Gold., *Neues Jahrb. f. Miner, 1843, p. 564, pl. 5, fig. 2.*
Bronteus thysanopeltis..	Bronteus sp.
Phacops latifrons..................	Phacops latifrons, Bronn. *var. Occitanicus, Trom. Lebesc.*

Dalmanites stellifer var........	Cryphæus laciniatus, Rœm., non Vern., *Rhein. Sch. Syst. 1844.* *p. 82, pl. 2, fig. 8.*
Dalmanites Barrandei, Caill.........	
Dalmanites Cailliaudi, Trom. Lebesc.	
Dalmanites sp.............	Cryphæus stellifer Burm. *in de Verneuil, Bull. soc. géol. de France, T. XII, pl. 28, fig. 3.*

Cette faune complètement différente des précédentes, comme l'avaient parfaitement reconnu Cailliaud, MM. de Tromelin et Lebesconte, correspondrait exactement d'après notre liste, à la faune que nous avons signalée dans les *schistes de Porsguen* (1), et peut être à celle que M. Bureau a signalée à Liré (Maine et Loire) (2).

Notre liste est basée sur l'examen d'un très grand nombre d'échantillons ramassés par M. Lebesconte, M. Davy, et par moi-même : elle acquiert une valeur toute particulière en raison de la révision que nous avons pu faire des types de Cailliaud, conservés au Musée de Nantes, et dont M. Bureau nous a si obligeamment facilité l'étude.

Nous devrons pour cette raison revenir sur ces anciennes déterminations, pour justifier celles que nous proposons.

Observations sur les fossiles du Pont-Maillet.

Zaphrentis sp. moule intérieur déformé, indéterminable, désigné par Cailliaud sous le nom de *Cyathophyllum ceratites.* (3).

Zaphrentis sp. moule intérieur, déformé, appartenant à une espèce voisine de la précédente, et désignée par Cailliaud sous le nom de *Cyathophyllum spiriferens* (4). Cette espèce nominale repose sur un lapsus, et doit disparaître ; l'étiquette de la collection Cailliaud rapporte ce type au *Spiriferens-andstein* (au lieu de Spiriferen-Sandstein), ce que le copiste malheureux, a transformé en désignation spécifique. Cette même forme, indéterminable, a été citée

---

(1) Annal. soc. géol. du Nord, 1877, T. IV, p. 83.
(2) Bureau : Bull. soc. géol. de France, T. XVII, p. 789 ; T. XVIII, p. 337.
(3) Bull. soc. géol. de France, XVIII, 1861, p. 385.
(4) l. c. p. 365.

par MM. de Tromelin et Lebesconte (1) sous le nom de *Cyathophyllum celticum ?* Lonsd.

Strophomena tœniolata Sandb., assimilée par Cailliaud et MM. de Tromelin et Lebesconte à *Leptœna Dutertrei* Murch. var., et identique aux coquilles des schistes de Porsguen, rapportées précédemment par nous à *Leptœna Phillipsi* Sandb. non Barr.— On se rappellera que la *L. Phillipsi* était assimilée par M. Sandberger à sa *L. tœniolata.* D'autre part M. Kayser (2), d'accord avec M. Dames (3), croit que la *Strophomena tœniolata* de Sandberger n'est qu'une simple variété de la *S. interstrialis*, Phillips.

Orthis Eifeliensis, de Vern. rapportée par Cailliaud à *Orthis orbicularis* Sow., et par MM. de Tromelin et Lebesconte à *Orthis Hamoni*, Rouault (5), mais identiques aux échantillons des schistes de Porsguen, assimilables aux *Orthis Eifeliensis* figurées par Schnur (6), et décrites par M. Kayser (7).

Orthis canaliculata Schnur (8), de l'Eifélien, telle qu'elle est définie par M. Kayser (9), se trouve à Pont-Maillet, avec la précédente. Elle s'en distingue principalement par sa ligne cardinale droite plus longue, par sa carène et son sinus médians.

Pentamerus globosus Sow. l'espèce citée sous ce nom par Cailliaud, est la coquille la plus répandue de ce gisement : elle est synonyme des *P. globus* Bronn, *P. brevirostris* Phillips.

---

(1) Loc. c. p. 82.

(2) Kayser, Zeits. d. deuts. geol. Ges., Bd. 23, p. 622.

(3) Dames, Zeits. d. deuts. geol. Ges., Bd. 20, p. 499.

(4) de Verneuil, Bull. soc. géol. de France, 2° sér. T. VII, p. 161, 1850.

(5) Rouault, figurée par Bayle, Explic. carte géol. de France, 1878, pl. 17, fig. 10-11.

(6) Schnur, Brach. d. Eifel, p. 213, pl. 37, fig. 6.

(7) Kayser, Zeits. d. deuts. geol. Ges., Bd. 23, p. 606.

(8) Schnur, Brach. d. Eifel, p. 213, pl. 37, fig. 5 ; p. 242, pl. 45, f. 6, 1853.

(9) Kayser, Zeits. d. deuts. geol. Ges., Bd. 23, p. 607.

Pentamerus galeatus Dalm.— L'espèce indiquée sous ce nom, dans la liste de Cailliaud, nous paraît appartenir à une espèce et à un genre différents : au *Stenoschisma microrhyncha* (1),.F. Rœmer, dont nous avons depuis, trouvé, de meilleurs échantillons. Nous ne possédons encore que des moules internes de cette espèce, ils sont caractérisés par les 2 plaques dentales convergentes, réunies au fond de la grande valve en un court auget supporté par un septum longitudinal peu élevé ; petite valve présentant un septum médian dépassant le tiers de la longueur de la valve. La forme générale concorde avec celle des échantillons de l'Oural, figurés par M. Tschernyschew (2). La grande valve présente un sinus large orné de 6 plis et de plis moins distincts sur les ailes. La petite valve offre une selle étendue, portant 8 plis. Tous ces plis sont irréguliers, et variables dans leur nombre et dans leur forme, comme sur les échantillons allemands figurés par M. Quenstedt. Cette forme, reconnue par M. Kayser, caractérise dans l'Eifel, la base des Couches à Calcéoles.

En outre des Brachiopodes cités dans cette liste, MM. de Tromelin et Lebesconte ont indiqué (p, 32) dans ce gisement, le *Spirifer primæva* Stein.; nous n'avons pas retrouvé de Spirifer dans la collection Lebesconte, ni dans les autres. L'existence du *Spirifer cultrijugatus* nous paraîtrait plus vraisemblable à Pont-Maillet, que celle du *Spirifer primæva ?*

Murchisonia bilincata ? var. de la liste de Cailliaud, est une espèce distincte, mal caractérisée.

Proetus lœvigatus Gold., cité par MM. de Tromelin et Lebesconte, comme voisin de *P. Cuvieri* Stein (4).

Cyphaspis ceratophthalma, Gold., cité par Cailliaud sous le

---

(1) F. Rœmer : Rhein. Uebergangsgeb. p. 65, pl. 5, fig. 2, 1844.

(2) Tschernyschew, Die Fauna d. mittl. u. ober. devon. am W. Ural., St-Pétersbourg, 1887.

(3) Quenstedt : Brachiopoda, p. 200, pl. 42, fig. 49-50, 1871.

(4) En outre des Trilobites cités, MM. de Tromelin et Lebesconte ont mentionné (p. 32) la présence du genre *Acidaspis*, que nous n'avons pas retrouvé.

nom de *Cyphaspis Burmeisteri* var. Barr., et rapporté
avec doute par MM. de Tromelin et Lebesconte à *C. Gaultieri* Rouault. Elle se distingue profondément du *C. Burmeisteri* de Bohême, en ce que son limbe en avant de la
glabelle est vertical, au lieu d'être horizontal, comme dans
l'espèce de Barrande. Par ce caractère, comme par sa forme
entière, elle se rapproche du *Cyphaspis ceratophthalma*
Gold.; de meilleurs échantillons seraient nécessaires pour
discuter les relations avec le *C. hydrocephala*, mais on ne
peut hésiter qu'entre ces espèces.

Bronteus sp. Nous n'avons pas de documents suffisants
pour discuter les relations de cette forme, rapportée par
Cailliaud à *B. thysanopeltis* Barr. et donnée par MM. de
Tromelin et Lebesconte comme type d'une espèce nouvelle :
Bronteus Bureaui.

Phacops latifrons, Bronn, cité par Cailliaud et par MM. de
Tromelin et Lebesconte, nous paraît identique à la variété
occitanicus de Sabero, que nous avons étudiée récemment
ailleurs (1).

Cryphaeus stellifer Burm. in de Verneuil (2) de ma liste,
est le N° 1 de la liste Cailliaud, représenté dans sa collection par un pygidium isolé, dont la pointe médiane paraît
plus arrondie que les autres, parcequ'elle n'est représentée
sur l'échantillon que par son moule externe, tandis que les
pointes du contour sont conservées. Ces pointes sont plus
petites, plus fines, que chez *C. laciniatus.*

Cryphaeus laciniatus Rœm. non Vern., espèce rhénane,
signalée dans les schistes de Porsguen, me paraît renfermer
les 2 espèces nominales proposées par MM. de Tromelin et
Lebesconte. Le *Dalmanites nov. sp.* (N° 2 de la liste Cailliaud), désigné dans sa collection sous le nom manuscrit de
D. Barrandei, et cité par MM. de Tromelin et Lebesconte
(p. 32), ne se distingue des suivants, que parce qu'il a con-

---

(1) Annal. soc. géol. du Nord, T. XIII, 1886, p. 75, pl. 1, f. 1.

(2) de Verneuil, Bull. soc. géol. de France, T. 12, pl. 28, fig. 3.

servé son test, tandis que ceux-ci sont à l'état de moules.
Le *C. stellifer* Burm. var., de la liste Cailliaud, est désigné
dans la collection Cailliaud, sous le nom de *C. Cailliaudi*,
cité depuis par MM. de Tromelin et Lebesconte (p. 32) : il
est représenté par un grand nombre d'échantillons qui me
paraissent identiques au *C. laciniatus* Rœmer, non de
Vern. — Nous comprenons cette espèce de la façon suivante (voir la synonymie, en note) (1).

L'espèce que je désigne sous ce nom de *Cryphæus laciniatus* est assez répandue en Bretagne, dans des couches plus
élevées que celles dont nous nous occupons dans ce mémoire,
dans l'*étage de Porsguen*. Nous en donnons une figure
(pl. XVII, fig. 11.) pour aider à la synonymie de cette
espèce, qui est assez obscure. La tète se distingue de celle
de *Cryphaeus Michelini*, par la forme absolument différente
de sa glabelle, et par ses longues pointes génales, atteignant
le 8ᵉ anneau. La forme et la disposition des pointes du pygidium du *Cryphaeus* de Pont-Maillet rappellent les figures
de *Cryphaeus Michelini*, Rouault, données par M. Bayle (2),
mais notre *Cryphaeus laciniatus* se distingue d'une manière
générale de cette espèce, comme de celles qui ont été
décrites par M. Œhlert (3) (*Cryphaeus Michelini, C. Jonesii,
C. Munieri*), par la largeur beaucoup moins grande de l'axe
du pygidium. La largeur de cette partie chez les espèces de
M. Œhlert, occupe environ le tiers de la largeur totale, non
compris les épines, elle occupe moins du quart de cette largeur chez le *Cryphaeus* à axe caudal grêle de Pont-Maillet.

---

(1) *Cryphaeus laciniatus* (synonymie).
Pleuracanthus laciniatus, F. Rœmer, 1844, Rhein. Sch. p. 82, pl. 2, fig. 8.
Phacops laciniatus, Sandberger, Verstein. d. rhein. Nassau, p. 13. pl. 1, fig. 5.
Cryphæus calliteles, de Verneuil, Bull. soc. géol. de France, 2ᵉ sér. T. VII,
   p. 164, pl. 3, fig. 3.
Cryphaeus asiaticus ? de Verneuil, Asie mineure, 1869, p. 3.
Cryphaeus laciniatus, F. Rœmer, Lethaea Paleoz. Atlas, 1876, pl. 25, fig. 10.
Non Dalmanites laciniata, de Verneuil, Bull. soc. géol. de France, T. XII, p. 999.
   pl. 28, fig. 1.
(2) Bayle, Explic. carte géol. de France, pl. 4, fig. 11-16.
(3) Œhlert, Bull. soc. géol. de France, 3ᵉ sér. T. V, p. 580, pl. IX, fig. 1, 2, 3.

La description donnée par de Verneuil de la forme de Sabe-ro, figurée par lui, sous le nom de *Cryphaeus calliteles*, Green, s'applique exactement à la forme de Pont-Maillet : je ne pourrais ici, pour la décrire, que recopier textuellement ce qu'il en dit. La seule différence consiste en ce que la pointe qui termine l'axe du pygidium est un peu moins longue que les pointes latérales ; la forme de ces pointes, comme tous les autres caractères de la tête, du thorax, du pygidium, et du test, sont identiques.

Cette espèce devrait porter le nom de *Cryphaeus calliteles*, si l'identité du type américain avec celui du Rhin, venait à être établie ; quant au *Dalmanites calliteles* de J. Hall (1), il se distingue au moins par sa tête plus large, moins ogivale. Le *Cryphaeus laciniatus*, Rœmer, est caractérisé d'après son auteur (2), par les pointes de son pygidium , en forme de lancettes, recourbées, et assez larges à leur base pour se toucher ; de Verneuil rapportant que chez ce type de Rœmer l'axe est obtus à son extrémité, ne peut avoir lu la description de Rœmer, qui décrit la pointe médiane comme étant de forme triangulaire , et plus large que chez le *Cryphaeus punctatus* (= *arachnoïdes*) : cette pointe est un peu plus courte que les latérales, sur le type de Rœmer, comme chez les échantillons de Bretagne.

Le *Cryphaeus laciniatus* de Rœmer, auquel nous rapportons l'espèce si commune à Pont-Maillet, est donc différent du *Cryphaeus laciniata* de de Verneuil, qui appartient à la série de *Cryphaeus arachnoïdes*, si même il n'est pas identique à cette espèce, comme nous sommes très portés à le croire.

---

(1) James Hall, Illust. devonian fossils, Paleont. of New-York, pl. 16, 1879.

(2) Rœmer, voyez p. 12, de sa description.

§ 2. Mémoire de MM. de Tromelin et Lebesconte.

Dans ce travail, MM. de Tromelin et Lebesconte (1), donnent une très longue liste de fossiles, d'après leurs collections personnelles, et en partie d'après les échantillons de Cailliaud, exposés au Muséum de Nantes. Je n'ai pu avoir en communication la collection qui a servi de base à ce mémoire, et ne pourrai donc discuter ces déterminations, qui ne sont appuyées d'aucune figure, d'aucune description. D'ailleurs, ces auteurs eux-mêmes déclarent que leurs déterminations ont besoin d'être confirmées ; et plus loin, revenant sur leurs déterminations, ils écrivent : « nous le répétons, nous n'en garantissons pas absolument l'identité. »

MM. de Tromelin et Lebesconte étaient arrivés à des notions précises sur la succession des couches calcaires à Erbray :

1º A la base, calcaire généralement blanchâtre, souvent crayeux, visible à la Feronnière (où la *Calymene Blumembachi* de Cailliaud, aurait été trouvée). — Faune 3ᶜ silurienne.

2º Calcaire blanc-bleuâtre, subcristallin, encrinitique. — Faune dévonienne, dont les auteurs n'ont cependant pas donné de liste spéciale.

3º Au sommet, calcaire gris-noirâtre, ou noir, s'étendant de la Feronnière, à Pont-Maillet par La Rousselière, le Cormier, Sainte-Marie d'Erbray, etc. — Faune incontestablement dévonienne.

4º Grauwacke à bancs calcaires de Pont-Maillet. — Dévonien évident.

Ces auteurs donnent 3 listes de fossiles, correspondant respectivement aux faunes de la couche 1, des couches 2-3,

---

(1) de Tromelin et Lebesconte : Observations sur les terrains primaires du N. du département d'Ille et Vilaine, et de quelques autres parties du massif breton, Bull. soc. géol. de France, 2ᵉ sér. T. 4, 1876, p. 609 (Etude de la faune des calcaires d'Erbray).

et de la couche 4. Ces listes prouveraient, d'accord avec les divisions stratigraphiques indiquées, qu'on peut distinguer à Erbray des calcaires blancs à faune 3e silurienne franche, et des calcaires bleus à faune dévonienne, comparable à celle de Néhou et des Courtoisières (p. 30). L'importance de cette conclusion, qui n'est point conforme à nos observations, nous amène à examiner en détail les 2 premières listes, laissant de côté la liste de Pont-Maillet, qui présente moins d'intérêt, et dont nous pensons avoir fixé l'âge dans les pages précédentes.

**Liste des calcaires blancs d'Erbray,
d'après MM. de Tromelin et Lebesconte (N° 1).**

LISTE DE TROMELIN ET LEBESCONTE.	NOS OBSERVATIONS.
Heliolites interstinctus, Wahl......	Heliolites interstincta.
Favosites polymorphus, Gold.......	Favosites polymorpha.
— Gothlandicus, Linn......	Favosites basaltica.
— asper, d'Orb.	(Inconnu).
— fibrosus, Gold	Chætetes Rœmeri.
Crinoïdes........................	Poteriocrinus Verneuili.
Filites Bohemicus, Barr...........	?
Fenestella nobilis, Barr...........	?
Leptæna neutra, Barr.............	Leptæna neutra.
Strophomena depressa, Sow.	Strophomena depressa.
Orthis palliata, Barr..............	Orthis palliata.
Spirifer togatus, Barr....	Spirifer Davousti.
Merista circe, Barr...............	Meristella circe.
— passer, Barr..............	(Inconnu).
Rhynchonella pseudo-livonica, Barr.	?
— Eucharis, Barr.......	(Inconnu).
Retzia cuneata, Dalm..	Rhynchonella cognata.
— Haidingeri, Barr...........	Retzia Haidingeri.
Athyris obovata, Sow.............	(Inconnu).
Atrypa Sappho, Barr........... ..	(Inconnu).
— comata, Barr...	Atrypa comata.
Pentamerus integer, Barr.........	(Inconnu).
Pleurorhynchus bohemicus, Barr...	Conocardium bohemicus.
— longulus, Barr. ...	— longulus.

Tubina sp......................	Tubina Ligeri.
Straparollus funatus, Sow..........	Horiostoma involutum.
— subalatus, Vern.......	Pleurotomaria subalata.
Strophostylus gregarius, Barr.	Strophostylus naticoïdes.
Acroculia haliotis, Sow.............	(Inconnu).
Orthonychia aspridens, Barr.......	?
— conoïdes, Barr........	?
Tentaculites longulus, Barr........	(Inconnu à ce niveau).
Orthoceras pseudocalamiteum, Barr.	Orthoceras pseudocalamiteum.
Serpulites depressus ? Giebel.......	(Inconnu).
Primitia consobrina, Barr.	(Inconnu),
— debilis, Barr............	(Inconnu).
— fusus, Barr.	(Inconnu).
— socialis, Barr............	(Inconnu).
— tarda, Barr..............	(Inconnu).
Phacops fecundus, Barr............	Phacops fecundus.
Proetus bohemicus, Corda..........	Proetus bohemicus.

Les espèces de cette liste se répartissent en deux groupes :
1° Espèces communes aux 2 colonnes, et qui semblent justifier l'attribution faite, de ces calcaires, à la faune F de
Bohême ; 2° Espèces qui nous sont inconnues, qui n'ont pas
été retrouvées (1), ou qui ont été déterminées différemment.
La discussion de la seconde liste sera croyons-nous, plus
instructive.

**Liste des calcaires bleuatre et gris-noiratre d'Erbray
d'après MM. de Tromelin et Lebesconte (N°⁵ 2 et 3).**

LISTE DE TROMELIN ET LEBESCONTE.	NOS OBSERVATIONS.
Cyathophyllum helianthoïdes, Gold.	Ptychophyllum expansum.
Favosites punctatus, Bouil.........	Favosites basaltica.
Poteriocrinus Verneuili, Caill......	Poteriocrinus Verneuili.
Orthis hipparionyx, Vanuxem......	Orthothetes devonicus.
— Cailliaudi, Vern............	(Inconnu).
Leptæna Murchisoni, Arch. et V...	Leptæna Murchisoni, var. acutiplicata
— Phillipsi, Barr............	— hercynica.
— clausa, Vern..............	— clausa.

---

(1) Parmi celles-ci, il importe de signaler les Ostracodes, très abondants par places,
d'après MM. de Tromelin et Lebesconte, et dont nous n'avons pu voir aucun échantillon.

Rhynchonella Paretoi, Vern........	Rhynchonella Pareti.
— Oliviani, Arch. Vern.	Retzia suavis.
Rhynchonella Subwilsoni, d'Orb....	Rhynchonella Subwilsoni.
Spirifer Pellicoi, Arch. Vern........	Spirifer paradoxus, var. Hercyniæ.
— socialis, Krantz............ } — cultrijugatus, Rœm. ..... }	Spirifer Decheni.
Athyris concentrica, v. Buch........	Athyris concentrica.
— Ezquerræ, Arch. Vern.....	— Ezquerræ.
— phalæna, Phill..	(Inconnu).
— Ferroñesensis, Arch. Vern.	Athyris Ferroñesensis.
— Pelapayensis, Arch. Vern..	— Pelapayensis.
— Torenoi, Arch. Vern.......	(Inconnu).
— Collettei, Vern.............	(Inconnu)
— Blacki, Rou.....	(Inconnu).
Meganteris Archiaci, Vern.........	Megalanteris inornata.
— Deshayesi, Caill.........	— Deshayesi.
Lingula Murchisoni, Rou...........	(Inconnu).
Avicula pollens ? Barr..	Pterinea striatocostata.
Grammatomysia Ludovicana, Rou. } — Davidsoni, Rou.. } — Mariana, Rou.... } — Armoricana, M.Ch. }	Cypricardinia crenicostata, gratiosa.
Tentaculites scalaris, Schlt.........	Tentaculites scalaris.
— striatus, Guer..........	(Inconnu).
Orthoceras Buchi, Vern............	Jovellania Davyi.
Cryphæus Michelini, Rou...........	Cryphæus pectinatus.
Cyphaspis Gaultieri, Rou.	(Inconnu).

Les espèces de cette liste se répartissent également en plusieurs groupes : 1° espèces communes aux deux colonnes, leur nombre ne dépasse pas 1/3 des espèces citées, et leurs affinités sont dévoniennes ; 2° espèces qui nous sont inconnues, elles sont peu caractéristiques, et on peut les négliger sans inconvénient ; 3° espèces déterminées différemment, dans les deux colonnes, et qui montrent des relations entre ces calcaires réputés dévoniens, et le terrain silurien supérieur. Ces relations nous permettent de conclure que la division tracée au milieu des calcaires d'Erbray, telle que l'indiquent MM. de Tromelin et Lebesconte, entre le Silurien et le Dévonien, n'existe pas en réalité.

Nous devons reconnaître au contraire, comme l'indiquait notre liste, p. 249, que des fossiles réputés siluriens se trouvent dans les calcaires bleus du sommet, et que des fossiles dévoniens, plus nombreux encore, se trouvent dans les calcaires blancs de la base.

§ 3. Des subdivisions du calcaire d'Erbray.

La recherche des fossiles est une œuvre laborieuse dans les carrières d'Erbray, excavations profondes, à murailles escarpées, verticales ; on ne peut réellement ramasser de bons échantillons que dans les blocs brisés par les ouvriers. De là, la difficulté de reconnaître en place, des niveaux paléontologiques superposés les uns aux autres, et d'en donner des listes à l'abri de la critique.

A défaut de l'observation directe de ces nivaux, dans les carrières, deux guides également peu sûrs, s'offrent à nous, pour l'établissement des listes des fossiles. On peut, après avoir déterminé ses échantillons, rapprocher d'une part les formes réputées siluriennes, grouper d'autre part les formes dévoniennes, et supposer qu'elles étaient ainsi séparées dans les bancs de la carrière ? Le second moyen, plus indépendant, consiste à trier ses fossiles avant leur détermination, suivant la nature et la couleur des roches constituantes.

Poussé par la préoccupation, louable assurément, de trouver la limite entre les systèmes silurien et dévonien, Cailliaud paraît s'être inspiré surtout de la première méthode ; peut-être même, a-t-elle encore influencé MM. de Tromelin et Lebesconte, bien que tous aient attaché une sérieuse attention à la nature lithologique des fossiles à classer. L'incertitude de cette classification est suffisamment mise en évidence d'ailleurs, par les divergences qui existent entre les diverses listes. Nos listes des trois zônes d'Erbray, basées sur la nature lithologique des échantillons, ne sont pas plus à l'abri de l'erreur que les précédentes ; et nous craignons que comme celles-ci, elles soient inexactes en plus d'un point. Nous ne défendrons donc pas nos listes, quant à la répartition des espèces citées, mais limiterons nos conclusions, à l'examen d'un petit nombre de formes, plus communes, que nous avons pu recueillir, *in-situ,* dans les carrières.

Négligeons pour un instant la faune des *calcaires moyens,* de couleur *blanc-bleuâtre ;* il est alors facile de constater que le *calcaire blanc,* le plus inférieur, est caractérisé par l'abondance des *Proetus, Capulus, Strophostylus,* et *Conocardium :* tous les observateurs sont d'ailleurs ici d'accord. Les *calcaires bleus,* du sommet, nous ont fourni *Cryphaeus, Spirifer Decheni,* des Spirifers finement striés, *S. Davousti, S. Trigeri, S. robustus, Megalanteris, Tentaculites scalaris.*

La faune des *calcaires bleus,* qu'il est d'ailleurs facile de distinguer lithologiquement des calcaires inférieurs, a des traits assez franchement dévoniens, pour que de tout temps, elle ait été rapportée à ce terrain. Elle contient en effet, des espèces essentiellement dévoniennes, de Néhou, (Étage Coblenzien) ; nous la rapportons toutefois à un niveau différent, inférieur à celui de Néhou, pour les raisons suivantes : elle ne possède point ou guère, les espèces les plus abondantes de Néhou (*Spirifer hystericus, Chonetes* divers, *Rhynchonella Subwilsoni*) ; le *Spirifer Decheni* est une forme caractéristique de couches dévoniennes inférieures (Taunusien, Hercynien) ; et enfin le développement des *Spirifers* finement striés (type du *Sp. Davousti*), est un rappel de l'âge silurien supérieur. Pour ces raisons, nous croyons devoir assimiler ces *calcaires bleus* au grès de Landevennec, ou de Gahard (*Etage Taunusien*).

Le *calcaire blanc,* ou calcaire inférieur d'Erbray, contient-il comme on l'a dit, une faune silurienne supérieure, bien caractérisée ? Nous ne le pensons pas. Dans les lits inférieurs à *Capulus*, nous avons trouvé *Athyris Ferroñesensis*, en place : un même bloc de ce *calcaire blanc* nous a fourni réunis, divers *Capulus* d'aspect silurien, avec des *Athyris* caractéristiques du Dévonien espagnol ; un autre bloc nous a montré *Conocardium bohemicum* du Silurien, avec *Cryphæus pectinatus* du Dévonien. Ces exemples nous paraissent frappants, et faits pour ébranler l'idée préconçue, qu'une limite tranchée séparerait au milieu du calcaire d'Erbray, le terrain silurien du terrain dévonien : une telle limite n'existe pas à Erbray.

La distinction proposée d'une zône paléontologique moyenne, que semblait d'ailleurs autoriser, la couleur spéciale, blanc-bleuâtre de la partie moyenne des calcaires, avait l'avantage d'éluder cette difficulté. En effet, MM. de Tromelin et Lebesconte avaient rapporté à ce niveau moyen, les fossiles en calcaire blanc qui présentaient des affinités dévoniennes (*Athyris, Atrypa, Grammysia*) ; ils avaient ensuite relié ce niveau, ainsi rendu dévonien, aux *calcaires bleus* supérieurs, franchement dévoniens. Nos observations ne viennent pas confirmer cette classification : les formes qu'ils attribuent au calcaire moyen gris-bleuâtre, se trouvent dès la base des calcaires blancs, avec leurs formes siluriennes. De plus, certaines espèces rapportées par eux au Dévonien (*Grammatomysia Ludovicana, G. Davidsoni, G. Mariana, G. Armoricana, Rhynchonella Oliviani*), sont des formes du Silurien supérieur de Bohême (=*Cypricardinia crenicostata, C. gratiosa, Retzia Haidingeri, R. suavis*).

Nous concluerons, en rappelant qu'on peut distinguer 3 niveaux lithologiques dans le calcaire d'Erbray :

> Calcaire bleu.
> Calcaire gris, ou blanc bleuâtre.
> Calcaire blanc.

Ces trois niveaux présentent dans leur faune des caractères suffisamment tranchés, pour permettre, de les considérer comme des zones paléontologiques distinctes; mais ces différences sont insuffisantes pour autoriser la distinction de divers étages ou grandes divisions, dans le calcaire d'Erbray.

Le calcaire bleu, supérieur, est Dévonien par sa faune ; nous l'avons assimilé au Taunusien. Le calcaire gris contient encore nombre d'espèces dévoniennes, et de formes communes avec le calcaire bleu dévonien : nous ne pouvons le séparer du Système dévonien. Le calcaire blanc lui-même (voyez le tableau p. 249) contient aussi beaucoup d'espèces coblenziennes, et beaucoup d'espèces des calcaires gris, en outre de ses colons bohémiens : nous ne lui avons pas reconnu de caractères suffisamment tranchés, pour le séparer des zones précédentes, et pour l'enlever au système dévonien. Pour nous, les calcaires gris et blancs, ou calcaires massifs d'Erbray, représentent un faciès spécial de l'étage des Quarzites de Plougastel (Gédinnien) : ces deux formations seraient hétérotopiques.

Autant il est difficile d'éloigner, des autres calcaires dévoniens d'Erbray, les calcaires blancs à *Capulus*, autant la lacune stratigraphique et paléontologique qui sépare ces calcaires, du silurien supérieur de la région, est tranchée et profonde. La faune du silurien supérieur (E) est riche dans la contrée ; nous en avons donné un aperçu (p. 13), et bien qu'elle mérite une révision complète, nous savons par la comparaison directe de nos échantillons, qu'il n'y a aucune espèce commune entre ces couches et le calcaire d'Erbray.

Le Calcaire d'Erbray se rattache donc intimement au Terrain Dévonien, et se distingue non moins nettement du Terrain Silurien, de la région.

En 1887, j'ai donné (1) une liste des fossiles d'Erbray,

---

(1) Annal. soc. géol. du Nord, T. XIV, 1887, p. 158.

que je dois citer ici, pour compléter cette bibliographie.
J'avais à cette époque terminé mon travail de détermination,
et espérais pouvoir réunir grâce à cette publication préliminaire, des documents nouveaux sur les Crustacés d'Erbray : cette attente a été trompée, mais dans l'intervalle, de
nouveaux arguments sont venus déposer en faveur de l'attribution du calcaire d'Erbray, au Système Dévonien. Plusieurs des espèces citées dans ma liste sous des noms nouveaux (*Athyris gibbosa, Strophostylus Lebescontei, S. Giebeli, Phanerotinus torsus, Holopella obsoleta, Cypricardinia
crenicostata*) ont été depuis découvertes et décrites par
M. Œhlert (1), dans les calcaires Coblenziens de la Mayenne.
Ainsi les relations paléontologiques entre les calcaires
d'Erbray et les calcaires coblenziens de l'Ouest, s'augmen-
tent journellement, avec le progrès de nos connaissances :
plusieurs espèces nouvelles, figurées dans ce mémoire, se
retrouveront croyons-nous, dans les calcaires de Néhou.

Actuellement déjà, notre tableau (p. 249) montre que sur
182 espèces citées à Erbray, 68 formes, c'est-à-dire plus
de 1/3 sont connues dans le Coblenzien de Néhou. Ces relations sont telles, qu'on est tenté de se demander, en l'absence de la faune coblenzienne dans le massif d'Erbray, si
le calcaire d'Erbray n'est point seulement un faciès archaïque
du Coblenzien ? Il n'y a point lieu cependant de s'arrêter à
cette idée, car la faune coblenzienne de Néhou, se retrouve
intacte à l'Est d'Erbray, sur le prolongement oriental du
même bassin synclinal, vers Vern et Angers : ces deux
faunes n'ont pu vivre en même temps dans ce même bassin
synclinal, nécessairement continu avant sa dénudation.

---

(1) *D. Œhlert* : Description de quelques espèces dévoniennes du département de la
Mayenne, Bull. soc. d'études scientifiques d'Angers, 1887 (pl. V-X). — Ce travail daté
de 1887, n'a été publié effectivement qu'en Novembre 1888 ; comme d'autre part, ma liste
paraissait en Juin 1887, je n'ai pu à cette époque, utiliser les descriptions de M. Œhlert.

D. Œhlert : Sur quelques Pélécypodes dévoniens, Bull. soc. géol. de France,
3ᵉ sér. T. XVI, p. 633, pl. XIII-XVI, 1888.

D'ailleurs, la Normandie nous fournit un exemple de la superposition de ces deux faunes; il a été relevé par M. Bigot (1) à Baubigny. La carrière de Beaumont, à l'est de l'église de ce bourg, lui a montré la succession suivante :

d. calcaire noir, impur . . . . 1^m60.
c. Schistes calcaires avec amandes de calcaire noir. . 1^m20.
b. Calcaire noir compacte . . . . 4^m.
a. Calcaire gris, cristallin . . . . 4^m.

M. Bigot a reconnu dans les niveaux supérieurs (d. c. b.), les formes suivantes de Néhou : *Homalonotus Gervillei*, de Vern., *Cryphæus Michelini* Rou., *Murchisonia Davidsoni?* Œhl., *Pleurotomaria occidens* Hall, *Horiostoma Koninckii* Œhl., *Spirifer Rousseau* Rou., *Sp. Venus* d'Orb., *Athyris concentrica* de Buch, *A. undata* Defr., *A. Ezquerræ* Arch. et Vern., *Rhynchonella fallaciosa* Bayle, *Uncinulus subwilsoni* d'Orb., *Centronella Guerangeri* de Vern., *C. Gaudryi* Œhl., *Leptaena Murchisoni* Arch. et Vern., *L. aff. Leblanci*, Rou., *Chonetes sarcinulata* Schlt., *Tentaculites striatus* Guer., *Favosites polymorpha* Gold., *Favosites reticulata* Edw. et H.

Le calcaire gris inférieur (*a*), contient les espèces suivantes : *Bronteus Gervillei* Barr., *Beyrichia Hardouiniana* Rou., *Proetus Oehlerti* Bayle, *Megalanteris inornata* d'Orb., *Terebratula cf. Ypsilon* Barr., *Spirigerina reticularis* Lk., *Uncinulus Henrici* Barr., *Spirifer Trigeri* Vern., *Sp. Davousti* Vern., *Leptaena Murchisoni* Arch. et Vern., *Orthis cf. umbraculum* Schlt., *Streptorhynchus devonicus* Vern., *Pentamerus Œhlerti* C. B. — M. Bigot a bien voulu nous montrer à Paris ses fossiles, et nous n'hésitons point à

---

(1) A. Bigot : Sur les calcaires dévoniens de Baubigny, Bull. soc. Linn. de Normandie, 4ᵉ sér. vol. 1, 1888, p. 339.

assimiler ces *calcaires gris* de Baubigny aux *calcaires bleus* du sommet de la série d'Erbray. Ainsi, le calcaire de Néhou recouvre en Normandie, le calcaire à faune d'Erbray, qui lui est par conséquent, antérieur.

CHAPITRE QUATRIÈME.

COMPARAISON DE LA FAUNE D'ERBRAY

avec les

FAUNES ÉQUIVALENTES DES AUTRES RÉGIONS

§ 1. Valeur relative des comparaisons entre
les formations contemporaines.

Le calcaire d'Erbray, considéré jusqu'ici en lui-même,
dans la Loire-Inférieure , nous a montré de nombreuses
relations paléontologiques avec la faune dévonienne de cette
province zoologique, tandis qu'il n'en présente aucune,
avec les couches à *Cardiola interrupta*, du Silurien supérieur (E), de cette même région. Si donc on devait baser son
opinion sur l'examen de ce seul district, on ne pourrait
hésiter à faire passer, entre le calcaire d'Erbray et les
couches à *Cardiola interrupta* (E), la limite des systèmes
Dévonien et Silurien. Cette limite locale serait à la fois
tranchée, au point de vue stratigraphique, et au point de
vue paléontologique : il n'y aurait là, entre ces terrains, ni
indécision, ni passage graduel d'aucune sorte.

Nous ne sommes pas fondés toutefois à pouvoir généraliser aux autres bassins, ce que l'observation nous révèle en
Bretagne. Avant de conclure , nous devons voir si dans les
autres pays, la limite se trouvera au même niveau qu'à
Erbray ? C'est pour cette raison que s'impose ici à notre
examen, une comparaison avec les régions voisines. Par
là, nous verrons à préciser les grandes étapes du développement paléontologique, car la marche de ce développement,
d'une manière générale, a été la même partout et a traversé

partout des stades semblables ; l'accélération de cette évolution a seule varié dans les diverses contrées.

Nous rechercherons donc quelles sont les formations contemporaines du calcaire d'Erbray, non pas en entendant par ce mot les formations qui se sont déposées au même moment, mais bien celles qui contiennent une même faune ; car les faunes comme l'espèce et comme l'individu, se transforment et meurent. Ainsi, lorsque deux formations géographiquement isolées, contiennent les dépouilles d'un certain nombre d'espèces identiques , si on n'admet pas qu'elles ont été déposées dans un même temps déterminé, on ne peut, du moins, s'empêcher de reconnaître, comme l'a fait remarquer Barrande (1), que la durée totale des deux dépôts comparés n'a pas excédé la durée moyenne assignée à l'existence d'une espèce. Nous appelons nos contemporains, non pas seulement les hommes de notre âge, mais bien ceux qui ont vécu avec nous, tous ceux qui ont contribué à donner à notre siècle son caractère ; ainsi, les formations contemporaines correspondent, non pas à un moment déterminé, mais bien à la durée moyenne de l'existence des espèces qui les peuplaient. Il ne saurait être question, dans ces comparaisons, de vouloir faire coïncider exactement les limites des étages parallélisés à un même horizon, avec une époque fixe et synchronique.

<h3 align="center">1° Faciès argilo-gréseux équivalents.</h3>

Avant d'indiquer la division systématique, l'étage géologique, auquel il faut rapporter le calcaire d'Erbray dans les Traités, il convient de définir les Systèmes Silurien et Dévonien, afin de préciser leur limite. Notre classification étant artificielle, et n'ayant, par suite, qu'une valeur conventionnelle, basée sur la tradition et la priorité, il est nécessaire d'aller chercher le type du Système Silurien en Angleterre.

---

(1) Barrande, Syst. sil. du centre de la Bohême, Trilobites, T. 1, p. 83.

ANGLETERRE.

Le *Système Silurien* a été fondé en 1835 par Murchison (1), pour les couches fossilifères les plus anciennes du Pays de Galles ; les couches supérieures rapportées à ce système furent décrites sous le nom de *Couches de Ludlow*. Les divers étages établis dans le Silurien anglais ont été depuis reconnus et suivis dans les diverses contrées du globe ; ainsi la belle faune de *l'étage de Wenlock* a été retrouvée à Gotland, à Niagara. Le progrès de nos connaissances a permis même de considérer comme équivalant à cette faune de Wenlock, l'étage E de Bohême, quoi qu'il présente une faune assez distincte : entre ces deux provinces zoologiques, il n'y eut à l'époque silurienne que 51 espèces communes d'après Barrande (2), sur les 2000 espèces décrites par ce savant, dans le Silurien supérieur de Bohême.

En Angleterre, d'après les dernières éditions de la *Siluria*, les *couches de Ludlow* contiennent très peu d'espèces propres, qui ne se retrouvent pas dans les couches plus anciennes. Les *Homalonotus*, le *Chonetes striatella*, longtemps considérés comme caractéristiques du Ludlow, ont été recueilis maintenant dans l'étage de Wenlock, en Angletere, comme à Gotland.

Les *Tilestones* qui couronnent les *couches de Ludlow* constituent la limite supérieure du Silurien classique, du type silurien : leur faune nous est aussi bien connue que leur position stratigraphique est précise. Elles avaient fourni à Murchison (3), 8 espèces de poissons, associées à divers fossiles caractéristiques de l'étage de Ludlow. Les couches

---

(1) Murchison : Phil. Mag., 1835, vol. VII, p. 47.

(2) Barrande, Défense des colonies, III, 1865, p. 178 ; M. Kayser porte ce nombre à 60 espèces. (Harz, p. 291.)

(3) Murchison : Quart. journ. geol. soc. London, 1855, p. 24.

supérieures à la faune de Ludlow n'appartiennent plus au Silurien de Murchison, comme l'ont déclaré MM. F. Schmidt (1), Tschernyschew (2), Tietze (3) : c'est innover que de lui ajouter des termes supérieurs, et cette innovation doit reposer sur une démonstration rigoureuse.

Le *Système Dévonien* a été introduit dans la science en 1839 par Murchison et Sedgwick (4), après que Lonsdale eût montré que la faune des calcaires du Devonshire méridional était intermédiaire entre celle du terrain silurien et celle du terrain carbonifère. Depuis lors, on a retrouvé ce système, à la même place stratigraphique et avec les mêmes caractères paléontologiques, en Europe, et dans les autres parties du monde, et le *Système Dévonien* a été adopté comme un système universel.

Vers la base du Système Dévonien d'Angleterre, on retrouve la faune coblenzienne, dans les *couches de Lynton*, avec un faciès peu différent de celui qui est connu dans les contrées rhénanes, où cet *étage coblenzien* (*Spiriferensandstein*) a d'abord été distingué. Sous ces couches coblenziennes, on trouve encore dans le Dévonien d'Angleterre, une autre faune, celle des *grauwackes de Looe* en Cornouailles, qui constituent l'étage inférieur du dévonien classique, la base du type dévonien. Les grauwackes de Looe (5) ont fourni les espèces suivantes :

Spirifer cristatus, var. octoplicata,
»   primaevus, Stein,
Atrypa reticularis,
Rhynchonella Pengelliana,
Streptorhynchus gigas,
»   umbraculum,

(1) F. Schmidt : Revision der Ostbaltischen Trilobiten, p. 53.

(2) Th. Tschernyschew : Fauna d. west. Devon. d. Urals, Saint-Pétersbourg, 1885, vol. 3, p. 100.

(3) E. Tietze : Jahrb. d. k. k. geol. Reichsanstalt, 1878, Bd.28, p. 743.

(4) Murchison et Sedgwick : Trans. geol. soc. London, vol. 3, part 3, 1839, p. 688.

(5) Davidson : Brit. Brachiopoda, vol. 3, p. 106, 126.

Leptaena Looeinsis,
Orthis hipparionyx,
Chaetetes sordida,
Pleurodyctium problematicum,
Steganodictyum,
Pteraspis,

Le faciès de ce dépôt arénacé est trop différent du faciès calcaire d'Erbray, pour que l'on puisse s'attendre à trouver leurs faunes identiques; il y a cependant entre elles de grandes analogies, marquées par les *Spirifer* à grosses côtes, les *Leptaena* à forts plis, et les grands *Orthis* et *Streptorhynchus* hercyniens; ces relations constituent des raisons suffisantes pour assimiler à ces *couches de Looe*, les calcaires d'Erbray, du moins leur partie supérieure, constituée par les calcaires bleus. Cette faune se range, à notre avis, dans le *Taunusien*, vers la limite des étages Gédinnien et Coblenzien.

ARDENNES.

La faune taunusienne, connue d'une façon plus complète dans les Ardennes et sur le Rhin, grâce aux grands travaux de MM. Gosselet (1), Kayser (2), n'a que peu de relations spécifiques avec le calcaire d'Erbray : sur les 61 espèces citées par M. Gosselet, on en connait à peine 5 ou 6 à Erbray. La constitution lithologique des deux formations est trop profondément différente, pour qu'on puisse trouver entre leurs faunes des relations intimes : les *Homalonotus*, habitants des sables, remplacent les *Bronteus, Proetus, Cryphœus*, des fonds boueux; les lamellibranches des côtes ensablées abondent, etc. D'ailleurs la grande masse des calcaires d'Erbray, est inférieure aux bancs bleus, que nous comparons à l'étage Taunusien : c'est à l'étage *gédinnien*

---

(1) Gosselet : L'Ardenne, Paris 1888, p. 277.
(2) Kayser: Beiträge zur Kenntniss der Fauna des Taunusquarzits, 1881; id.— 1883; — id. — 1885.

des Ardennes, qu'il convient d'identifier les calcaires massifs d'Erbray, qui viennent ainsi s'intercaler dans la série anglaise, entre les systèmes silurien et dévonien, remplissant la lacune qui correspondait à leur limite, dans ce district classique. Cet *étage gédinnien* des Ardennes fut rangé dans le *Système dévonien* par Murchison (1).

L'équivalence des calcaires blancs d'Erbray avec le *gédinnien*, n'est toutefois basée que sur des raisons stratigraphiques : les faciès des deux roches sont encore trop différents pour qu'on puisse espérer y trouver des faunes identiques. M. Gosselet (2) a donné la meilleure liste de fossiles du Gédinnien des Ardennes (*Schistes de Mondrepuits*), dont plusieurs espèces ont été en outre, figurées par M. de Koninck (3) :

> Homalonotus Rœmeri, de Kon.
> Dalmanites Heberti, Goss.
> Primitia Jonesii, de Kon.
> Beyrichia Richteri, de Kon.
> Spirifer Mercurii, Goss.
> Orthis orbicularis, Sow.
> Streptorhynchus subarachnoïdea, Vern.
> Tentaculites grandis, Roem.
>   »   irregularis, de Kon.
> Pterinea ovalis, de Kon.
> Avicula subcrenata, de Kon.
> Grammysia deornata, de Kon.
> Cœlaster constellata, Thorent.

Cette faune malgré son faciès arénacé, qui lui donne un caractère spécial, présente des relations avec Erbray, par le *Dalmanites Heberti, Spirifer Mercurii* et l'abondance des Tentaculites et des Ostracodes. Il est bien regrettable que M. de Tromelin qui eut entre les mains 5 espèces de *Primitia* d'Erbray, n'ait pu les comparer avec les formes d'Ostracodes de Mondrepuits. Le *Dalmanites Heberti* figuré

---

(1) Murchison, Siluria, 5ᵉ édition, 1872, p. 394.
(2) Gosselet : L'Ardenne, Paris 1888, p. 190.
(3) De Koninck ; Annal. soc. géol. de Belgique, III. 1876. p. 25, pl. 1.

par M. Gosselet (1) appartient non pas aux *Gryphæus*, mais aux *Dalmanites* (*Odontochile*) du Hercynien. Le *Spirifer Mercurii* de Kon. (2) est très voisin, sinon identique, à notre *Spirifer subcabedanus*; la *Rhynchonella æquicostata* de Kon. (3) est de même très voisine de notre *Rhynchonella pila* d'Erbray (4); la *Strophomena rigida*, de Kon. (5) rappelle de près notre *Strophomena neutra* (6), et l'*Orthis Verneuili* de Kon. (7), notre *Orthis orbicularis* Vern. d'Erbray. Le *Chonetes Omaliana*, de Kon. (8) présente les caractères des *Chonetes Verneuili*, *C. Hostinensis*, de Barrande (9). Enfin le *Tentaculites irregularis* de Kon. nous paraît identique au *Tentaculites striatus* Guer. (10), de l'Ouest de la France.

Nous pouvons espérer que l'avenir montrera des relations paléontologiques plus intimes, entre ces couches dévoniennes de Mondrepuits et les couches d'Erbray, que nous considérons comme contemporaines.

BRETAGNE.

C'est encore en nous basant sur des raisons stratigraphiques, comme aussi sur les relations générales de la faune, beaucoup plus que sur la présence d'espèces communes, que nous assimilons les *calcaires d'Erbray*, à l'étage des *Quarzites de Plougastel* en Bretagne, dépôt de la catégorie des faciès gréseux à *Homalonotus*. Les *calcaires*

---

(1) Gosselet, Esquisse géol. du Nord, T. primaires, pl. 1.

(2) De Koninck, l. c. pl. 1, fig. 8-9.

(3) De Koninck, l. c., pl. 1, fig. 7.

(4) Voir pl. 5, fig. 7.

(5) De Koninck, l. c., pl. 1, fig. 5.

(6) Voir pl. 4, fig 7.

(7) De Koninck, l. c., pl. 1, fig. 6.

(8) De Koninck. l. c., p. 84, pl. 1, fig. 4.

(9) Barrande, Syst. sil. Boh., Brach., pl. 46.

(10) Guéranger, 1853, in Œhlert, Bull. soc. géol. de France, T. VII, pl. 15, fig. 7, p. 714.

d'Erbray et les *Quarzites de Plougastel* sont des formations hétérotopiques ; elles sont l'une et l'autre inférieures aux *calcaires coblenziens* de Néhou, Angers, de la Sarthe et de la Mayenne, dont la faune est actuellement si bien connue depuis les travaux de M. Œhlert.

Nous n'insisterons pas sur la succession des assises dévoniennes en Bretagne, n'ayant rien à ajouter aux exposés récents que nous en avons donnés (1). Il nous suffira de signaler ici les remarquables différences de la série dévonienne de la Bretagne-Normande d'une part, et de la Bretagne-Angevine, d'autre part : le Dévonien est représenté dans ces deux massifs par des formations hétérotopiques.

PYRÉNÉES.

Plusieurs niveaux dévoniens ont été successivement reconnus dans les Pyrénées françaises ; nous avons récemment résumé les connaissances acquises sur cette région, devant l'Association française à Toulouse (2). Les schistes et calcschistes argileux de Cathervieille qui forment, d'après Leymerie, la base du terrain dévonien, en recouvrant directement dans les vallées de la Pique et de l'Arboust, les calcaires siluriens (E) de Saint-Béat, contiennent une faune nouvelle, que nous tenons comme représentative de l'étage G de Bohême, c'est-à-dire comme Gédinnienne et inférieure à l'étage coblenzien.

---

(1) Bull. soc. géol. de France, T. XIV, p. 655, 1886 ; et Annales soc. géol. du Nord, T. XVI, 1889, p. 1.

(2) Ch. Barrois : Association française pour l'avancement des sciences, Toulouse, septembre 1887. — Voir également : Note sur des fossiles de Cathervieille, Bull. soc géol. de France, 3ᵉ sér., T. VIII, p. 266, 1 pl., 1880. — Note sur les faunes siluriennes de la Haute-Garonne (Ann. soc. géol. du Nord, T. X, p. 151, 2 pl., 188?.) — Note sur les ardoises à Néreites du bourg d'Oueil, Ann. soc. géol. du Nord, T. XI, p. 219, 1 pl., 1884. — Note sur la faune de Hount-de-Ver, Ann. soc. géol. du Nord. T. XIII, p. 124, 2 pl., 1886.

Elle nous a fourni :

Nageoire de poisson cestraciontide.
Dalmanites Gourdoni, nob.
Trochurus Gourdoni, nob.
Bronteus Trutati, nob.
    »   Raphaeli, nob.
Phacops fecundus, Barr.
    »   breviceps ? Barr
Cyphaspis Belloci, nob.
Harpes pyrenaïcus, nob.
Orthoceras sp.
Cardiola sp.
Strophomena sp.
Platycrinide.
Zaphrentis profundè-incisa ? Ludw.
Petraia undulata, F. Roem.
Pleurodyctium sp.
Cladochonus striatus, Gieb. sp.

Les schistes de Cathervieille nous offrent un faciès vaseux du calcaire d'Erbray, comme le montrent à la fois leur position stratigraphique et les caractères de leur faune : apparition des poissons dévoniens, *Dalmanites* de la section *Odontochile*, *Bronteus* de la section *Thysanopeltis*, et prédominance des trilobites épineux.

Les *schistes à Nereites* de Bourg d'Oueil, que nous avions assimilés aux couches à Nereites de la Thüringe, considérées jusqu'ici comme siluriennes, sont supérieurs aux *schistes de Cathervieille*, et par suite dévoniens, comme l'ont respectivement reconnu, M. Liebe en Thuringe (1), et M. Caralp (2) dans les Pyrénées. Les *schistes de Cathervieille* correspondent aux *calcaires à Ctenacanthus* de Thuringe (G) ; et les *schistes d'Oueil*, aux *couches à Nereites* de cette contrée. L'*étage coblenzien* est représenté dans les Pyrénées par les *Grauwackes de Laruns* dont de Verneuil a fait connaître la faune, et l'*étage eifélien* par les *calcaires de Castelnau-Durban*.

----

(1) Liebe : Erlaut. z. geol. specialkarte v. Preussen, Section Gera, Berlin, 1878, p. 5.
(2) Caralp : Etudes sur les hauts massifs des Pyrénées centrales, Toulouse 1888, p. 138, 411.

2° Faciès calcareux équivalents.

La difficulté que nous rencontrons à paralléliser des faciès si différents ne saurait rien prouver contre les assimilations que nous proposons, sans pouvoir il est vrai, les justifier pleinement. C'est contre des difficultés du même ordre, qu'eût à lutter Barrande, quand il voulut comparer les faunes de ses calcaires bohémiens supérieurs, avec les faunes des grauwackes dévoniennes. Des faciès trop différents ne lui montraient que des faunes hétérotopiques, sans ressemblances, et il dût comparer ses faunes calcaires à la faune Eifelienne, de faciès analogue, et bien connue, grâce à la richesse et à la beauté des gisements de l'Eifel.

Mais ces formations isopiques étaient trop éloignées dans le temps, pour que leur comparaison détaillée pût fournir des notions justes ; aussi Barrande, frappé de leurs grandes différences de faune, s'exagéra-t-il l'importance de la limite qui séparait la faune silurienne de la faune dévonienne. De ce que les calcaires supérieurs de Bohême différaient de l'Eifélien, il tira en effet, la conclusion générale, qu'ils différaient du Dévonien. On sait qu'un grand nombre de géologues pensent aujourd'hui avec MM. Beyrich et Kayser que les étages F G H du Silurien de Barrande, ne sont qu'un faciès calcaire très fossilifère du dévonien inférieur : ce faciès se trouverait relativement au faciès connu de la grauwacke coblenzienne, dans le même rapport, que le calcaire carbonifère fossilifère, relativement aux couches argilo-gréseuses du Culm.

Les limites entre le Silurien et le Dévonien, comme celles du Dévonien et du Carbonifère, sont très nettes, quand sur des formations marines et calcaires siluriennes, reposent des grès rouges comme en Angleterre ; ou quand, sur des calcaires dévoniens à Clyménies, reposent des grès à végétaux du Culm comme en Allemagne. Par contre, les limites sont très obscures, presque insensibles, quand des formations marines sont directement superposées ; comme cela a lieu, pour le Silurien et le Dévonien, en Bohême (F G H), et dans l'État de New-York (Helderberg beds) ; pour le Dévonien et le Carbonifère, dans les Pyrénées espagnoles (griottes), les Ardennes (calcaire d'Etrœungt), et l'Ohio (Waverley beds).

Les calcaires supérieurs de Bohême, comme les calcaires hercyniens du Harz, et les calcaires gédinniens d'Erbray, étant également compris stratigraphiquement entre le Silurien et le Dévonien francs, et leur faune présentant, en outre, un mélange de types siluriens et de formes dévoniennes, il n'y a aucun motif déterminant pour les rapporter en bloc au Silurien ou au Dévonien, à l'un plutôt qu'à l'autre.

.L'étude paléontologique minutieuse et critique des zones, comprises dans cet intervalle, pourra seule indiquer comment devra s'effectuer leur partage entre les deux systèmes. C'est d'ailleurs l'opinion déjà exprimée par l'un des savants qui, de nos jours, connaît le mieux les terrains primaires ; M. F. Rœmer (1) conclut comme suit, ses observations sur cette question : « Die scharfe Grenzbestimmung zwischen beiden, sehr schwierig ist und nur von palæontologischen Erwægungen abhængig bleibt ».

Ce n'est plus ici dans des régions littorales, ou les phénomènes de discontinuité dans la stratification sont si nombreux et si nets, que nous allons chercher la limite entre les systèmes silurien et dévonien ; les faciès calcaires que nous allons considérer en détail sont des faciès pélagiques, et ils nous montrent les différents termes d'une série continue. Les limites de ces systèmes ne sont donc pas susceptibles d'une précision mathématique : les vicissitudes des familles organiques qui doivent les indiquer seront appréciées différemment suivant les temps, les circonstances et les esprits ; de plus, les variations qui les défi-

---

(1) F. Rœmer : Lethæa geoguostica, p. 34.

nissent n'ont pas été instantanées, ni simultanées dans les diverses régions (1). La fixation d'une limite tranchée entre les systèmes *silurien* et *dévonien* pourrait être, d'après Barrande (2), un problème insoluble en Europe, comme en Amérique.

S'il en est réellement ainsi, ceux qui considèrent la classification des étages comme artificielle, comme n'ayant qu'une valeur conventionnelle, basée sur la tradition et la priorité, devront se rallier à la classification de de Verneuil et de M. James Hall. Elle est, en effet, la première en date, qui ait proposé un partage entre les systèmes silurien et dévonien, des formations intercalées entre le Silurien et le Dévonien de Murchison (du Ludlow au Lynton) : cette classification, qui a la priorité, fixe le *grès d'Orishany* comme base du Système Dévonien (3).

En Europe, M. Gosselet (4) a distingué trois grandes zones de terrain dévonien : la zone écossaise lacustre, la zone hercynienne généralement littorale et marine, et la zone méditerranéenne marine et calcaire. La bande qui s'étend de l'Anjou au Harz, montrerait le passage entre les zones hercynienne et méditerranéenne, à peu près comme le Jura à l'époque tithonique. La condition pélagique de la région méditerranéenne, aux époques géologiques, qu'a si bien fait ressortir M. de Lapparent (5), daterait en réalité des époques géologiques les plus anciennes (Silurien supérieur), d'après les beaux travaux de M. Frech (6).

L'examen que nous avons fait de la faune d'Erbray nous a décidé à la ranger dans le Système Dévonien, de même

---

(1) M. de Lapparent a déjà développé ces idées, d'une façon générale, dans son Traité de Géologie, p. 710.

(2) Barrande : Défense des colonies, III, 1865, p. 262.

(3) De Verneuil : Bull. Soc. géol. de France, 1847, T. IV, p. 677.

(4) Gosselet : L'Ardenne, Paris 1888, p. 177.

(5) De Lapparent : Traité de géologie, p. 712.

(6) F. Frech : Zeits. d. deuts. geol. Ges. 1887. T. XXXIX.

que l'étude de la faune hercynienne du Harz a amené M. Kayser à la ranger dans ce même terrain. Les choses deviennent beaucoup plus complexes en Bohème, où nous irons étudier les faits en détail avec Barrande et M. Kayser. Notre tableau (p. 249) nous montre, en effet, dans ces deux régions, le Harz et la Bohème, les plus grandes analogies avec la faune d'Erbray.

HARZ.

Sur les 182 espèces signalées à Erbray, 54 se trouvent dans le Harz, c'est-à-dire près de 1/3 ; cette proportion est d'autant plus considérable que ces régions sont géographiquement éloignées, et que les mers où se formèrent ces dépôts ne pouvaient communiquer directement. L'équivalence des formations d'Erbray avec celles du Harz, indiquée par les relations spécifiques, est confirmée par le développement parallèle des groupes zoologiques représentés, et par le faciès général de la faune. Des deux côtés, les Capulides jouent un même rôle capital, les Brachiopodes appartiennent aux mêmes sections et présentent les mêmes mutations, les *Bronteus* et *Dalmanites* sont représentés par des groupes spéciaux, il y a enfin un grand développement des Orthocères du groupe de *O. triangulare* (*Jovellania*).

Les couches où se trouvent dans le Harz, les espèces d'Erbray, ont été l'objet d'un travail magistral de M. Kayser. Non seulement nous devons à M. Kayser la connaissance précise de la faune de cette époque, mais encore la fixation de leur âge dans le Système Dévonien, leur comparaison avec les faunes contemporaines et par suite l'établissement de l'*étage hercynien*.

L'*Étage hercynien* a été établi pour les couches sédimentaires les plus anciennes du Harz ; elles contiennent un mélange d'espèces siluriennes et dévoniennes, mais la prépondérance de celles-ci détermine le classement de l'étage dans le Système Dévonien (1). M. Kayser reconnaissant d'autre part sa faune hercynienne, en Bohême, dans des couches réputées siluriennes jusque-là (étages F G H de Bohême), en conclut que ces étages devaient également passer dans le Système Dévonien. L'étage hercynien de M. Kayser, base du Dévonien, comprend donc une série de couches, répandues dans les diverses parties du globe, mais généralement rapportées à tort jusque là, au terrain Silurien. A nos yeux, la question de l'Étage Hercynien rappelle ainsi, celle de l'Étage Tithonique. La classification Siluro-dévonienne, basée comme celle du Jura-crétacé sur les séries littorales du sud de l'Angleterre, ne cadre pas plus facilement, avec les séries plus profondes du centre de l'Europe. De même que les calcaires tithoniques d'abord rapportés à un étage jurassique spécial, ont été depuis divisés en une suite de termes qui relient peu à peu, sans lacune, le Jurassique à la Série Crétacée ; ainsi les calcaires supérieurs de Bohême (F G H) furent rapportés comme étage spécial au silurien supérieur, avant d'être répartis, comme faciès pélagiques ou coralliens, entre les systèmes dévonien et silurien.

L'importance de la question hercynienne nous force à revenir en détail sur la série du Harz. Les grands travaux exécutés dans le Harz par M. Lossen (2), pour la confection de sa belle carte géologique, ont établi la succession suivante, pour les couches dont nous nous occupons ici :

Grès à Spirifers (Haupt-Quarzit).

Schistes de Wieda.
- Horizon à graptolites.
- Schistes supérieurs.
- Schistes inférieurs à lentilles calcaires de Mägdesprung, Hasselfelde, Zorge, Ilsenburg, etc., et grauwackes à végétaux de Strassberg, Stolberg, etc.

Grauwacke de Tanne.

---

(1) E. Kayser : Faun. d. alt. Devon Abl. des Harzes, 1878, p. 281.
(2) Nous n'avons pas à énumérer ici les nombreux et remarquables travaux de M. K. Lossen sur la géologie du Harz ; nous rappellerons seulement que le lecteur français en trouvera un excellent exposé, dû à M. Termier, dans les Annales des Mines (8e série, T. V, 1884, p. 243.).

La faune du Haupt-Quarzit est celle du Coblenzien, du
Spiriferensandstein des provinces rhénanes (1). La faune
Hercynienne se trouve sous celle-ci, dans les schistes de
Wieda, et notamment dans les lentilles calcaires inters-
tratifiées dans cet étage. Ces diverses lentilles renferment
des faunes assez distinctes les unes des autres, M. Kayser
les considéra d'abord comme contemporaines et correspondant à de simples différences de faciès ; mais il distingue
actuellement dans ces calcaires deux faciès principaux,
celui des calcaires amygdalins à céphalopodes (Hasselfelde,
Wieda), et celui des calcaires grenus, spathiques à brachiopodes (Mägdesprung, Ilsenburg, Zorge) : les premiers
rappellent l'étage g^3, les autres l'étage f^2 de Bohême (2).

Toutes les analogies du calcaire d'Erbray sont avec les
lentilles du calcaire grenu à brachiopodes du Harz, il ne
présente pas de relations avec les calcaires à céphalopodes,
que nous pourrons passer sous silence. Les caractères
généraux de la faune des calcaires à brachiopodes, ont été
résumés par M. Kayser, il convient de les rappeler pour
établir leur parallélisme avec les calcaires d'Erbray (3).

Les Brachiopodes constituent à eux seuls le 1/3 de la
faune du Harz, et le nombre de leurs individus est également très grand : les Spirifers abondent, ils présentent
des formes transverses ailées, du type dévonien des *Spirifer paradoxus, Sp. macropterus*, ainsi que d'autres à gros
plis, du type dévonien du *Sp. primævus ;* ils sont associés
à des *Spirifers* finement striés, à affinités siluriennes. Les
Megalanteris (Zorge, Harzgerode) témoignent en faveur
du Dévonien, n'ayant pas encore été signalés dans le Silu-

---

(1) L. Beushausen : Beitrag. z. Kenntniss. d. Oberharzer Spiriferensandsteins, Kön.
Preuss. geol. Landesanstalt, Berlin, 1884.

(2) M. Kayser (Neues Jahrbuch fur Miner. 1880. Bd. 1.) rappelle que Barrande avait
reconnu en 1865 les relations de ses étages G. H. avec les calcaires de Magdesprung,
qu'il considérait comme appartenant à une époque rapprochée. (Défense des Colonies, III,
1865, p. 266).

(3) E. Kayser : Fauna des alt. Devon. Abl.d. Harzes, 1878, p. 245.

rien ; les gros Pentamères (*P. costatus, P. Sieberi*), rappellent par contre, davantage, le Silurien supérieur. Les espèces franchement dévoniennes sont nombreuses dans le Harz : *Rhynchonella pila, Retzia lepida, Athyris undata, Cyrtina heteroclita, Orthis striatula, O. orbicularis, Strophomena interstrialis, S. Murchisoni, Streptorhynchus umbraculum, S. devonicus, Chonetes sarcinulata, C. gibbosa, Spirifer cf. laevicosta, S. Bischofi, S. sericeus ;* les espèces franchement siluriennes sont, par contre, peu nombreuses : *Rhynchonella borealis, Merista læviuscula, M. harpyia, Discina cf. Forbesii.*

Les Trilobites hercyniens se rapportent à 10 genres, tous connus dans le Dévonien, et dont aucun n'est caractéristique du Silurien. Le genre *Cryphæus* est essentiellement Dévonien, comme les *Thysanopeltis ;* les *Dalmanites (Odontochile),* connus aussi dans ce système, lui donnent une teinte silurienne.

Les Orthocères présentent des types dévoniens connus (*O. triangulare, O. commutatum, O. lineare, O. obliquuseptatum. O. planicanalicutatum, O. polygonum*), avec quelques rares formes siluriennes seulement (*Orthoceras dulce, O. constrictum*). Les Nautilides et Goniatides sont tous dévoniens et caractérisent, nous l'avons dit, des lentilles calcaires spéciales *G. subnautilinus, G. lateseptatus, G. vittiger, G. evexus, G. Jugleri.*

Les Gastéropodes constituent une faunule remarquable par le développement des Capulides ; plusieurs de ces espèces existent cependant dans le Dévonien de l'Eifel.

Les Lamellibranches sont représentés par des Ptérinées, des Cypricardinies, par *Allorisma Ungeri, Pleurophorus lamellosus,* du Dévonien rhénan ; les représentants siluriens sont plus rares : *Cardiola interrupta, C. megaptera.*

Les Coralliaires ont des affinités franchement dévoniennes : *Pleurodyctium, Amplexus, Beaumontia, Chœtetes.*

Les caractères généraux de la faune, comme le nombre des espèces communes, rapprochent l'étage hercynien du

Harz, du calcaire d'Erbray. Dans les deux régions, la faune présente encore des affinités siluriennes, mais en même temps des caractères dévoniens frappants, que nous considérons avec M. Kayser comme prépondérants. Nous croyons donc à la contemporanéité des calcaires d'Erbray et des calcaires hercyniens du Harz, et partageons pleinement l'avis de M. Kayser sur l'opportunité de rapporter cet étage au Système Dévonien.

BOHÈME.

Convient-il de rapporter aussi à cet étage Hercynien, et par suite au Système Dévonien, les étages F G H de Bohême, qui constituent en ce pays, la partie supérieure de la faune troisième silurienne de M. Barrande? Cette thèse, exposée par M. Kayser, a fixé l'attention du monde savant, et l'opinion de M. Kayser a rencontré un très réel succès, comme elle a soulevé de sérieuses discussions (1). Les arguments invoqués par M. Kayser sont basés sur la paléontologie : les calcaires à brachiopodes de Magdesprung, Ilsenburg, Zorge. contiennent un grand nombre d'espèces des étages F G H de Bohême. Il cite, en effet, dans ses calcaires hercyniens, les types bohémiens suivants (2) :

Ctenacanthus.	G
Proetus unguloïdes ?.	F
id. complanatus ?	F G

---

(1) G. Stache : Zeits. d. deuts. geol. Ges., 1884, p. 339.

T. Tschernyschew : Dev. fauna d. W. Urals, Saint-Pétersbourg, 1885, p. 99,

F. Frech : Zeits. d. deuts. geol. Ges., 1886, p. 917.

Barrande : Syst. silurien Bohême, Vol. V, p. 167, 205.

F. Rœmer : Lethæa geognostica, p. 43.

E. Tietze : Jahrb. d. k. k. geol. Reichsanstalt, 1878, Bd. 28. Heft 4. p. 743-757.

C. Schluter : Verhandl. d. naturh. Ver. Preuss. Rheinl. u. Westfal. 35. 4ᵉ Folge. V Bd. p. 330, 1878.

O. Novak : Jahrb. d. k. k. geol. Reichsanstalt, 1880, Bd. 30. p. 75.

(2) Un certain nombre de ces déterminations ont été, il est vrai, infirmées par Barrande (Brachiopodes, 8º, p. 312-319); et par M O. Novak (Jahrb. d. k. k. geol. Reichsanstalt, 1880. Bd. 30, p. 75).

Proetus eremita.	F
Id. cf. orbitatus.	F
Cyphaspis hydrocephala	F G
Phacops fecundus.	E–H
» fugitivus	G
Cheirurus Sternbergi ?	E–G
Bronteus cf. elongatus	F
» cf. Billingsi	G
Goniatites lateseptatus	F G
» neglectus.	G
» tabuloïdes.	G
» evexus	F G
» » var. bohemica	G
Orthoceras cf. migrans,	E–G
» cf. rigescens	E–G
» raphanistrum	F
» dulce ?.	E–G
Gyroceras proximum.	G
Hercoceras subtuberculatum ?	G
Capulus hercynicus var. acuta ?	F ?
» priscus ?	F ?
» Halfari ?	F ?
Platyostoma naticoïdes ?.	F ?
Conularia aliena ?.	G
Tentaculites acuarius.	F –H
Styliola laevis ?	G H
Cardiola quadricostata ?	G
» interrupta.	E
Rhynchonella nympha.	F
» eucharis ?	F
» princeps.	E–G
» Henrici	F
Pentamerus Sieberi	F
» galeatus.	F
Spirifer togatus.	E–F
» Nerei	F
» excavatus.	F
Cyrtina heteroclita	F
Atrypa reticularis.	E–G
Retzia melonica	F
Merista harpyia ?	E
Orthis occlusa	F

Orthis palliata ?	F
» striatula ?	F
Strophomena neutra	F
» corrugatella.	F
» nebulosa	F
» rhomboïdalis	E F
» Verneuili ?	F
Chonetes embryo	F
Petraia undulata ?.	G ?

Espèces représentatives :

Hercynella Beyrichi = nobilis	(F G)
» Hauchecorni = bohemica	(F G)
Cardiola hercynica	(G)
Phacops Zorgensis = cephalotes	(G)
Dalmanites tuberculatus = spinifer	(G)
Streptorhynchus devonicus = distortus	(F)

Cette liste montre que sur 200 espèces, signalées dans les calcaires hercyniens du Harz, il s'en trouve 50, soit 1/4, dans les étages F G H de la faune 3ᵉ silurienne de Barrande. Notre liste (p. 249) montre que sur 182 espèces du calcaire d'Erbray, il s'en trouve 55, soit près de 1/3, dans ces mêmes étages bohémiens. Sommes-nous en droit d'en conclure avec M. Kayser, l'équivalence de ces formations, et l'attribution des étages F G H au terrain dévonien ?

Pour nous, l'argument tiré de la proportion des espèces communes perd ici beaucoup de sa valeur, en raison du nombre immense des espèces décrites en Bohême (environ 2,000) par Barrande. Les fractions de faunes qui nous sont connues, de Bohême et d'Erbray-Harz ne sont pas, en effet, réduites au même dénominateur.

M. Kayser (1) a appuyé ses conclusions d'une étude critique des caractères des faunes F G H de Bohême, qu'il range dans le Dévonien. Nous résumerons rapidement ses arguments, que l'on trouvera développés dans son mémoire :

Les Trilobites présentent à la fois des caractères siluriens et dévoniens. *Caractères siluriens* : présence de *Caly-*

---

(1) Kayser . Alt. Fauna d. Harzes, 1878, p. 254.

mene, absence des *Cryphœus,* présence de *Dalmanites* de la section *Odontochile; caractères dévoniens :* présence des *Bronteus* du groupe *Thysanopeltis,* présence de plusieurs espèces du Rhin, absence de genres essentiellement siluriens. *Ampyx, Cromus, Deiphon, Staurocephalus, Sphœrexochus.*

CÉPHALOPODES : *Caractères siluriens :* Présence des *Trochoceras,* des *Cyrtoceras* sans ornements, des *Phragmoceras* à bouche contractée, abondance des Orthocères de E ; *caractères dévoniens :* présence d'*Orthocères* du groupe de *O. triangulare,* présence de *Gyroceras,* présence des *Goniatites* dévoniennes du groupe des *Nautilini.*

BRACHIOPODES. *Caractères siluriens :* absence des *Spirifers* à gros plis (*Decheni*), présence des *Spirifers* finement striés, des gros *Pentamères* et de plusieurs espèces franchement siluriennes. *Caractères dévoniens :* présence des *Spirifers* ailés, des *Spirifers* à gros plis, abondance des *Retzia,* présence de *Stringocephalus* et de plusieurs espèces connues dans le dévonien typique.

GASTÉROPODES : *Caractères dévoniens :* Abondance des Capulides, présence de *Scoliostoma. Caractères siluriens :* Espèces communes avec E.

PTÉROPODES : *Caractères dévoniens :* Abondance des Tentaculites.

POLYPIERS : *Caractères siluriens,* prédominants.

LAMELLIBRANCHES : *Caractères dévoniens :* Présence de *Cardiola retrostriata,* de Ptérinées ; *caractères siluriens :* espèces communes avec E.

POISSONS : La faune ichthyologique (F G H) à *Ctenacanthus, Coccosteus, Asterolepis.* est essentiellement différente de la faune à *Céphalaspides* du Silurien supérieur d'Œsel et d'Angleterre : ce sont deux faunes distinctes, successives, et les poissons de Bohême appartiennent à la supérieure, qui se relie à celle du Old-Red-Sandstone, d'après M. F. Schmidt.

De cette révision des caractères généraux des faunes
F G H de Bohême, on doit conclure, d'après M. Kayser (1),
*qu'elles présentent avec certains caractères siluriens, un cachet
essentiel dévonien*. Cette teinte dévonienne leur est impri-
mée principalement par les *Goniatites* et les *Brachiopodes*,
par l'absence des genres de *Trilobites* et de *Céphalopodes*
exclusivement siluriens ; les couleurs siluriennes sont données par quelques espèces de *Brachiopodes*, par les *Calymene*
et *Dalmanites* (*Odontochile*) et par les *Trochocères*. Assimi-
lant la faune hercynienne de Bohême à celle du Harz,
M. Kayser reconnaît cependant qu'elle a plus de relations
siluriennes que celle-ci.

Barrande (2) avait antérieurement discuté avec une
incomparable science, les connexions des étages F G H du
bassin silurien de la Bohême avec les dépôts dévoniens.
L'étage E, disait-il, nous offre à lui seul une faune presque
aussi complète, que celle qui est distribuée dans les autres
pays, dans toute l'étendue verticale comprise entre la division silurienne inférieure et le terrain dévonien : ce résultat tendrait à faire supposer que les étages F G H appartiennent au moins en partie à la période dévonienne. Mais
cette conception ne serait fondée que sur des apparences,
qui s'évanouissent devant une étude plus sérieuse.

En effet , continue-t-il (3), il est facile de se convaincre
que nos trois étages supérieurs , malgré *la présence de
quelques espèces communes* avec la faune dévonienne, sont
réellement privés de formes jusqu'ici considérées comme
essentiellement caractéristiques des trois subdivisions du
système dévonien, et qu'ils renferment, au contraire, un
grand nombre de formes contrastantes, c'est-à-dire entièrement empreintes du caractère silurien. Barrande établit
solidement cette thèse, dans un chapitre que nous aime-

---

(1) E. Kayser : Alt. Fauna, d. Harzes. Berlin, p. 262.
(2) Défense des Colonies, III, 1865, p. 267.
(3) Barrande, Défense des Colonies, III, 1865, p. 268.

rions à reproduire tout entier, s'il n'était si familier aux géologues français : les liens qui unissent tous les membres des étages E F G H sont indissolubles, ils nous présentent une série continue sans lacune notable, sans hiatus appréciable.

Nous tenons pour acquis les résultats de ces études de Barrande, tels qu'il les a lui-même résumés dans les deux propositions suivantes (1) :

1° La dernière phase de notre faune troisième silurienne, ensevelie dans nos étages supérieurs G-H, est plus ou moins fortement reliée par toutes les classes de fossiles aux phases antérieures de la même faune, renfermées dans nos étages E-F sous-jacents ;

2° Malgré certaines connexions générales, entre les mêmes étages supérieurs G H de notre bassin, et les trois grands étages dévoniens, il n'existe entre les faunes de ces formations aucune affinité de telle nature, qu'on puisse les considérer comme représentant, sous diverses apparences, des dépôts contemporains. »

A l'époque où l'analyse de Barrande dégageait avec tant de clarté, les caractères propres des faunes siluriennes et dévoniennes, les faciès calcaires des étages gédinnien et coblenzien étaient trop peu connus, pour pouvoir entrer en ligne de compte. Nous croyons avec Barrande que les étages F G H ne sont pas explicitement représentés en Angleterre ; ils contiennent, d'après nous, une faune inférieure à celle du dévonien classique, de celui qui était connu avant les travaux de M. J. Hall et de M. Kayser.

Barrande a distingué, on se le rappelle, la succession suivante en Bohême :

$$\mathbf{H}\ (\text{Epaisseur 200}^{m})\ \begin{cases} h^3\ \text{Schistes argileux fissiles.} \\ h^2\ \text{Schistes et quarzites sans fossiles.} \\ h^1\ \text{Schistes fossilifères.} \end{cases}$$

---

(1) Barrande, Défense des Colonies, III, 1865. p. 311.

G (Epaisseur 300^m) { g^3 Calcaire noduleux à céphalopodes.
g^2 Schistes à sphéroïdes calcaires fossilifères.
g^1 Calcaire noduleux très fossilifère.

F (Epaisseur 100^m) { f^2 Calcaire blanc grenu.
f^1 Calcaire noir en plaquettes.

Un travail récent de M. O. Novak (1), Conservateur de la collection Barrande, à Prague, a montré qu'il n'y avait pas lieu de distinguer les étages f^1 f^2, qui ne sont en réalité que 2 faciès hétérotopiques d'une même assise : les calcaires noirs f^1 n'existent qu'au S. E. du bassin de Bohême, et ils passent graduellement au calcaire blanc f^2, vers le N. O. de ce bassin. La liste de fossiles des calcaires noirs f^1 que donne M. Novak (2), confirme les conclusions de Barrande sur les relations de cet étage F avec le Silurien, puisque sur 128 espèces citées, 45 se retrouvent dans E, et 26 seulement passent dans des couches supérieures.

	Nombre des espèces de f^1.	Espèces propres à f^1.	Espèces communes à l'étage E	Espèces réapparaissant dans des étages supérieurs f^2-h^1.	Espèces communes à E et aux étages supérieurs f^2-h^1.
Poissons............	1	»	»	1	»
Trilobites.......	13	7	1	5	»
Phyllocarides.........	9	3	»	»	»
Annelides.....	1	»	»	1	»
Céphalopodes........	37	14	21	4	2
Gastéropodes.........	3	1	»	2	»
Conularides..........	4	3	»	1	»
Lamellibranches	42	31	10	1	»
Brachiopodes	23	8	13	11	9
Graptolites..........	1	1	?	»	»
Total...	128	68	45	26	11

(1) O. Novak : Zur Kenntniss der Fauna der Etage F. f^1 in der palæoz. Schichten gruppe Böhmens, Sitz. ber. d. k. böhm. Gesell. d. Wissens, Novembre 1886.
(2) O. Novak : l. c., p. 20.

M. O. Novak reconnaît dans les étages supérieurs de Bohême, les caractères dévoniens signalés par M. Kayser, mais déclare cependant que certains groupes comme les céphalopodes, les lamellibranches, les brachiopodes, établissent bien la continuité de la faune silurienne E, avec la faune hercynienne F. Pour M. Novak, la série sédimentaire de ces époques est ininterrompue en Bohême (*ziemlich ununterbrochene*).

L'étage F de Bohême, ayant plus de relations paléontologiques avec l'étage E qui le précède dans ce pays, qu'avec aucun étage dévonien connu jusqu'ici, nous ne voyons pas de motif péremptoire pour l'enlever au Système où Barrande l'a placé. La solution la plus naturelle serait de rendre à cet étage, la dénomination de *faune silurienne quatrième*, d'abord proposée dans ses premiers travaux par Barrande lui-même (1).

Cette conclusion ne nous paraît pas applicable toutefois aux étages bohémiens supérieurs G H.— Bien que le passage de F à G se fasse sur le terrain d'une façon insensible et que la série en Bohême soit ininterrompue (2), Barrande nous semble avoir donné lui-même la série des arguments qui permet de comparer cette époque, aux étages gédinniens et coblenziens du Dévonien. Les principaux éléments (3) paléontologiques de l'étage G, qui renferme la dernière phase de sa faune 3ᶜ, consistent en effet d'après lui :

1° Dans la prédominance des trilobites, et surtout des *Dalmanites*, offrant 8 espèces du groupe des *Odontochile*, des *Bronteus* qui ont fourni 12 espèces, des *Calymene*.

2° Dans la réapparition inattendue des *Phragmoceras* et *Gomphoceras*, Nautilides dont l'ouverture est contractée, à deux orifices.

3° Dans le développement relativement considérable des *Goniatites*, analogues aux *Goniatites* dévoniens (*Nautilini*),

---

(1) Barrande : Sil. Boh.. Trilobites, p. 77.
(2) Barrande : Sil. Boh., Trilobites, p. 79.
(3) Barrande : Défense des colonies, III, 1865, p. 177-264.

et qui avaient déjà apparu sous quelques formes rares dans
notre étage F.

4° Dans l'apparition sporadique des poissons cuirassés
Coccosteus, *Asterolepis*, généralement considérés jusqu'ici
comme exclusivement propres à la période dévonienne et
dont notre étage F montre déjà un premier avant-coureur,
complètement isolé.

5° La faune de l'étage H n'est que la faible continuation
de celle de l'étage G, en voie d'extinction finale : on y
reconnaît toutefois l'apparition sporadique de *Cardiola
retrostriata*.

A l'époque où Barrande rédigeait ainsi ses conclusions,
on ne connaissait d'une façon suffisante, le Dévonien inférieur, avec son faciès calcaire, que dans 2 régions, en
France, et aux États-Unis : il fut tellement frappé de leurs
relations, qu'il signala Viré (Sarthe) (1), comme un point
présentant des espèces de la faune troisième, et qu'il considéra les couches du Helderberg-supérieur, comme équivalant à ses étages G H.

En somme dit-il (2), les indices de contemporanéité relative entre la faune du groupe supérieur de Helderberg et
celle de nos étages G-H, nous sont présentés par l'apparition sporadique des poissons ; par la présence du genre
Calymene, et par le développement maximum des *Dalmanites* (*Odontochile* et *Cryphæus*) parmi les crustacés ; par la
réapparition et le développement relatif des *Nautilides* et
des *Gomphocères*, parmi les céphalopodes.

Les contrastes entre les mêmes faunes se manifestent par
l'existence développée en Bohême des Goniatites, qui sont
inconnues en Amérique sur cet horizon, et, au contraire, par
la prédominance dans l'État de New-York des Capuloïdes
parmi les Gastropodes, par la variété des Crinoïdes, et surtout par l'abondance extraordinaire des Polypiers, qui man-
quent presque totalement dans nos étages G. H.

---

(1) Barrande, Syst. sil. Bohême, Trilobites, p. 93.
(2) Barrande, Colonies, III, 1865, p. 261.

ETATS-UNIS.

Nous sommes ainsi amenés à comparer la faune d'Erbray, aux faunes anciennes des États-Unis, malgré l'éloignement considérable de ces deux régions, éloignement qui ne laisse subsister entre des faunes équivalentes que de bien faibles relations spécifiques. Notre comparaison sera basée sur les études que nous avons pu faire sur place, dans les *Helder-berg Mountains*, sous la direction savante et si cordiale de notre maître M. James Hall : la précision de ses vues, que nous partageons pleinement, nous laissera d'ailleurs peu de chose à dire sur cette question siluro-dévonienne.

Rappelons d'abord les divisions établies dans la série américaine par les géologues de New-York (1) : James Hall, Mather, Emmons et Vanuxem :

Division Erie...................		Groupe de Chemung.
		Groupe de Portage.
		Schistes de Genesee.
		Calcaire de Tully.
		Groupe de Hamilton.
		Schistes de Marcellus.
Division Helderberg.	Helderberg supérieur.	Calcaire cornifère.
		Calcaire d'Onondaga.
		Grès de Schoharie.
		Grès à Cauda-galli.
		Grès d'Oriskany.
	Helderberg. inférieur.	Calcaire supérieur à Pentamères.
		Schistes argileux à Delthyris.
		Calcaire à Pentamerus galeatus.
		Calcaire hydraulique.
		Groupe salifère d'Onondaga.
Division Ontario................		Groupe de Niagara.
		Groupe de Clinton à Pent. oblongus.
		Grès de Medina.

____

(1) James Hall, Mather, Emmons, Vanuxem, Geology of New-York, Albany, 1843.

La faune de ces divisions étudiée par de Verneuil (1), lui permît de s'assurer que pendant la période paléozoïque, le règne animal avait subi, en Amérique et en Europe, des transformations simultanées, telles que les espèces identiques occupaient des gisements correspondants. D'accord avec les savants américains qui avaient proposé ces divisions, de Verneuil reconnût (2) que la division Erie correspondait approximativement au Dévonien d'Europe, la division Ontario au Silurien supérieur E, de notre continent, et que la division Helderberg devait être partagée entre ces 2 systèmes. Le point où il convient de placer en Amérique la limite entre le Silurien et le Dévonien, est difficile à fixer : la lacune qui séparait ces systèmes en Angleterre, étant occupée ici par la division Helderberg (3).

La division Helderberg, dont l'unité avait été proclamée par les géologues de New-York, est formée par une série de dépôts concordants entre eux, qui se lient les uns aux autres de telle sorte, qu'ils constituent une suite continue, ininterrompue. La faune de cette division, si admirablement décrite par M. Hall, s'est montrée également intermédiaire entre celles du Silurien et du Dévonien ; ainsi cette faune est venue compléter nos notions sur ces époques, en nous montrant la continuité des phénomènes sédimentaires et paléontologiques, dans ce terrain paléozoïque de New-York, plus complet qu'en Europe.

Reconnaissons-le, le grand fait de la continuité du Silurien au Dévonien a été établi par le système de New-York. Le point où nous tracerons la limite de nos divisions systématiques conventionnelles, n'a qu'une importance d'un ordre très secondaire.

On sait que les géologues américains rapportent les couches du Helderberg inférieur au Système silurien, et les couches du Helderberg supérieur au Système dévonien.

----

(1) de Verneuil, Bull. soc. géol. de France, T. IV, 1847, p. 670.
(2) de Verneuil, Parallélisme des dépôts paléozoïques de l'Amérique septentrionale avec ceux de l'Europe, Bull. soc. géol. de France, T. IV, 1847, p. 646.
(8) James Hall : Palaeontology of New-York, vol. 3, p. 36.

Ces conclusions sont basées sur les travaux paléontologiques de M. James Hall, qui s'exprime comme suit au sujet du Helderberg inférieur (1) : « the evident relations of the Lower-Helderberg fauna to the Niagara fauna will be seen at every step of comparison » . . et plus loin : « if the similarity of fauna is to govern us in determining the relations of formations, then the lower Helderberg group should be united with the Niagara group in one great System.» Il n'est pas moins explicite au sujet du Helderberg supérieur (2), qui se rattache au système dévonien, par l'apparition des poissons et des récifs de coraux, par le développement des Spirifers et des Terebratules ailés, et des Spirifers à plis bifurqués.

Cette classification de M. James Hall et de de Verneuil étant aujourd'hui classique, nous n'avons plus à entrer ici dans le détail d'arguments, déjà exposés par eux. L'étude que nous avons faite de ces magnifiques faunes, d'une incomparable richesse, nous rallie complètement à leur opinion : C'est au niveau des grès d'Oriskany qu'il convient de placer la limite entre les deux systèmes silurien et dévonien, autant qu'il est possible de tracer une division tranchée dans une série continue.

Revenant maintenant en Europe, nous serons disposés par l'étude de la série américaine, à ranger dans le système dévonien les étages G H de Bohême, que Barrande assimilait lui-même, dans des lignes que nous citions plus haut, aux couches du Helderberg supérieur.

De même, son étage F, nous présente d'évidentes relations avec les couches du Helderberg inférieur, dans l'apparition simultanée des *Dalmanites* du groupe de *D. Haussmanni*, dans la diminution progressive des Céphalopodes auparavant si variés dans les 2 pays, dans la multiplication des formes de brachiopodes (*Pentamères, Merista*, etc.), et l'absence des brachiopodes à grandes ailes, des *Spirifers* dévo-

---

(1) James Hall : Palœont. of New-York, vol. 3, p. 35.
(2) James Hall : Palœont. of New-York, vol. 3, p. 44.

niens à gros plis, enfin dans la richesse de formes des Capuloïdes et des gros Gastéropodes épineux.

Les considérations précédentes nous ont engagé à paralléliser comme suit, la série de Bohème à celle des États-
Unis :

Helderberg supérieur. {	Calcaire cornifère. Calcaire d'Onondaga Grès de Schoharie. Grès à Cauda galli.	} H. G.
	Grès d'Oriskany.	
Helderberg inférieur. {	Calcaire supérieur à Pentamères Schistes argileux à Delthyris. Calcaire à Pentamères.	} F.
	Calcaire hydraulique. Groupe salifère d'Onondaga.	

Si, comme Barrande l'a fait remarquer à diverses
reprises (1), ses étages G H offrent moins de formes
identiques et même de formes représentatives, avec les
faunes dévoniennes, que les étages inférieurs E F, la raison
peut en être attribuée aux faciès divergents des premiers,
et à la similitude de faciès des autres. Ce sera pour nous
l'occasion de répéter ici (2) avec cet illustre maître : « Il
semble plus rationnel de s'attacher aux affinités générales
entre les faunes. En effet, ces affinités nous aident à reconnaître l'uniformité des progrès de la nature dans l'évolution successive de la série animale, sur tout le globe, tandis
que les différences partielles, dérivant des circonstances
locales, tendraient à détourner notre attention de l'observation de ces grands phénomènes. »

D'ailleurs les différences spécifiques qui distinguent les
calcaires d'Erbray des étages G ne sauraient faire rejeter le
parallélisme de ces couches ; ces différences ne sont pas
plus grandes que celles qui distinguent les couches à *Car*-

(1) Barrande : Défense des colonies, III, 1865, p. 315.
(2) Barrande : Défense des colonies, III, 1865, p. 261.

diola interrupta de France, de Gotland ou de Wenlock, de la faune E de Bohême. En effet, parmi les 350 espèces de trilobites décrites à ce niveau, par Angelin en Scandinavie, et les 275 espèces décrites dans cet étage E, par Barrande en Bohême, il n'en est que 6 communes, et encore leur identité est douteuse (1) ; parmi les 174 espèces de gastéropodes reconnues par M. Lindström à Gotland, ce savant n'a pu trouver une seule espèce commune avec la Bohême. Pourtant comme l'a déclaré Barrande (2), tout le monde s'accorde à reconnaître que les étages de Wenlock-Gotland sont compris parmi les équivalents assignés à l'étage E de Bohême.

ALPES ORIENTALES.

Des travaux récents de grand mérite, nous permettent de ranger aujourd'hui les Alpes, parmi les régions siluro-dévoniennes, les plus importantes. Les recherches des géologues autrichiens MM. E. Tietze (3), C. Clar (4), R. Hoernes (5), F. Toula (6), F. Teller (7), K.-A. Penecke (8), et notamment de G. Stache (9), ont montré que les terrains silurien

---

(1) Barrande, Parallèle entre les dépôts siluriens de Bohême et de Scandinavie, Prague, 1856.

(2) Barrande, Défense des colonies, III, 1865, p. 223.

(3) E. Tietze : Beitræge zur Kenntnisse der ælteren Schichtgebilde Kærntens, Jahrb. K. K. geol. Reichsanstalt, Bd. XX. Heft 2, 1870 ; Verhandl. 1872, N° 7, p. 142 ; Verhandl. 1873, N° 10, p. 182

(4) C. Clar : Kurze Uebersicht der geotektonischen Verhæltnisse der Grazer Devon Formation, Verh. K. K. geol. Reichsanstalt, 1874, N° 3.

(5) R. Hoernes : Mittheil. des naturwissenschatl. Vereins für Steiermark, 1886, p. LXXII.

(6) F. Toula : Verhandl. der K. K. geol. Reichsanstalt. 1878, p. 47.

(7) F. Teller : Die silurischen Ablagerungen der Karawanken, Verh. K. K. geol. Reichsanstalt. 1886, N° 11, 12, 1887, p. 145.

(8) K. A. Penecke : Ueber die Fauna und das Alter einiger palæoz. Korallenriffe der Ostalpen, Zeits. d. deuts. geol. Ges. 1887, p. 267, 276, pl. XX.

(9) G. Stache : Palæoz. Gebiete der Ostalpen, Jahrb. d. geolog. Reichsanstalt. Bd. XXIV, p. 269, 1874.

G. Stache : Ueber die Verbreitung silurischer Schichten in den Ostalpen. Verhandl. d. geol. Reichsanstalt. 1879, N° 10, p. 220.

G. Stache : Ueber die Silurbildungen der Ostalpen mit Bemerkungen ueber die Devon —, Carbon —, und Perm — Schichten dieses Gebietes, Zeits. d. deuts. geol. Ges., Bd. XXXVI, p. 277, 1884.

et dévonien présentaient un beau développement dans la partie orientale de cette chaîne. Un des résultats les plus intéressants pour nous, des recherches de M. G. Stache, fût de reconnaître dans les massifs de l'Osternigg et du Wolayer, la faune F de Bohême; ce savant discuta les opinions de Barrande, et de M. Kayser, et proposa pour cet étage, intermédiaire entre le Silurien et le Dévonien classiques, le terme nouveau d'*Ueber-Silur*. Depuis, M. F. Teller reconnut dans cette même portion des Alpes, la faune frasnienne du Dévonien supérieur; M. K.-A. Penecke signala de son côté, la présence de la faune eifélienne à *Calceola sandalina* et nombreux polypiers; nous nous bornerons ici à analyser sommairement les mémoires les plus récents, dûs à M. F. Frech, et qui présentent une valeur considérable.

D'après M. F. Frech (1), le terrain dévonien des Alpes orientales ressemble à celui de la Bohême, et rappelle aussi un peu celui de la Thüringe : le passage du Silurien supérieur au Dévonien est insensible et graduel en Carinthie comme en Bohême, il se fait dans les deux cas par des couches calcaires, marines, profondes. Sur le Silurien supérieur normal (Étage E), se trouve en concordance, une masse uniforme de calcaire, qui contient à sa partie inférieure les faunes de E^2 et de F^2 mélangées ; elle présente au dessus les faunes hercyniennes de Bohême (F G) sans mélange, puis vers son sommet, la faune du calcaire à Stringocéphales, et enfin à sa partie supérieure, la faune de la base du Dévonien supérieur.

C'est à l'Ouest des Alpes Carniques, qu'on peut observer la série la plus complète et la plus riche en fossiles : la coupe suivante de la Wolayer Thörl (2), dûe à M. F. Frech, en donnera une notion précise :

(1) F. Frech : Ueber das Devon der Ostalpen, nebst Bemerkungen ueber das Silur und einem palæontologischen Anhang, Zeits. d. deuts. geol. Ges. 1888 p. 659, 2 pl.

F. Frech : Ueber die Altersstellung des Grazer Devon, Mittheil der naturwissens. Ver. für Steiermark, Graz 1888.

(2) Près le Col de Plöcken, non loin de la frontière Italo-Autrichienne.

SUCCESSION DES COUCHES DÉVONIENNES A L'OUEST DES ALPES CARNIQUES, D'APRÈS M. FRECH, 1888

	RÉGION DU WOLAYER, PLÖCKEN.		BOHÊME.
DÉVONIEN SUPÉRIEUR.	Calcaire à Clyménies du Gross-Pal , à *Clymenia speciosa, Cl. undulata, Cl. cingulata, Goniatites delphinus, G. falcifer, Phacops cryptophthalmus.*		H ?
	Calcaire corallien Dévonien supérieur, du Kollinkofel à *Rhynch. pugnus, Prod. subaculeatus*, et autres brachiopodes frasniens.		
DÉVONIEN MOYEN.	Calcaire corallien dévonien moyen, du Kollinkofel, à *Stringocephalus Burtini, Macrocheilus arculatus, Alveolites suborbicularis.*	Formation corallienne continue, épaisse de 700 mètres.	G₃
DÉVONIEN INFÉRIEUR.	Calcaire corallien sans fossiles, correspondant à une partie du dévonien-moyen et du dévonien-inférieur.		G₂ — G₁
	Calcaire corallien du Wolayer — et du Seekopf-Thörl, à *Rhynchonella princeps, Rh. amalthea, Pentamerus procerulus, Spirifer superstes, Sp. Najadum, Sp. Nerei, Retzia Haidingeri, Orthis palliata, Favosites, Aspasmophyllum, Heliolites, Calymene.*		F₂ — F₁
INFRA-DÉVONIEN.	Schistes et calcaires noduleux à *Rhynchonella Megœra, Cheirurus Quenstedti, Retzia ? umbra, Athyris obolina, Atrypa marginalis, Rhynchonella sappho* (120 m.) Schistes et calc. noduleux à *Goniatites inexspectatus, lateseptatus, Stachei, Cyrtoceras miles.* (16 m.)		Sommet de E₂ ?
SILURIEN SUPÉRIEUR	Calcaire à *Spirifer secans.* Calcaire à *Orthoceras alticola.* Calcaire à *Orthoceras potens.*		E₂
	Calcaire sans fossiles.		E₁

Cette coupe d'accord avec celles de l'Osternigg et de Wellach, dans la Haute et dans la Basse-Carinthie, dressées par M. Stache et par M. Penecke, montrent que le Dévonien est essentiellement constitué dans cette partie des Alpes, par une masse uniforme de calcaire corallien, dont l'épaisseur ne dépasse pas quelques centaines de mètres ; on n'y observe pas de divisions lithologiques, mais cependant on y reconnaît la superposition des faunes bohémiennes F, ciféliennes et frasniennes.

Sous cette masse calcaire uniforme, et la séparant des calcaires à faune silurienne E, se trouve une assise de 140 m. de schistes et calcaires, qui constituent les zônes à *Rhynchonella Megæra* et à *Goniatites inexspectatus* de M. Frech. Leur faune est des plus remarquables, puisqu'elle présente des types dévoniens, comme *Goniatites, Cheirurus Sternbergi, Spirifer secans, Rhynchonella princeps*, associés à des types siluriens E, comme *Rhynchonella Megæra, Rhynchonella Sappho var. hircina, Retzia ? umbra, Atrypa marginalis, Cheirurus Quenstedti, Cyrtoceras miles.* M. Frech les rapporte au système dévonien, en raison de l'importance prépondérante qu'il attribue à l'apparition des Goniatites dans ces zones : ces Goniatites (*G. inexspectatus, G. Stachei*) sont des *Tornoceras*, genre essentiellement dévonien, et la troisième forme *Goniatites lateseptatus* est une des espèces les plus répandues du Dévonien. De plus, d'après M. Frech, aucune espèce des couches siluriennes sous-jacentes ne passerait sans modification dans la région, dans cette couche à Goniatites.

Pour M. Frech (1), la découverte de Goniatites à 100 m. au-dessous des calcaires F du Wolayer, fait entrer la question hercynienne dans une nouvelle phase.

La base du hercynien (= Dévonien), devrait être descendue plus bas encore, que ne l'avait fait M. Kayser, sous l'étage F, et jusque dans l'étage E_2. Il déclare toutefois que le passage du Silurien au Dévonien est graduel, dans les

______

(1) F. Frech : Zeits. d. deuts. geol. Ges., 1888, p. 710.

Alpes Carniques, et la question de limite a peu d'importance.

L'argument de M. Frech perd beaucoup de sa valeur, si l'on admet avec M. Tietze (1), que les Goniatites ont pu faire leur apparition, dès l'époque silurienne. Il ne reste plus de difficultés dans cette hypothèse, pour laisser, comme nous le faisons, ces zones inférieures dans le Silurien. La question de limite dans des formations continues est aussi peu importante, qu'elle est difficile à fixer ; nous avons été trop frappé des faits observés dans la belle série américaine, si complète et si bien connue, pour modifier déjà dans les Alpes, les conclusions précédemment exposées.

LANGUEDOC.

M. Frech ne s'est pas borné à faire connaître l'histoire des Alpes orientales à l'époque dévonienne, il s'est transporté à l'autre extrémité de la chaîne, et c'est aussi à lui, que nous devons les notions les plus complètes sur l'histoire du Languedoc à cette même époque. Rappelons que de Verneuil (2) signala l'existence du Dévonien supérieur (Frasnien) dans cette région ; nous y avons décrit (3) une faune eifélienne inférieure, et M. Von Kœnen (4) fit connaître les caractères des couches supérieures à Clyménies (Famennien).

M. Frech (5) groupant et complétant sur le terrain, ces

---

(1) E. Tietze : Jahrb. d. k. k. geol. Reichsanstalt, Nov. 1878, Bd. 28, p. 752.

(2) De Verneuil : Bull. soc. géol. de France, vol. VI, 1849, p. 628 ; vol. VIII, 1850, p. 60.

Fournet : Bull. soc. géol. de France, vol. XI, 1854, p. 170.

(3) Ch. Barrois : Sur le calc. à polypiers de Cabrières, Annal. soc. géol du Nord, vol. XIII, 1885, p. 74, pl. 1.

(4) Von Kœnen : Neues Jahrb. f. Miner. 1883, 2, p.170 ; ibid., 1884, 1. p.203; ibid., 1886. 1, p. 168 ; ibid., 1886, 2, p. 246. pl. 8, 9.

(5) F. Frech : Die palæoz. Bild. von Cabrières (Languedoc), Zeits. d. deuts. geol. Ges., 1887, p. 360.

observations isolées, a pu reconnaître aux environs de Cabrières la série suivante :

	CABRIÈRES.	BOHÈME.
Dévonien supérieur.	Calcaire à Clyménies.	
	Calcaire à G. curvispina.	H ?
	Calcaire à G. intumescens.	
Dévonien moyen.	Calcaire de Bataille.	H
	Calcaire de Ballerades..	
	Calcaire du Val d'Isarne.	G_3
Dévonien inférieur.	Calcaire à silex du Bissounel.	G_1 G_2
	Calcaire blanc du Pic.	F_1 F_2

Cette série calcaire dont l'épaisseur totale serait de 250^m d'après M. Frech, représenterait comme celle de la Carinthie, toute l'histoire dévonienne de la région ; elle est remarquable par l'uniformité de la faune de tout le Dévonien moyen, formé de calcaires peu distincts lithologiquement. C'est encore à cette raison qu'il faut attribuer la dificulté d'y trouver la limite entre le Dévonien inférieur et le Dévonien moyen.

Nous reconnaissons avec M. Frech que les étages *eifélien* et *coblenzien supérieur* sont constitués à Cabrières, comme en Espagne, par des formations coralliennes ; mais nous n'y retrouvons pas la faune du Coblenzien inférieur, dont le faciès corallien nous est cependant familier. Le *calcaire blanc du Pic*, assimilé par M. Frech, à l'étage F de Bohême, présente toutefois ici pour nous, un intérêt prépondérant.

Le pic de Cabrières est en effet, après Erbray, le seul point de la France, où on ait encore indiqué cet étage F — MM. de Tromelin et de Grasset y signalèrent un mé-

lange de formes siluriennes et dévoniennes, M. de Kœnen
cita quelques espèces de Bohême, mais on doit à M. Frech
la première liste de fossiles et des conclusions nettes. Il
reconnût les espèces suivantes :

Cheirurus gibbus, Beyr. (F_1-G_1 et Dévonien moyen ?)
Lichas meridionalis, n. sp. (aff. L. Haueri Barr. F_2).
Phacops fecundus, mut. major Barr. (F_2).
Proëtus complanatus, Barr. var. (F_2).
Goniatites (Aphyllites) cf. Dannenbergi, Beyr.
 — (Anarcestes) Rouvillei, v. Koenen.
 —   — lateseptatus, Beyrich ?
 —   — aff. subnautilinus, Schlt.
 —   — aff. Vernae, Barr.
 — (Tornoceras) aff. Mithraci, Hall.
 — (Maeneceras) n. sp.
Capulus sp.
Rhynchonella velox, Barr. (F_2).
 — princeps, var. gibba, Barr. (F_2).
 — protracta, Sow ? (Dévonien moyen)
Pentamerus globus, Bronn. var. (Dévonien moyen).
 — Sieberi, v. Buch. var. ? (F_2).
Atrypa philomela, Barr. (F_2).
 — Thetis, Barr. ? (E_1-G_3).
 — audax, Barr. ? (E_2-F_2).
 — umbonata, Hall (upper Helderberg).
Spirifer indifferens, Barr. (F_2).
 — superstes, Barr. (F_2-G_1).
 — cf. simplex, Sow. (Dévonien).
Merista ? Baucis, Barr. (F_2).
 — securis, Barr. (F_2).
 — passer, Barr. ? (E_1-G_1).
Orthis tenuissima, Barr. (F_2).
Amplexus Barrandei, Maur. ? (F_2 ?)
Favosites, aff. cristata, Blumenb.
Cladochonus, sp.
Petraia, sp.

Cette faunule détermina M. Frech à rapporter les *calcaires blancs* du Pic de Cabrières, à l'étage F de Bohême :
la présence des Goniatites lui donne un aspect propre, que

l'on retrouve à Mnienian en Bohême. Nous sommes surpris de ne retrouver dans cette liste que 5 espèces d'Erbray : ces deux faunes, si elles sont équivalentes, nous présentent des différences frappantes ! Nous devrons attendre pour discuter les relations de ces faunes, les figures annoncées par M. Frech, et l'exposé des communications sommaires de M. Bergeron (1), qui a déjà étudié cette région, avec tant de succès. M. Bergeron a annoncé que les *calcaires blancs* du Pic, loin de constituer la base de la série, devaient être rapportés au Dévonien moyen : il y signale les espèces suivantes, dont aucune ne se trouve à Erbray, ni dans la liste de M. Frech : *Rhynchonella Schnurii, Rh. Daleidensis, Spirifer curvatus, Harpes Escoti, Phacops Munieri, P. Rouvillei, Cheirurus Lenoiri.*

OURAL.

Les Monts Ourals nous présentent un dernier affleurement bien étudié, du calcaire hercynien, comparable à ceux que nous venons de considérer : on en doit la connaissance à M. Tschernyschew (2). Le calcaire de la Haute-Belaja lui a fourni 54 espèces, dont 15 sont connues en Bohême dans l'étage F_2 ; ce calcaire est de plus caractérisé par la présence des grands *Pentamères*, do *Platyceras* abondants, d'*Atrypas*, et par des genres essentiellement bohémiens, comme *Vlasta, Dalila, Hercynella*, etc. — On peut donc l'assimiler à l'étage F de Bohême ; ses relations avec le Hercynien du Harz sont moins intimes, il contient encore beaucoup de formes représentatives, mais moins de formes identiques à celles du Harz, il rappelle principalement les calcaires de Harzgerode et Magdesprung. Nous insisterons ici sur ce fait que, malgré l'éloignement des

---

(1) Bergeron : Bull. soc. géol. de France, Comptes-rendus sommaires des séances, mai 1888 ; et Bulletin soc. géol. de France, T. XV, 1887, p. 378.

(2) Th. Tschernyschew : Die Fauna der Unt. Devon am West-Abh. d. Urals, Mém. Comité géol. Saint-Pétersbourg, 1885, vol. 3, N° 1.

gisements considérés, le calcaire de la Belaja peut être
parallélisé au calcaire F; tandis que le calcaire d'Erbray se
rattache au contraire, plus intimement au calcaire du
Harz, qu'à ce calcaire F. Les calcaires d'Erbray et du Harz
ont ainsi des couleurs moins siluriennes, que ceux de F et
de la Belaja ; fait notable, qui nous a engagé à les assimiler à
l'étage G de Bohême, malgré la différence de faciès.

M. Tschernyschew classe comme suit les assises dévoniennes inférieures de l'Oural occidental :

OURAL.	HARZ.	ÉTATS-UNIS.	BOHÊME.
Calcaire du Haut Juresan.......	Ober Wieder..	Upper Helderberg...	
Schistes et quarzites de Sigalga	Haupt Quarzit.	Oriskany sandstone..	F²
Calcaire de la Haute Belaja....	Unter Wieder.	Lower Helderberg...	

D'après M. Tschernyschew, les caractères de la faune de
la Belaja dans l'Oural, ne permettent pas de la classer dans
le Dévonien plutôt que dans le Silurien ; si les Gastéropodes et les Brachiopodes ont des affinités dévoniennes,
elles sont contrebalancées par les relations siluriennes des
Lamellibranches. Pour lui, l'argument historique doit être
ici considéré comme décisif : Murchison (1) a arrêté le
Silurien aux *Tilestones*, dont M. F. Schmidt (2) a indiqué
ailleurs, les couches équivalentes à *Céphalaspides*, avec
Pterygotus et *Eurypterus* : il faut rapporter au Dévonien
tout ce qui est au dessus.

§ 2. Position du Calcaire d'Erbray dans la série dévonienne.

L'examen de la faune d'Erbray, considérée en elle-même,
comme dans ses relations avec les formations et les faunes
équivalentes, nous a déterminé à l'attribuer au système
dévonien, plutôt qu'au système silurien ; il reste à fixer

---

(1) Murchison : Siluria, 5ᵉ édition, p. 142, 405.
(2) F. Schmidt : Revision der Ostbaltischen Trilobiten, p. 53.

actuellement à quelle place du système dévonien, il convient de la rattacher ?

La faune gédinnienne d'Erbray, contemporaine de la faune hercynienne du Harz, est comme elle intermédiaire par le degré de son développement phylogénique, entre celles de Bohême et celles du Coblenzien franco-allemand ; ainsi cette étude nous fait faire un pas, dans le progrès de nos notions, sur la continuité des faunes dans les temps paléozoïques. Par les types pélagiques de la Bohême et de l'Amérique, le Silurien se relie peu à peu, sans lacune, au système dévonien. Nous rattachons avec M. James Hall et de Verneuil, le *grès d'Oriskany* au système dévonien, bien qu'il y ait peut être tout autant de motifs pour l'attribuer au système silurien : son faciès grauwackeux, en effet, exagère forcément à nos yeux la teinte dévonienne de sa faune. En Bohême, les sédiments paraissent s'être succédé sans aucun trouble, et dans ces dépôts pélagiques, tous formés sous l'empire de conditions semblables, la faune a varié d'une façon presque continue, en reproduisant des types très peu différents les uns des autres.

Un progrès essentiel est dû aux travaux de M. Kayser, qui décrivît en Europe, la première faune gédinnienne, de faciès calcaire, l'enleva au Silurien, fit voir qu'elle avait plus de traits dévoniens, que les faunes de Bohême, et la rangea à sa place dans le Dévonien. A côté de ce fait acquis, qui nous paraît le point capital, il reste une question pendante, question d'accolade toutefois, mais sur laquelle nous nous éloignons de MM. Beyrich, Kayser et Frech, pour nous rapprocher des opinions de MM. Tietze et Schlüter.

Tandis que pour nous, les trois étages *Konieprusien* (1), *Gédinnien* (2), *Coblenzien* (3), constituent le passage entre le Silurien supérieur et le Dévonien inférieur, ces étages

---

1) Etage Konieprusien = F = Lower Helderberg.

(2) Etage Gédinnien = G = Oriskany group = Upper Helderberg, partim = Harz = Erbray.

(3) Etage Coblenzien = H = Upper Helderberg, partim.

pour ces savants, doivent être distingués davantage du Silurien, et parallélisés aux diverses assises dévoniennes, depuis le Gédinnien jusqu'au Famennien (1). Cette théorie qui reconnaît ainsi en Bohême une série dévonienne complète, nous paraît due à un mouvement de réaction, qui ne repose pas sur des preuves suffisantes. Nous devrons l'exposer ici sommairement.

Pour M. Kayser (2), le Hercynien n'est pas un terme de passage entre le Silurien et le Dévonien, à la façon du Tithonique, à une autre époque, mais bien un étage spécial du Dévonien classique. Dans ses premières études, M. Kayser avait il est vrai, adhéré à la thèse que nous soutenons ici, considérant le *Hercynien* comme un niveau inférieur au *Coblenzien*; il en avait même trouvé la preuve dans la superposition à cet étage, dans le Harz, du *Hauptquarzit* coblenzien. Depuis, il a abandonné cette opinion (3), et il considère le *Hercynien* comme un simple faciès calcaire du *Coblenzien*, se rangeant ainsi à un avis antérieurement formulé par M. Beyrich (4).

M. Frech (5) s'est avancé plus loin encore dans cette voie; pour lui, les étages F G H de Bohême seraient équivalents à la série dévonienne toute entière, de la base au sommet; et il en propose la classification suivante (6) :

$$
\begin{array}{ll}
?\ \mathrm{H} & \ldots\ldots\ldots\text{ Dévonien supérieur.} \\
\left.\begin{array}{l} \mathrm{H} \\ \mathrm{G_3} \end{array}\right\} & \ldots\ldots\ldots\text{ Dévonien moyen.} \\
\mathrm{G_2} & \ldots\ \ldots\ \text{ Dévonien moyen ?} \\
\left.\begin{array}{l} \mathrm{G_1} \\ \mathrm{F_2} \\ \mathrm{F_1} \\ \text{Sommet de } \mathrm{E_2} \end{array}\right\} & \ldots\ldots\ldots\text{ Dévonien inférieur.}
\end{array}
$$

(1) F. Frech : Zeits. d. deuts. geol. Ges., 1887, p. 360. Tableau 2.
(2) E. Kayser : Alt. Fauna d. Harzes, p. 285.
(3) E. Kayser : Alt. Fauna d. Harzes, Berlin, 1878, p. 286.
(4) Beyrich : Zeits. d. deuts. geol. Ges., XIX, p. 249.
(5) F. Frech : Lettre à M. Beyrich, Zeits. d. deuts. geol. Ges., Bd. XXX, 1878. p. 222.
(6) F. Frech : Age des étages F G H de Barrande, Zeits. d. deuts. geol. Ges., 1886, p. 917.

La grauwacke franco-allemande (*Étage coblenzien*), malgré sa vaste répartition, est considérée actuellement par M. Kayser comme une formation locale, de mer peu profonde, à la façon des formations triasiques des mêmes régions, et ne contenant qu'une faune maigre, peu variée, pauvre en céphalopodes ; son faciès profond, marin et calcaire, se trouve dans les calcaires à faune hercynienne du Harz, de la Bohême. Il y aurait ainsi entre le *Hercynien* et le *Coblenzien*, la même relation qu'entre le *Calcaire carbonifère* et le *Culm* (1).

Un des arguments les plus solides (2), qu'il mette en avant, est qu'à Klosterholzes dans le Harz, les schistes et grauwackes qui accompagnent le calcaire hercynien (avec *Dalmanites, O. Jovellani, Pentamerus costatus*) ne contiennent pas ces mêmes fossiles hercyniens, mais bien les fossiles ordinaires du Coblenzien (*Chonetes sarcinulata, Streptorhynchus umbraculum, Spirifer macropterus ?*). Or, les trois espèces que cite M. Kayser ne paraissent pas suffisantes à justifier sa conclusion, puisque lui-même cite à la fois *Chonetes sarcinulata* (l. c., p. 200), *Streptorynchus umbraculum* (l. c., p. 198), dans les schistes, et dans les calcaires hercyniens, et que le *Spirifer macropterus* n'est cité qu'avec un point de doute.

Un autre argument en faveur de cette théorie est fourni par le fait, que depuis le mémoire de M. Kayser, on a reconnu dans divers niveaux dévoniens du Rhin (Bicken, Greifenstein, Wissenbach), de la Thüringe et de la Franconie, des fossiles hercyniens, associés aux espèces propres de ces niveaux (3). De même, et inversement, on a trouvé diverses espèces dévoniennes, dans le bassin silurien de Bohême (*Stringocephalus, Goniatites*, etc.) (4).

---

(1) Kayser : Alt. Fauna d. Harzes, Berlin 1878, p. 288.

(2) Kayser : Alt. Fauna d. Harzes, Berlin 1878, p. 287.

(3) E. Kayser : Zeits. d. deuts. geol. Ges., Bd. 29, p. 407.
    Id.   id.   Bd. 30, 1878, p. 222.

(4) E. Kayser : Alt. Fauna d. Harzes, Berlin, 1878, p. 283.

Dans les provinces rhénanes, les *calcaires dévoniens de Bicken et de Greifenstein* ont fourni à M. Kayser, les espèces hercyniennes suivantes, du Harz ou de Bohême : *Cyphaspis hydrocephala* A. Rœm., *Acidaspis Rœmeri*, Barr., *Bronteus thysanopeltis* Barr. ?, *Proetus bohemicus*, Barr., *P. complanatus*, Barr., *P. eremita* Barr., *Phacops fecundus* Barr., *Goniatites tabuloïdes* Barr., *G. lateseptatus* Beyr., *G. Jugleri* A. Rœm., *G. subnautilinus* Schlt., *Trochoceras sp.*, *Gomphoceras sp.*, *Cyrtoceras sp.*, *Orthoceras triangulare* d'Arch. et Vern. var. *Bickensis* Kays, *Cardiola gigantea*, Kays., *Spirifer falco* Barr.?, *Merista herculea* Barr.?— M. Kayser (1) compare le calcaire spathique à Brachiopodes de Greifenstein, à F_2; et le calcaire noduleux à Céphalopodes de Bicken, à G, de Bohême : M. Frech (2) compare ces calcaires au calcaire de Mnienian F_2.

La proportion des espèces dévoniennes, telle que nous la connaissons d'après les travaux de M. Maurer (3), nous paraît cependant beaucoup plus forte qu'en Bohême. Suivant ces listes, et d'accord avec la position stratigraphique assignée à ces calcaires par MM. Maurer, Waldschmidt (4), Kayser, ils occupent une position assez élevée dans le Dévonien (Eifélien supérieur), et les formes hercyniennes rencontrées, ne seraient que des survivants isolés, au milieu d'une population plus jeune, très modifiée.

Les *ardoises de Wissenbach* (Nassau) comme les calcaires précédents, ont fourni des espèces hercyniennes, qui ont

---

(1) E. Kayser : Zeits, d. deuts, geol. Ges., 1877, vol. 29, p. 407.

E. Kayser : Ueber die Grenze zwischen Silur. u. Devon in Bohmen, Thuringen, und einigen anderen Gegenden, Neues Jahrbuch fur Miner., 1884, 2, p. 84.

(2) F. Frech : Zeits. d. deuts. geol. Ges., 1886, p. 917.

(8) F. Maurer : Die Thonschiefer d. Ruppbachthales bei Diez, Neues Jahrb. f. Miner, 1876, p. 808.

F. Maurer : Der Kalk bei Greifenstein, N. J. f. Miner, Beilageband I. 1880, p. 1.

Id.   Beitr. zur Gliederung der rhein. Unterdevon Schichten, Neues. Jahrb f. Miner, 1882. Bd. 1, p. 1.

F. Maurer : Die Fauna der Kalke von Waldgirmes, Abhandl. d. Grossh. Hess. geolog. Landes anstalt zu Darmstadt, Bd. 1, Heft 2, Darmstadt 1885.

(4) Waldschmidt : Ueber die devonischen Schichten der Gegend von Wildungen, Zeits. d. deuts. geol. Ges. 1885, p. 906, 927.

même semblé assez caractéristiques, pour que divers savants aient cru devoir ranger ces couches, à la base du Dévonien, sous le Coblenzien. Les études de MM. Kayser (1), Koch (2), Maurer, F. Frech (3), ont depuis lors, fixé leur véritable place, au dessus du Coblenzien, où elles remplacent l'Eifélien, comme nous l'avions prévu en 1877, en décrivant les schistes équivalents de Porsguen en Bretagne (4). La présence dans ces ardoises de types hercyniens, comme *Panenka, Dualina, Phacops fecundus, Goniatites emaciatus* (= *Jugleri*), *G. occultus*, *G. Verna-rhenanus, Pentamerus rhenanus*, montre la persistance de quelques types hercyniens, jusqu'à l'époque eifélienne, où ils sont associés à *Kayseria lepida, Spirifer aculeatus, Orthis striatula, Spirifer paradoxus, Sp. speciosus, Rhynchonella Orbignyana*, et divers *Cryphæus*. Cette faune est trop jeune dans son aspect, trop différente dans son ensemble, de celles de Bohême, pour que l'existence de deux espèces de Goniatites, communes entre ces couches (*Goniatites Jugleri, G. occultus*), nous décide à les assimiler. Nous reconnaissons cependant que cette persistance d'espèces de *Goniatites*, dont la détermination ne saurait être mise en doute, à travers plusieurs étages dévoniens, est un fait considérable en faveur des opinions de MM. Kayser et Frech.

Le massif dévonien de la *Thuringe*, de la Franconie au Fichtelgebirge, a fourni également une série de formes hercyniennes décrites par Richter, et par M. Kayser (5). M. Liebe (6) a montré que dans le S. E. de la Thuringe, le Dévonien repose en discordance sur le Silurien supérieur (*schistes à graptolites*) ; il est formé à la base par des cal-

---

(1) E. Kayser : Die Orthocerasschiefer zwischen Balduinstein und Laurenburg an der Lahn, Jahrb. d. k. preuss. geol. Landesanstalt, 1883, Berlin 1884.

(2) K. Koch : Jahrb. d. k preuss. geol. Landesanstalt, für 1880, p. 223.

(3) F. Frech : Geol. der Umgegend von Haiger, Nassau ; Abhandl. zur geol. Specialkarte von Preussen und d. Thuring. Staaten, Bd. VIII. Heft 4. Berlin 1887.

(4) Annal. soc. géol. du Nord, T. IV, 1877, p. 94.

(5) Kayser : Alt. Fauna d. Harzes, Berlin 1878, p. 263.

(6) Liebe : Erlaut. z. geol. specialkarte v. Preussen, Section Gera, Berlin 1878, p. 5.

caires noduleux avec *Ctenacanthus*, rapportés à l'étage G
de Bohême, et au dessus par les couches bien connues à
Tentaculites et à *Nereites*, assimilées par M. Kayser à
l'étage H de Bohême.

Les étages *coblenziens* et *eiféliens* fournissent en Allemagne,
du Rhin à la Thuringe, des espèces bohémiennes (F G H).
Tandis que MM. Kayser et Frech assimilent ces formations,
pour ce motif; nous regardons les espèces bohémiennes du
Rhin, avec Barrande (1), von Dechen (2), MM. Sandberger (3), Maurer (4), Tietze (5), Schlüter (6), comme de simples réapparitions de formes anciennes, caractérisant des
formations isopiques. Nous croyons que la faune hercynienne est inférieure aux faunes calcaires coblenziennes et
eiféliennes, et qu'elle est plus ancienne qu'elles, en
Europe. De même, dans le Dévonien des Ardennes, d'après
M. Gosselet, la faune taunusienne d'Anor, réapparaît plus
au moins modifiée, à divers niveaux du Coblenzien, quand
on rencontre dans cet étage, des lits de grès blanc, analogues à ceux d'Anor.

M. Kayser (7) en 1879, crut à la persistance des types
hercyniens, au delà des horizons très inférieurs où on les
rencontre en Bohême, mais il paraît avoir abandonné cette
opinion en 1884; il assimila alors (8), son calcaire à Brachiopodes de Zorge, Magdesprung (Harz), au calcaire spathique
de Greifenstein (Nassau), et à l'étage F² de Bohême; il assimila le calcaire noduleux à Céphalopodes de Hasselfelde, au
calcaire noduleux à Céphalopodes de Bicken, et à l'étage G.

(1) Barrande : Syst. sil. Bohême, vol. V, p. 167, 205.
(2) von Dechen : Zeits. d. deuts. geol. Ges., 1875, Heft 4.
(3) Sandberger : Verst. d. rhein. Schicht. in Nassau, Wiesbaden 1856.
(4) Maurer : Neues Jahrb. Beilageband 1, 1880, p. 1.
(5) Tietze : Jahrb. d. k. k. geol. Reichsanstalt 1878, Bd. 28, p. 743, 757.
(6) Schluter : Verhand. d. naturh. Vereins preuss. Rheinl. u. Westphalens, 35,
4° Folge, V. Bd. , p. 380, 1878.
(7) Kayser : Zur Frage nach dem Alter der hercynischen Fauna, Zeits. d. deuts. geol.
Ges. 1879, p. 60.
(8) E. Kayser : Ueber die Grenze zwischen Silur. u. Devon, in Bohmen, Thuringen
und einigen anderen Gegenden, Neues Jahrb. fur Miner. 2, 1884, p. 81.

Nous restons pour nous, fidèles, à la première interprétation de MM. Beyrich et Kayser, concernant l'équivalence des faciès à brachiopodes et à céphalopodes du Harz ; nous rattachons d'autre-part ces calcaires à l'étage G de Bohême, parce que cette homologie est établie par le faciès à céphalopodes de Hasselfelde, et parce que de plus, le faciès à brachiopodes du Harz, a d'après M. Kayser, une teinte moins silurienne, que l'étage F de Bohême.

L'étage Gédinnien forme dans l'ouest de l'Europe, la base du terrain dévonien, comme cela avait été reconnu par MM. Hébert, Murchison, Dumont, et comme cela a été établi par M. Gosselet. Cet étage présente un certain nombre d'équivalents arénacés ou calcaires : les principaux faciès arénacés-schisteux, cités dans ce mémoire, sont les couches de Mondrepuits, Looe, Cathervieille, Oriskany ; les principaux faciès calcaires, intéressants parce qu'ils nous montrent le passage insensible du Dévonien au Silurien, sont les calcaires d'Erbray, les calcaires hercyniens du Harz, l'étage G de Bohême, l'Upper-Helderberg, les calcaires des Alpes carniques, de l'Oural, etc.

L'Étage Coblenzien ne forme pas la base du terrain dévonien, comme le répètent un trop grand nombre d'auteurs, habitués à considérer le Rhin, comme la région classique. Cet étage Coblenzien, comme l'étage sous-jacent, présente aussi 2 faciès distincts, dans l'ouest de l'Europe : l'un arénacé-schisteux (grauwackes de la Meuse et du Rhin), l'autre calcaire (assise de Néhou en Bretagne, dans les Pyrénées, les Asturies). Ces calcaires coblenziens, comme les calcaires eiféliens qui les surmontent (Greifenstein, Porsguen), ont une faune propre, que nous connaissons bien en France, grâce aux travaux de M. Œhlert ; à ces espèces, propres au Coblenzien calcaire, s'en trouvent associées d'autres, de la grauwacke de la Meuse et du Rhin, ainsi que des formes siluriennes de Bohême.

L'importance comparative, de cette faune coblenzienne calcaire, pour la question hercynienne, nous a décidé à donner ici la liste des fossiles actuellement figurés : cette liste n'est qu'une compilation, basée sur les travaux des auteurs, principalement sur les mémoires de M. Œhlert, et dont nous avons éliminé les espèces nominales de M. Rouault (1), qu'on pourrait sans inconvénient laisser tomber dans l'oubli. Aucune liste générale de cette faune coblenzienne n'a été donnée depuis celle de de Verneuil en 1850, et cette récapitulation était nécessaire pour la montrer en un coup d'œil, dans ses rapports et ses différences, avec les calcaires d'Erbray, et avec les grauwackes du Rhin. Espérons que M. Œhlert, groupant ses nombreuses monographies, voudra bien nous donner un jour lui-même, une révision de la faune coblenzienne des calcaires de l'ouest de la France, qu'il a si bien fait connaître.

Faune coblenzienne des calcaires de Bretagne.

Calceola Gervillei, Bayle.............. Bayle, Explic. 1878, pl. 19, fig. 11-13.
Ptychophyllum expansum , M. Edw. H. M. Edw. H., Pol. pal. p. 408, pl. 8, f. 2.
Chonophyllum elongatum , M. Edw, H... M. Edw. H., Pol. pal. p. 406, pl. 8, f. 1.
»   perfoliatum, M. Edw. H.. M. Edw. H., Pol. pal. p. 405.
Cyathophyllum quadrigeminum, Gold.. M. Edw. H., Pol. pal. p. 383.
»   helianthoïdes , Gold..... M. Edw. H., Pol. pal. p. 375, pl. 8, f. 5.
»   cf. Lindströmi, Frech... Frech, die Cyathoph., Berlin 1886, p. 6?.
Petraia celtica, Lonsd................. M. Edw. H., Pol. pal. p. 373.
Combophyllum Osismorum, Edw. H.... M. Edw. H., Pol. pal. p. 359, pl. 2, fig. 2.
Amplexus annulatus, E. H............. M. Edw. H., Pol. pal. p. 345.
Astropleocyathus solidus, Lhwyd....... Œhlert, B. S. g. F., V. 1877, p. 600.
Criserpia Michelini, M. Edw........... A. V. Trans. geol. soc. Lond. VI, p. 404.
Aulopora serpens, Gold................ Œhlert, B. S. g. F., V, 1877, p. 601.
»   spicata, Gold.............. M. Edw. H., Pol. pal. p. 314.
»   cucullina, Mich............ M. Edw. H., Pol. pal. p. 313.
Syringopora abdita, Vern............. M. Edw. H., Pol. pal. p. 295, pl. 15, f. 4.
Beaumontia Guerangeri, Edw. H....... M. Edw. H., Pol. pal. p. 276.
»   Venelorum, Edw. H........ M. Edw. H., Pol. pal. p. 276, pl. 16, f. 6.
Chætetes Goldfussi, M. Edw. H........ M. Edw. H., Pol. pal. p. 269.
»   Trigeri, M. Edw. H........... M. Edw. H., Pol. pal. p. 269, pl. 17, f. 6.
»   Torrubiae, V. H.............. M. Edw. H., Pol. pal. p. 268, pl. 20, f. 5.
Alveolites subæqualis , Mich.... ...... M. Edw. H., Pol. pal. p. 256, pl. 17, f. 4.
»   reticulata, Stein............. M. Edw. H., Pol. pal. p. 256, pl. 16, f. 5.
Michelinia geometrica, M. Edw. H...... M. Edw. H., Pol. pal. p. 252.
Pleurodyctium problematicum, Gold.... M. E. H., p. 146, 210. — Rœmer, Lethæa, p. 427.

---

(1) Marie Rouault : Fossiles du calcaire et du schiste dévonien de Bretagne, Bull. soc. géol. de France, 2ᵉ sér. T. 8, 1851, p. 377.

Leptaena Murchisoni, Arch. Vern....... Œhlert, Ann. sci. géol. 1887, p. 56.
»   interstrialis, Phill............. Œhlert, Ann. sci. géol. 1887, p. 58, pl. 5, f. 33-34.
»   Thisbe, d'Orb.............. Œhlert, B. S. g. F. XII. 1884, pl. 436, pl. XVIII, f. 2.
»   Davousti, Vern............... Œhlert, B. S. g. F. VII. 1879, p. 706, pl. XIV, f. 1.
»   Sarthacensis, Œhl.. .... Œhlert, B. S. g. F. VII. 1879, p. 707, pl. XIV, f. 2.
»   Soyei, Œhl.................'.. Œhlert, B. S. g. F. VII. 1879, p. 705, pl. XIII, f. 4.
»   Sedgwickii, Arch. Vern...... de Verneuil, B. S. g. F. VII. 1850, p. 782.
»   Phillipsi, Barr............ .... Barrande, Sil. Boh. T. V. p. 147.
»   bohemica, Barr.............. Barrande, Sil. Boh. T. V. p. 147.
Orthis striatula, Schlt................. de Verneuil, B. S. g. F. VII. 1850, p. 781.
»   vulvarius, Schlt................ Œhlert, Ann. sci. géol. 1887, p. 53, pl. 5. f. 1-13.
»   Beaumonti, Vern............... Œhlert, B. S. g. F., V. 1877, p. 598.
»   Hamoni, M. Rouault........... Œhlert, Ann. sci. géol. 1887, p. 48, pl. 4, f. 29-44
»   Trigeri, Vern.................. Œhlert, Ann. sci. géol. 1887, p. 51, pl. 5, f. 14-32.
»   occlusa, Barr.................. Barrande, Sil. Boh, T. I, p. 93.
»   fascicularis, d'Orb.............. Œhlert, B. S. g. F. XII. 1884, p. 434, pl. XVIII, f. 1
»   Gervillei, Defr... .... Œhlert, Ann. sci. géol. 1887, p. 44. pl. 4, f. 45-55.
»   Douvillei, Bayle................ Bayle, Explic. carte France, 1878, pl. 18, f. 1-3.
»   Baylei, Rou................... Œhlert, Soc. Angers 1887, p. 4, pl. 5, f. 8-10.
»   Serrurieri, Rou................ Œhlert, Soc. Angers 1887, p. 2, pl. 5, f. 5-7.
Retzia melonica ? Barr............... Barrande, Sil. Boh. V. p. 147.
»   Adrieni, Œhlert............... Œhlert, Annal. sci. géol. 1887, p. 24, pl. 2, f. 11-19
»   ? Passieri , Œhl.............. Œhlert, B. S. g. F. 1877, p. 594, pl. X, f. 9.
»   Haidingeri ? Barr .... Barrande, Sil. Boh. T. I, p. 93.
Bifida lepida, Gold.................... Œhlert, Annal. sci. géol. 1887, p. 26, pl. 1, f. 36-48.
Rhynchotreta Brulonensis, Œhl........ Œhlert, B. S. g. F. VII. 1879, p. 709, pl. XIV, f. 4
Rensselaria strigiceps, Rœm........... de Verneuil, B. S. g. F. VII. 1850, p. 785.
Centronella Gaudryi, Œhl............. Œhlert, Soc. Angers, 1885, 1 pl.
»   Bergeroni, Œhl............ Œhlert, Soc. Angers 1885, 1 pl. p. 24.
»   Guerangeri, Vern.......... Œhlert, Soc. Angers 1883, 2 pl.
Amboccœlia umbonata, Conr........... Œhlert, Soc. Angers 1887, p. 6, pl. 5, f. 11-16.
Rhynchonella Ypsilon ? Barr.......... de Tromelin, B. S. g. F. IV. 1876, p. 29.
»   Baconnierensis, Œhl..... Œhlert, B. S. g. F. V. 1877, p. 594, pl. X, f. 10.
»   Le Tissieri, Œhl......... Œhlert, B. S. g. F. V. 1877, p. 597, pl. X, f. 11.
»   Chaignoni, Œhl.......... Œhlert, B. S. g. F. VII. 1879, p. 705, pl. XII, f. 3.
»   Barroisi, Œhl............ Œhlert, B. S. g. F. XII. 1884, p. 421, pl. XXII, f. 1.
»   fallaciosa, Bayle........ Œhlert, B. S. g. F. XII. 1884, p. 420, pl. XVIII. f. 5.
»   cypris, d'Orb........... Œhlert, B. S. g. F. XII. 1884, p. 412, pl. XIX, f. 1.
»   Daleidensis, F. Rœm.... Œhlert, B. S. g. F. V. 1877, p. 593.
»   Pareti, Vern............. Œhlert, B. S. g. F. XII. 1884, p. 415, pl. XIX, f. 2.
»   sub-pareti, Œhl.......... Œhlert, B. S. g. F. XII. 1884, p. 416, pl. XIX, f. 3.
»   nympha, Barr........... Barrande, Sil. Boh. T. I, p. 93.
»   Guillieri, Œhl,.......... Œhlert, B. S. g. F. XII. 1884, p. 419, pl. XX, f. 2.
»   princeps, Barr.......... Barrande, Sil. Boh. T. I, p. 98.
»   imperator, Bayle........ Bayle, Explic. carte France 1878, pl. XIII, f. 1-4.
»   sub-Wilsoni, d'Orb...... Œhlert, B. S. g. F. XII. 1884, p. 427, pl. XXI, f. 1.
»   pila, Schnur...... ...... Schnur, Verst. d. Eifel, 1853, p. 186, pl. 36, f. 1.
»   Œhlerti, Bayle.......... Œhlert, B. S. g. F. XII. 1884, p. 430, pl. 22, f. 2.
Spirifer venus, d'Orb.................. Œhlert, B. S. g. F. XII. 1884, p. 432. pl. XVIII, f. 3.
»   lævicosta, Val.. .... Œhlert, B. S. g. F. V. 1877, p. 595.

Tentaculites striatus, Guer.............. Œhlert, B. S. g. F. VII. 1879, p. 714, pl. XV, f. 7.
    »   Velaini, Mun. Ch.......... Œhlert, B. S. g. F. V. 1877, p. 591.
    »   scalaris, Schlt............ Guéranger, Répert. pal. Sarthe, 1853, p. 13.
Orthoceras Laumonti, Barr............. Barrande, Syst. sil. Bohême, 2, p. 680, pl. 235, f. 1-2.
    »   Puzosi, Barr.............. Barrande, S. sil. Boh., 2, p. 680, pl. 211, 235, f. 4-5.
    »   Buchi, Vern...... .... Bayle, Explic. carte France 1878, pl. 35, f. 1-3.
    »   Lorieri, d'Orb............. Bayle, Explic. carte France, 1878, pl. 35, f. 7-9.
    »   irregulare ? Münst.......... de Tromelin, B. S. g. F. IV. 1876, p. 29.
Cyrtoceras Chaperi, Bayle............. Bayle, Explic. carte France 1878, pl. 5, f. 4-5.
    »   Zeilleri, Bayle.............. Bayle, Explic. carte France 1878, pl. 5, f. 2-3.
Trochoceras Lorierci, Barr .... Barrande, S. sil. Boh., 2, p. 682, pl. 460, f. 13-17.
Primitia Fischeri, Œhl............... Œhlert, B. S. g. F. V. 1877, p. 584, pl. IX, f. 5.
Leperditia Britannica, Rouault........ Œhlert, B. S. g. F. V. 1877, p. 583, pl. IX, f. 4.
Proëtus Œhlerti, Bayle............... Œhlert, Annal. sci. géol. 1887, p. 10, pl. 1, f. 8-9.
    »   Guerangeri, Œhl .... Œhlert, B. S. g. F. VII. 1879, p. 702, pl. 13. f. 1.
Phacops Potieri, Bayle................ Œhlert, Annal. sci. géol. 1887, p. 4, pl. 1, f. 1-7.
Cryphæus Munieri, Œhl.............. Œhlert, B. S. g. F. V. 1877, p. 582.
    »   Jonesi, Œhl.............. Œhlert, B. S. g. F. V. 1877, p. 582, pl. IX, f. 2.
    »   Michelini, Rouault.......... Œhlert, B. S. g. F. V. 1877, p. 580, pl. IX, f. 1.
    »   calliteles ? Grunee. .... de Verneuil, B. S. g. F. VII. 1850, p. 778.
    »   sublaciniata ? de Vern....... de Verneuil, B. S. g. F. VII. 1850, p. 778.
Bronteus Verneuili, Œhl.............. Œhlert, B. S. g. F. VII. 1879, p. 703, pl. 13, f. 2.
    »   Gervillei, Barr.............. Bayle, Explic. carte France 1878, pl. 4, f. 17.
Homalonotus Gervillei, Vern........... Bayle, Explic. carte France, 1878, pl. 2, f. 1-3-6.
Cheirurus gibbus ? Beyr.............. de Tromelin et Lebesconte, B. S. g. F. IV. 1876, p. 28.
Machærius Larteti, Trom. Lebes....... de Tromelin et Lebesconte, B. S. g. F. IV. 1876, p. 29.

Cette liste, montre que le faciès calcaire de la faune coblenzienne, est distinct à la fois, des faunes hercyniennes, (F), et des faunes eiféliennes.

De Verneuil (1) et Barrande (2) ont successivement affirmé les caractères siluriens, d'un certain nombre d'espèces, de ces calcaires à Brachiopes coblenziens, de Viré, des Courtoisières ; comme de nos jours, MM. Kayser, Frech (3), insistent sur certains caractères bohémiens, des calcaires noduleux eiféliens à Céphalopodes. On aurait ainsi autant de raisons paléontologiques pour assimiler les calcaires coblenziens des Courtoisières à *Ctenacanthus bohemi-*

---

(1) De Verneuil : Bull. Soc. géol. de France, 1850.

(2) Barrande : Défense des Colonies, III, 1865, p. 245

(3) F. Frech : Ueber das Devon d. Ostalpen, nebst Bemerkungen ueber das Silur, Zeits. d. deuts. geol. Ges., 1888, p. 719.

cus (1), à l'étage G de Bohême, que les calcaires eiféliens de Bicken à Goniatites. Ces raisons nous paraissent insuffisantes dans les deux cas, pour légitimer l'assimilation proposée : les formes bohémiennes sont trop peu nombreuses dans les couches citées, pour que leur équivalence s'en suive nécessairement. De plus, les Goniatites de cet étage, sont des formes à ligne suturale très simple, à lobe ventral indivis, en forme d'entonnoir et sans lobe latéral ; elles ne montrent pas des caractères aussi tranchés que les types plus évolués du Dévonien supérieur : la détermination est donc plus incertaine, et leur persistance à travers les zones a pu être plus grande.

La superposition reconnue, des couches de Wissenbach et de Greifenstein, aux grauwackes coblenziennes, est le fait fondamental qui nous empêche de suivre MM. Kayser et Frech dans l'assimilation de ces couches de Wissenbach, à l'étage G de Bohême. Cette assimilation les entraîne, en effet, à rapporter à l'étage F, les grauwackes coblenziennes ainsi que l'hercynien, leur équivalent calcaire. Or, le faciès calcaire profond des grauwackes coblenziennes nous est connu en Bretagne et dans les Asturies : c'est le calcaire coblenzien de Néhou, et non le calcaire hercynien d'Erbray.

Les nombreux fossiles qui ont été reconnus par M. Œhlert dans la Sarthe, la Mayenne, la Manche, ont montré que ces calcaires coblenziens contenaient une faune propre, remplie d'espèces nouvelles, mais à affinités essentiellement dévoniennes. En Asturies de même, nous voyons qu'il y a eu, pendant l'époque rhénane, une succession de formations calcaires (zones de Nieva, Ferroñes, Arnao), s'étendant du Hundsruckien à l'Eifélien, et que

---

(1) D'après MM. de Tromelin et Lebesconte (Bull. Soc. géol. de France, T. IV, 1876, p. 29), il faudrait assimiler à *Ctenacanthus bohemicus* (Barr., Syst. sil. Bohême, T. I, Suppl. pl. 48, 1871), les *Machaerius Archiaci* et *M. Larteti*, Rouault, du Coblenzien des Courtoisières et de Néhou (Rouault, Comptes-rendus Académie, T. XLVII, p. 103, 1858).

nulle part dans cette masse calcaire on ne trouve intercalés les bancs à formes siluriennes du Nassau et du Harz. On doit conclure des observations faites à l'Ouest du Rhin, que les faciès profonds, calcaires, des grauwackes coblenziennes sont différents des calcaires de Bohême, et que par suite, on ne peut considérer davantage, les calcaires du Nassau et du Harz, comme des faciès profonds de ces mêmes grauwackes. En un mot, le *faciès calcaire du Coblenzien renferme dans l'Ouest de l'Europe, une faune différente et plus jeune que la faune hercynienne de M. Kayser ;* si ces calcaires coblenziens montrent plus de types siluriens que les grauwackes équivalentes, on doit l'attribuer au caractère plus conservateur des faunes profondes, comme l'ont montré les types archaïques, dragués dans les récentes explorations sous-marines.

Les quelques espèces de la grauwacke coblenzienne retrouvées dans le Hercynien, comme l'a déjà fait remarquer M. Schlüter (1), ne sauraient suffire à légitimer d'autre part l'assimilation proposée de ces étages, considérés comme des formations hétérotopiques ; en effet, il y a plus de relations entre la grauwacke coblenzienne et le calcaire eifélien qui la recouvre dans l'Eifel, qu'entre elle et l'étage hercynien : M. Kayser (2), même a reconnu que sur 42 espèces citées par lui, dans la grauwacke, 26 se retrouvent dans le calcaire eifélien. Devrait-on aussi en conclure à leur équivalence ?

La question corallienne, comme l'a très bien mis en relief M. Dupont, dans ses belles recherches, constitue le grand problème, qu'il reste à résoudre dans l'étude du terrain dévonien. Il est aussi difficile de distinguer entre eux les divers récifs coralliens de l'époque dévonienne, que ceux de l'époque jurassique ; il faut donc se garder de faire de

---

(1) Cl. Schlüter : Neuere Arbeiten ueb. die alt. Devon Abl. des Harzes, Verhandl. d. naturh. Vereins der preuss.-Rheinl. u. Westf. 35 Jahrg. 4 Folge, 5 Bd. 1878.

(2) E. Kayser : Zeits. d. deuts. geol. Ges., 1871, p. 365-373.

l'*étage hercynien*, un nouveau *coral-rag*. Les calcaires dévoniens construits, présentent croyons-nous, des analogies de faciès et de faune considérables, pendant diverses époques successives; on doit cependant les rattacher à des étages dévoniens différents : *les récifs du Harz, d'Erbray, appartiennent pour nous à l'étage gédinnien ; ceux de Bretagne et d'Espagne à l'étage coblenzien ; ceux de Cabrières à l'étage ciférien ; ceux des Ardennes aux époques givétienne et frasnienne*. L'identité des conditions de formation, ayant pu, dans certains cas, donner à ces faunes successives plus d'analogies entre elles, qu'avec les faunes synchroniques de faciès différent.

En Amérique, dans les Monts Helderberg, les récifs des époques gédinnienne et coblenzienne sont superposés directement, au lieu d'être éparpillés comme en Europe : c'est la région du monde, actuellement connue, qui nous apprend le mieux l'histoire de la vie marine, sa composition et son évolution lente et graduelle, au début de l'époque dévonienne. Là, est pour nous la région classique ; au lieu de réunir dans notre étage hercynien d'Europe, l'ensemble des couches de Helderberg, l'avenir arrivera à comparer aux diverses phases helderbergiennes de M. Hall, les calcaires variés, groupés actuellement en Europe, sous le terme de Hercynien.

Le tableau suivant, rappellera la succession des étages du Silurien supérieur et du Dévonien inférieur, de l'Anjou, étudiés dans ce mémoire, ainsi que leurs équivalents présumés, sous bénéfice des réserves faites plus haut (p. 282) au sujet de ces parallélismes.

Tableau synoptique des Étages.

	Ardennes.	Anjou.	Bretagne.	Bohême.	Harz.	Thuringe, Fichtelgebirge	Oural, Gotland.	Angleterre	New-York.
Dévonien inférieur.	Eifélien....	Saint-Julien de Vouvantes	Porsguen..	....	....	....	C. à P. baschkiricus. Schistes et grès.	Torquay....	Marcellus.
	Coblenzien.	Angers....	Néhou.....	...H....	Hauptquarzit	Schistes à Nereites et Tentaculites.....	Calc. du Haut-Juresan. Sch. et q. de Sigalga.	Lynton	Upper Helderberg.
	Gédinnien..	Erbray....	Plougastel.	...G...	Hercynien..	C. à Ctenacanthus.	....	Looe.......	Oriskany.
Silurien supérieur.	....	....	....	...F...	....	....	Calc. du Haut-Belaja.	....	Lower Helderberg. Tentaculite limestone.
							Couches à céphalopodes, Stromatopores.	Tilestones..	Waterlime.
		Schistes rouges ?				Sch. à graptolites,(M.colonus)	Couches à Megalomus, Trimerella........	Upper Ludlow......	Onondaga salt group.
							Calc. à crinoïdes, coraux	Aymestry..	
							Couches à Pterygotus.	Low. Ludlow	
	Schistes à graptolites de Fosses, Naninne.	Sch. ampéliteux à graptolites, C.interrupta	Sch. ampéliteux à graptolites, C.interrupta	E e_2	Grauwacke et Schistes.	Calc. d'Ocker.	Calcaire et Schistes de Gotland.	Wenlock limestone.	Niagara.
							Sch. et grès de Gotland	Wenlock shale	Clinton.
	....	....	....	...E e_1..	....	Sch. à graptolites, (Rastrites).	Sch. à Stricklandinia lirata.	Llan dovery.	Medina.

CHAPITRE CINQUIÈME.

CONSIDÉRATIONS GÉNÉRALES SUR LA FAUNE D'ERBRAY.

La faune d'Erbray apparut subitement dans l'Ouest de la France, sans précurseurs locaux : elle est donc composée de colons émigrés d'une région voisine, du Harz ou de Bohême? Elle ne disparut pas brusquement comme elle avait apparu, mais passa graduellement à la faune coblenzienne, qui y prit ses ancêtres.

Ces calcaires d'Erbray, renfermant une proportion notable de mollusques pélagiens (Céphalopodes, Ptéropodes, Hétéropodes), il est par suite, rationnel de supposer, que la mer où ils se sont déposés était beaucoup plus large, que l'étroit fiord, où ils sont refoulés et repliés actuellement.

§. 1. Caractères biologiques de la faune.

Il n'est point possible de fixer d'une façon précise, les conditions dans lesquelles s'est opéré le dépôt des couches calcaires d'Erbray. Nos connaissances sur cette faune sont encore trop restreintes d'une part, et d'ailleurs les types qui la caractérisent, sont trop éloignés de leurs représentants actuels, pour que nous soyons autorisé à généraliser pour cette ancienne faune paléozoïque, ce que nous savons sur l'habitat des formes vivantes affines. Les types paléozoïques paraissent, en effet, plus largement distribués et

plus développés en individus que ceux d'aujourd'hui ;
d'autre part, les formations paléozoïques étendues sur les
diverses parties du globe ne présentent aucunes relations
avec les zônes climatériques actuelles.

Sans donc nous exagérer la valeur de ces conclusions,
qui ne sauraient être que des approximations, nous pensons
cependant intéressant de signaler quelques faits généraux,
qui nous paraissent avoir un degré suffisant de probabilité.

Ainsi la faune d'Erbray, n'appartient ni aux faunes abys-
sales, dont elle ne présente aucun des caractères, ni aux
faunes littorales, voisines du rivage. Le premier point est
évident ; en aucune mer profonde on n'a reconnu des accu-
mulations coquillères, anologues à celles qui se rencontrent
à Erbray. La faune d'Erbray n'est pas un dépôt littoral,
remanié ou étalé par le jeu des marées : les coquilles des
mollusques étudiés, ne sont pas en effet, recouvertes de
Bryozoaires (*Ceramopora*, etc.), ou d'Anthozoaires incrus-
tants, comme ceux des formations moins profondes de
Gotland, Wenlock, etc.; bien que la mer d'Erbray ait été
riche en représentants de ces groupes. De plus les coquilles
ne sont pas roulées, ni brisées ; les valves des Lamellibranches même, sont souvent encore adhérentes. L'aspect
de la faune dénote un dépôt dans une mer modérément
profonde, où les mouvements violents de la surface ne se
faisaient pas sentir.

En nous reportant aux études de géographie zoologique
des naturalistes modernes, Forbes, Loven, et surtout de
M. Fischer (1), dont les travaux doivent former la base des
recherches de ce genre, nous aurons d'abord à rappeler la
succession des zones bathymétriques, telle qu'elle a été
établie par ce savant :

1° *Zone littorale* . . . . environ 0^m à 12^m
2° *Zone des laminaires*. . . . . — 10^m à 28^m

---

(1) Dr P. Fischer : Manuel de Conchyl, 1885, p. 179

3° *Zone des Nullipores et des Corallines* — 28^m à 72^m
4° *Zone des Brachiopodes et des Coraux* — 72^m à 500^m
5° *Zone abyssale* . . . . — 500^m à 5000^m

Nous pouvons, d'après ce qui précède, éliminer les zônes 1, 2, 3, 5 et arrivons ainsi à comparer la faune d'Erbray, à celle qui florit de nos jours dons les zones des Brachiopodes et des Coraux, soit aux profondeurs de 70^m à 500^m. Les Brachiopodes sont principalement abondants d'après M. Œhlert, entre 150^m et 300^m.

C'est d'ailleurs à cette même conclusion que nous amène la considération directe des formes recueillies à Erbray. La prépondérance des Crinoïdes et des Brachiopodes fournit le témoignage le plus éloquent : les Brachiopodes constituent en effet, les 45% de la faune, les Polypiers sur lesquels ils s'attachaient sont nombreux; la richesse des Crinoïdes, malheureusement indéterminés, est exprimée par ce fait, que leurs débris forment des couches entières de calcaire encrinitique. Les Gastéropodes appuient cette conclusion : M. Fischer donne aussi à la zone des Nullipores, le nom de zone des grands Gastéropodes, et ces formes sont abondantes à Erbray; les Capulides vivaient fixés sur les Crinoïdes et autres organismes marins, ce ne sont pas des coquilles pélagiques. Les Chitons sont littoraux, vivant de 100 à 180^m, les Turbinidæ vivent en mer à une faible profondeur, les Pleurotomariæ vivent à des profondeurs de 130 à 360^m.

La faune a un cachet tropical, comme le prouvent le développement des Ptéropodes (*Tentaculites*), et l'abondance des coquilles des Pleurotomaridæ (*Pleurotomaria, Murchisonia*), des Turbinidæ (*Horiostoma, Turbo, Cyclonema*). Ces genres de Gasteropodes ont une importance prépondérante, assez générale, dans les faunes paléozoïques, comprises du Silurien supérieur au Dévonien inférieur. Ainsi à Gotland, leurs espèces constituent le tiers de la faune des Gastéropodes, d'après M. Lindstrom (1). Les *Pleurotomaria* et les *Murchisonia,* qui en sont si voisines, devaient être également représentées par un très grand nombre d'espèces à Erbray, puisque dès à présent, on a pu en distinguer plusieurs sous-genres (*Phanerotrema, Gyroma, Evomphalopterus, Hormotoma, Lophospira*).

§. 2. Composition de la faune.

Les différents groupes zoologiques représentés à Erbray, fournissent des notions générales sur la vie à cette époque, qu'il peut être intéressant de mettre en relief. Nous les examinerons successivement dans ce but.

Coralliaires : Nous n'avons rencontré à Erbray aucun des genres de polypiers du Silurien supérieur de l'Amérique et de la Scandinavie ; un coup d'œil sur les belles listes de la faune de Gotland données par M. Lindstrom (2), nous fixe de suite sur les différences fondamentales de la faune d'Erbray, et de la faune E. Nous trouvons, par contre, trois espèces à Erbray, qui nous semblent identiques à celles de l'étage F de Bohême ; la faune corallienne du Hercynien du Harz, est trop incomplète, pour fournir des points de comparaison intéressants ; il n'y a cependant rien à Erbray qui nous rappelle les *Petraia,* les *Pleurodyctium,* formes les plus importantes du Harz ; nous trouvons enfin 9 formes communes entre les calcaires d'Erbray et les calcaires coblenziens de Bretagne, ou d'Espagne (3) : c'est donc avec les calcaires coblenziens que se trouvent les plus grandes analogies coralliennes.

Les récifs coralliens de l'Eifélien, des Ardennes et de l'Eifel, sont déjà beaucoup plus riches en genres et en espèces nouvelles : ils présentent de plus un faciès nette-

---

(1) G. Lindström : Sil. Gast. of. Gotland, 1884, p. 89.

(2) G. Lindström : List of the fossils of the Upper Silurian of Gotland. Stockholm, 1885.

(3) Terrains anciens des Asturies, 1882, p. 498.

ment différent. Les calcaires d'Erbray ne sont pas des constructions coralliennes proprement dites, on n'y trouve pas les grandes agglomérations de Polypiers composés, ni de Stromatoporides ; les polypiers simples dominent, comme dans la plupart des calcaires argileux à Brachiopodes : ce sont les *Cyathophyllums* avec leurs sous-genres *Ptychophyllum, Briantia*; les *Zaphrentis*, les *Amplexus*, et parmi les *Hexacoralla : Heliolites, Favosites, Beaumontia, Chœtetes, Alveolites, Striatopora. Cœnites.* A côté de ces types plus généralement dévoniens, les *Acervularia* d'Erbray à grands calices et à aires intermurales relativement petites, nous offrent des caractères plus siluriens que dévoniens, les cloisons et les dissépiments étant plus différenciés dans ce genre à l'époque dévonienne, au dedans et au dehors de la muraille interne.

Brachiopodes : Cette classe est représentée par un très grand nombre d'espèces et d'individus dans les calcaires d'Erbray ; elle y présente un mélange de caractères siluriens et dévoniens. Les *Rhynchonelles* rappellent celles du Lower-Helderberg et de l'étage F ; par contre, les *Athyris* sont celles du Coblenzien (faune de Ferrones), ce genre si bien représenté ici, manquerait même en Bohême, où on rapporte toutefois au genre *Retzia*, 10 formes, qui ne se distinguent par aucun caractère, d'après nous, des *Athyris*. En Amérique, on connaît de rares *Athyris* dans le Upper Helderberg et le Hamilton, elles sont absentes dans le Lower Helderberg ; deux espèces, dont l'une de nos nouvelles formes, existent dans le Harz.

Les *Atrypa* si répandues en Bohême, (Barrande en cite 35 espèces dans F², et 52 dans F — H), ne sont distribuées qu'en proportions infiniment plus restreintes dans les autres provinces ; on en connaît 2 espèces dans le Harz, 3 à Erbray, 4 en Amérique : les *Atrypa* d'Erbray présentent les variétés du Upper Helderberg, plutôt que celles du Lower Helderberg.

Les *Orthis* à grosses côtes (*O. deperdita, O. Bureaui*) ont des affinités siluriennes. Les gros Pentamères (*P. Œhlerti, P. Sieberi, P. Rhenanus*) sont répandus partout en Europe, dans les calcaires dévoniens les plus inférieurs, qu'ils caractérisent.

Lamellibranches : Les coquilles de ces animaux ne sont guère utilisables pour la comparaison des divisions générales du Dévonien, attendu que ces mollusques vécurent toujours limités à des faciès locaux, sableux ou vaseux. La faune d'Erbray se rapproche cependant davantage du Dévonien, par la présence du genre essentiellement dévonien *Limoptera,* ainsi que par l'abondance des *Conocardium,* qui rappelle leur répartition dans l'Upper Helderberg. L'absence des genres *Panenka, Cardiola,* si répandus dans le Harz, en Bohême, en Amérique, à cette époque, où ils sont représentés par tant d'espèces, est une des particularités curieuses de la faune d'Erbray.

Gastéropodes : Les gastéropodes d'Erbray appartiennent tous aux Holostomes et présentent des caractères coblenziens assez nets. Les familles qui atteignent à cette époque leur plus grand développement, sont celle des Pleurotomariidæ (*Pleurotomaria, Murchisonia*), celle des Bellerophontidæ, qui en est voisine (*Bellerophon, Tubina*), celle des Turbinidæ (*Horiostoma, Cyclonema*), celle des Calyptraeidæ *Platyceras, Strophostylus*).

Le genre *Horiostoma* est représenté par de nombreuses formes affines à Erbray et dans le Coblenzien calcaire de Bretagne; elles diffèrent au contraire, des formes de E et de Gotland. On reconnaît le même développement parallèle dans ces deux gisements bretons, des *Platyceras* spiraux et des gros *Strophostylus ;* ils montrent l'évolution des formes enroulées du Silurien supérieur, aux formes orthonichiennes de l'Eifélien.

Le Gédinnien calcaire montre encore le passage entre les familles des Pleurotomariidæ et des Evomphalidæ : la Murchisonie déroulée, à faible bande du sinus (*Hormotoma clavicula*), pourrait aussi bien être rangée parmi les Evomphalides déroulés, avec sillon latéral ; les *Pleurotomaria* ailées (*Evomphalopterus*) , ont été pendant longtemps rangées parmi les Evomphalides, par les plus forts spécialistes.

Céphalopodes : Les Céphalopodes d'Erbray sont à peine différents spécifiquement de ceux du Coblenzien de Gahard ; ce sont des formes très voisines, réunies à peu près en mêmes proportions. Le sous-genre *Jovellania* caractérise ce niveau dévonien inférieur sur le Rhin, dans le Harz, en Bohême, comme en Bretagne.

Trilobites : Les Trilobites répandus dans le Dévonien inférieur, en Europe comme en Amérique (1), appartiennent aux genres *Calymene* (rare), *Homalonotus* (faciès sableux), *Phacops, Dalmanites* (*Odontochile* en bas, *Cryphœus* en haut), *Acidaspis, Lichas* (de sections variées), *Proëtus* (espèces nombreuses et variées), *Phœtonides, Cyphaspis, Harpes, Cheirurus, Bronteus* (ces trois derniers limités à l'Europe). Le petit nombre de trilobites rencontrés à Erbray, se range parfaitement dans cette faune, tant par les genres reconnus (*Calymene, Phacops, Dalmanites, Proëtus, Harpes, Cheirurus, Bronteus*), que par les caractères et l'ensemble des espèces importantes.

§. 3. Age de la faune.

L'étude stratigraphique des environs d'Erbray, nous a montré que le terrain silurien constituait dans cette région, un étroit bassin allongé O. à E., à l'intérieur duquel les schistes du Silurien supérieur étaient ridés en trois plis synclinaux subordonnés. Le terrain dévonien est limité aux deux synclinaux septentrionaux, recouvrant transgressivement les formations antérieures.

---

(1) Annal. Soc. géol. du Nord, T. XVI, janvier 1889.

Le Terrain Silurien nous a offert la succession des couches suivantes, de haut en bas :

> Schistes rouges.
> Schistes à graptolites.
> Grès de Poligné.
> Schistes d'Angers.
> Grès armoricain.
> Schistes pourprés.

Le Terrain Dévonien est essentiellement formé par une accumulation de schistes argileux, épaisse de 800 mètres à 1,000 mètres, comprenant, à divers niveaux, des bancs gréseux minces intercalés et des lentilles calcaires d'épaisseur variable. Ces lentilles calcaires sont seules fossilifères, seules donc elles peuvent fournir des indications sur l'âge de cette série dévonienne ; comme, d'autre part, elles ne sont pas disposées en bancs continus, mais en amas glandulaires, discontinus, on ne peut établir stratigraphiquement leur ordre de succession, et l'on doit se baser uniquement sur leur examen paléontologique. L'étude paléontologique détaillée que nous en avons faite, nous a amené à admettre la succession suivante de haut en bas :

Dévonien supérieur ?	Grauwacke grossière à végétaux. Schistes à nodules à Dechenella de La Vallée. Calcaire à Tentaculites de la Fresnaie.
Dévonien moyen.	Calcaire à Cryphaeus laciniatus du Pont-Maillet.
Dévonien inférieur	Calcaire bleu d'Erbray à Spirifer Davousti. Calcaire blanc d'Erbray à Capulus.

Nous manquons de documents, pour fixer l'âge des couches rapportées ici au *Dévonien supérieur;* la faune du Pont-Maillet, rattachée par nous, au *Dévonien moyen,* appartient à la base de l'Eifélien (p. 263) ; mais ce sont les calcaires d'Erbray, rangés ici dans le *Dévonien inférieur,* qui constituaient l'objet essentiel de ce mémoire.

Nous avons rapporté les calcaires d'Erbray, au Système Dévonien inférieur, suivant ainsi l'opinion si savamment développée par M. Kayser, pour les calcaires hercyniens du Harz, auxquels nous assimilons les calcaires d'Erbray.

Les calcaires d'Erbray se rattachent intimement au Système Dévonien, et se distinguent non moins nettement du Système Silurien de la région, par leurs caractères stratigraphiques et paléontologiques.

Le *calcaire bleu* supérieur, est Dévonien par sa faune, nous le comparons au *Taunusien*. Le *calcaire gris* contient encore nombre d'espèces dévoniennes, et de formes communes avec le *calcaire bleu* dévonien : on ne peut l'enlever au Système Dévonien. Le *calcaire blanc* lui-même (voir le tableau, p. 249), contient aussi beaucoup d'espèces coblenziennes, et beaucoup d'espèces du *calcaire gris*, en outre de ses colons bohémiens : nous ne lui avons pas reconnu de caractères suffisamment, tranchés pour le séparer des niveaux précédents, et pour pouvoir l'enlever au Système Dévonien. *Pour nous, les calcaires gris et blancs, ou calcaires massifs d'Erbray, représentent un faciès spécial de l'étage des Quarzites de Plougastel (étage gédinnien)* : ce seraient deux formations hétérotopiques.

Cet *étage gédinnien* forme dans l'Ouest de l'Europe, la base du Terrain Dévonien, comme cela avait été reconnu par M. Hébert, Murchison, Dumont, et comme cela a été établi par M. Gosselet. Cet étage présente un certain nombre d'équivalents arénacés ou calcaires : les principaux faciès arénacés-schisteux, cités dans ce mémoire, sont les couches de Mondrepuits, Looe, Cathervieille, Oriskany ; les principaux faciès calcareux, intéressants parce qu'ils nous montrent le passage insensible au Silurien, sont les calcaires d'Erbray, les calcaires hercyniens du Harz, l'étage G de Bohême, l'Upper Helderberg, les calcaires des Alpes Carniques, de l'Oural, etc

L'*étage coblenzien* ne forme pas la base du terrain dévonien, comme le répètent un trop grand nombre d'auteurs. Cet étage coblenzien, de même que l'étage gédinnien sous-jacent, présente aussi deux faciès distincts dans l'Ouest de l'Europe : l'un arénacé-schisteux (grauwackes de la Meuse et du Rhin); l'autre calcareux (calcaire de Néhou, en Bretagne, Pyrénées, Asturies). Ces calcaires coblenziens, comme d'autre part, les calcaires eiféliens qui les surmontent, (Greifenstein, Porsguen), ont une faune propre, que nous connaissons bien en France, grâce aux travaux de M. Œhlert ; ils contiennent associés aux espèces, propres au Coblenzien calcaire, un certain nombre de formes connues, de la grauwacke de la Meuse et du Rhin, ainsi que des formes siluriennes de Bohême.

Les calcaires, ou plutôt les récifs coralliens du Harz, d'Erbray, appartiennent pour nous, à l'étage Gédinnien ; ceux de Bretagne et d'Espagne, à l'étage Coblenzien ; ceux de Cabrières, à l'étage Eifélien ; ceux des Ardennes, aux étages Givétien et Frasnien. L'identité de leurs conditions de formation a pu, a dû même dans certains cas, donner aux faunes successives de ces calcaires, plus d'analogies entre elles, qu'avec les faunes synchroniques de faciès différent.

TABLE DES MATIÈRES.

CHAPITRE TROISIÈME.

Discussion des travaux antérieurs
sur la faune d'Erbray.

CHAPITRE QUATRIÈME.

Comparaison de la faune d'Erbray
avec les faunes équivalentes des autres régions.

CHAPITRE CINQUIÈME.

Condidérations générales sur la faune d'Erbray.